金 融 学

主 编　管　迪　郑斯文
副主编　崔钰莹　徐　阳　张宗蕾
　　　　张凤英　石小川　韩　笑
　　　　滕思奇　陶思齐

北京理工大学出版社
BEIJING INSTITUTE OF TECHNOLOGY PRESS

内 容 简 介

金融学，作为现代经济学的重要分支，是研究货币、信用、银行、金融市场及与之相关的经济活动的科学。它不仅是现代经济的核心，也是推动社会经济发展的重要力量。本教材旨在全面介绍金融学的基本理论、实务操作及最新发展趋势，为读者提供系统、全面的金融学知识。

本教材内容覆盖以下部分：金融学基础理论，主要讲述金融活动的基本概念、职能和运行机制；金融组织理论，分析金融中介机构的性质、功能及其在金融体系中的作用；货币理论，探讨货币在经济中的运动规律及货币政策的制定与实施；国际金融与金融监管，研究国际金融市场、金融风险的防范与监管，以及金融在经济发展中的作用。此外，本教材还根据最新的金融实践进行了内容新增，使教材内容更加精练和贴近现实。

本教材的撰写体例新颖独特，逻辑结构条理清晰，语言表达准确流畅。每章都梳理了清晰的学习目标与能力目标，并以特定情景导读引入；每章都包含了与本章内容相关的案例分析，以期从实践的角度来理解相应的金融理论知识和技术；每章的最后都设计了课后习题与实训练习。

本教材内容层层深入，将应用型教学主旨贯穿始终。本教材可供应用型高等院校金融学、互联网金融等相关专业的本科生使用。

图书在版编目（CIP）数据

金融学／管迪，郑斯文主编. --北京：北京理工大学出版社，2025.1.
ISBN 978-7-5763-4705-0

Ⅰ. F830

中国国家版本馆 CIP 数据核字第 2025AR4214 号

责任编辑：王晓莉　　　　文案编辑：王晓莉
责任校对：刘亚男　　　　责任印制：李志强

出版发行／北京理工大学出版社有限责任公司
社　　址／北京市丰台区四合庄路 6 号
邮　　编／100070
电　　话／(010) 68914026（教材售后服务热线）
　　　　　 (010) 63726648（课件资源服务热线）
网　　址／http://www.bitpress.com.cn

版印次／2025 年 1 月第 1 版第 1 次印刷
印　刷／三河市天利华印刷装订有限公司
开　本／787 mm×1092 mm　1/16
印　张／18
字　数／417 千字
定　价／99.00 元

图书出现印装质量问题，请拨打售后服务热线，负责调换

PREFACE

　　金融学是经济学类专业的核心课程，也是金融学专业的主干课程。随着金融在国民经济中的地位日益提高，其作用日益显著，这给金融学高等教育带来了重大而深远的影响，也使金融学的教学内容处于不断更新和变化中。为了适应新形势下金融业的发展对金融教学的需要，特组织各教师编写了这本《金融学》教材。

　　本教材突出"以应用能力为培养导向、案例分析为思维根基"的主动性教学方式方法，旨在培养优秀的金融专业人才。本教材在各章前列明了教学目标，方便教师和读者确定教学、学习方向；各章中穿插了最新金融案例，帮助学生拓宽知识面，掌握最新行业前沿信息；章节练习中设置了项目实训，以实现应用型人才培养目标。

　　本书体现以下特点。

　　（1）系统性，全面性。内容全面、系统，既有广度，又有一定的深度，为学生后续专业课程的学习奠定基础。

　　（2）案例设置合理且新颖。每一章的章首都设计了一个引例，即情景导读。案例的选择以近些年发生的金融事件为主，也有传统经典案例，并且案例的内容与本章教学内容紧密相关。利用案例激发学生对相关内容的学习兴趣，促使他们用心提炼学习过程中的每一个知识点，用以解读、分析案例，充分体现案例教学法、问题式教学法在金融学教学中的应用。通过开放思考型案例设置，融入创新创业等思考要素，多角度引导学生探索国内外金融最新发展情况与发展形势。

　　本教材共十二章。第一章为货币与货币制度，介绍货币起源与演变、货币制度基础框架；第二章为信用和利率，介绍信用体系支撑经济，利率调控与反映资金成本；第三章为金融市场，介绍市场促进金融资源有效配置；第四章为金融机构体系，介绍机构体系分工合作，提供多样化金融服务；第五章为商业银行，介绍以存贷业务为核心的商业银行；第六章为中央银行，介绍金融调控中枢，了解货币政策主导者；第七章为非银行金融机构，介绍非银行机构通过拓展金融服务，满足多元需求；第八章为货币供求及均衡，介绍货币供需动态平衡机制，掌握经济稳定运行的基石；第九章为通货膨胀和通货紧缩，介绍物价波动的影响；第十章为货币政策，介绍通过掌握调控手段，构建经济稳定的助力器；第十一章为开放金融体系，介绍融入全球经济，金融开放新篇章；第十二章为金融风险、金融监管和金融创新，介绍风险防控为基础，监管创新促发展。

　　本教材是全体参编人员共同努力的结果。管迪主编完成了本教材第一章到第七章内容的撰写，郑斯文主编完成了本教材第八章到第十二章内容的编写，全面梳理了目前金融学的主要体系，对主要业态的概念、特点、运营模式、风险分析等方面进行了全面阐述；崔钰莹着重对货币制度与信用体系进行了梳理，密切追踪行业前沿；徐阳梳理了金融中介机构的性质、功能，并分析其在金融体系中的作用；张宗蕾完成了教材中基础理论部分的阐述与分析，阐述了一般原理和基本知识；张凤英完成了全书的案例设计；石小川完成了金融监管系统、金融服务支持和创新发展方向内容的撰写；韩笑、滕思奇、陶思齐完成了中国的金融实践与创新部分内容，对其未来发展进行了深入的剖析并共同完成了全书的习题与实训模块的设计与完善。此外，北京理工大学出版社的编辑对本书的修改提出了宝贵的意见，在此对他们的辛勤劳动表示感谢。

限于编者学术水平和实践经验，书中不足之处在所难免，敬请读者批评指正。

编　者
2024 年 9 月

CONTENTS

◆ 第一章 货币与货币制度 ·· 1
第一节 货币概述 ··· 3
第二节 货币的职能 ··· 9
第三节 货币层次的划分 ·· 12
第四节 货币制度 ·· 14

◆ 第二章 信用和利率 ·· 20
第一节 信用的产生与发展 ······································ 22
第二节 信用的形式 ··· 23
第三节 利息与利率 ··· 29
第四节 利率决定理论 ·· 37

◆ 第三章 金融市场 ·· 46
第一节 金融市场概述 ·· 50
第二节 货币市场 ··· 54
第三节 资本市场 ··· 59

◆ 第四章 金融机构体系 ·· 74
第一节 金融机构概述 ·· 75
第二节 金融机构的体系与结构 ································· 78
第三节 国际金融机构 ·· 94

◆ 第五章 商业银行 ·· 99
第一节 商业银行概述 ·· 100
第二节 商业银行的业务 ·· 104
第三节 商业银行的信用创造 ··································· 115
第四节 商业银行的经营与管理 ································· 118

◆ 第六章 中央银行 ·· 124
第一节 中央银行概述 ·· 125
第二节 中央银行制度 ·· 132
第三节 中央银行的性质、特征与职能 ·························· 135
第四节 中央银行的主要业务 ··································· 141

◆ 第七章 非银行金融机构 ··· 149
　第一节 政策性金融机构 ··· 150
　第二节 保险公司 ··· 154
　第三节 其他金融机构 ··· 163

◆ 第八章 货币供求及均衡 ··· 169
　第一节 货币需求 ··· 171
　第二节 货币供给 ··· 177
　第三节 货币供求均衡 ··· 186

◆ 第九章 通货膨胀和通货紧缩 ··· 190
　第一节 通货膨胀及其治理 ··· 191
　第二节 通货紧缩及其治理 ··· 199

◆ 第十章 货币政策 ··· 203
　第一节 货币政策目标 ··· 205
　第二节 货币政策工具 ··· 209
　第三节 货币政策的操作指标、中介指标和传导机制 ··················· 216
　第四节 中国货币政策的实践 ··· 223

◆ 第十一章 开放金融体系 ··· 228
　第一节 外汇与汇率 ··· 229
　第二节 汇率制度安排 ··· 235
　第三节 国际货币体系 ··· 239
　第四节 国际金融机构体系 ··· 246

◆ 第十二章 金融风险、金融监管和金融创新 ····························· 253
　第一节 金融风险 ··· 254
　第二节 金融监管 ··· 263
　第三节 金融创新 ··· 268

◆ 参考文献 ··· 275

第一章　货币与货币制度

📚 **学习目标**

1. 掌握货币的含义及其构成要素
2. 掌握货币的职能
3. 掌握货币层次的划分情况

📚 **能力目标**

1. 能够理解电子货币的概念及种类
2. 能够了解货币制度的演变历史

📚 **情景导读**

2022 年数字人民币发展大事记

从红包活动的纷繁多样到落地场景的深入创新，从政策文件的频繁提及央行工作的总结强调，从线上支付的丰富到硬钱包的多应用，从智能合约到区块链，2022 年，数字人民币已试点 3 年，形成 17 个省市的 26 个试点地区。数字人民币从试点提速进入稳步发展阶段。

一、联通上线首个数字人民币 App 拉起支付

2022 年年初，中国联通 App 上线了数字人民币 App 拉起支付功能，这是数字人民币试点以来，全国首个数字人民币 App 拉起支付的线上场景。

用户通过中国联通 App 充值交费时，选择数字人民币支付，将直接跳转数字人民币 App 完成支付，整个支付过程便捷流畅。彼时，数字人民币的线上支付主要采用"子钱包推送"的方式，拉起式支付模式的上线丰富了数字人民币线上支付的体系，也为后续更名"钱包快付"提供了参考。尽管该功能在移动支付时代尤为常见，但作为全国首个使用案例在生态发展上具有新的意义。

二、数字人民币的余额管理，自动扣款功能上线

2022 年 4 月，针对数字人民币具有"不计付利息"的零售小额使用特点，包括中国工商银行、中国建设银行、中国农业银行在内的多家银行在其自有手机银行 App 内推出了数字人民币钱包的余额智能管理功能，支持数字人民币钱包余额自动存入银行账户。

同时，其推出的"组合支付"功能可在数字人民币钱包余额不足时通过绑定的银行账户进行组合支付，补充其差额。

2022 年 8 月 23 日，数字人民币 App 更新，更新的主要内容为"数字人民币支付服务升级，钱包添加银行卡，随用随充更便捷"。数字人民币钱包在已关联银行卡的情况下，付款时若余额不足，将自动从已关联银行卡充钱至钱包并完成支付，充钱金额为当笔支付需补足的部分。

这与各家银行的"组合支付"功能类似，不同点在于，运营机构的"组合支付"仅支持自家的钱包和银行卡组合，而数字人民币 App 则支持各运营机构钱包和所绑定银行卡组合。

这些功能可有效提升数字人民币钱包的使用体验，用户既能享受银行账户计息，又能避免数字人民币支付时余额不足的问题，是数字人民币在支付体验上的一次大更新。

三、首个通过系统对接实现数字人民币购买彩票

2022 年 6 月 30 日，福建省体育彩票系统正式上线数字人民币购买彩票支付方式，是全国首个通过系统对接实现数字人民币在彩票销售场景的应用。

据移动支付网了解，此次数字人民币在体育彩票行业的应用场景，不同于以往各体彩站点通过零星办理数字人民币商户业务来实现收款的模式，福建体彩"数币直联收款"项目是中国邮政储蓄银行及中国建设银行通过与体彩"总对总"系统进行"一键"数币接口接入，可实现"全网"购彩者数字人民币支付购买彩票—代销点实时增加销售额度—自动出票—资金实时到账—系统自动对账等功能的全新数字人民币直联收款模式。

此次体彩数字人民币应用上线，充分发挥了数字人民币的特性，提升资金归集效率，降低资金管理成本，不仅创新了体彩支付方式，也成为公益事业数字化建设的重要一环。

四、首个数字人民币官方信息平台上线

2022 年 7 月 29 日，由中国人民银行西安分行和西安市金融工作局牵头组织，"7+1"试点和代理机构（中国工商银行、中国农业银行、中国银行、中国建设银行、中国交通银行、中国邮政储蓄银行、招商银行和西安银行）共同参与建设的"数字人民币西安通"小程序上线试运行。

据了解，"数字人民币西安通"集官方信息发布、知识宣传普及、商户资源整合、优惠活动共享、创新特色宣介于一体，将对构建西安市数字人民币生态体系、解决多方信息不对称等问题发挥积极作用。

该平台作为西安市数字人民币生态体系场景接入、汇聚、管理、展示、导航的统一入口，力求有效解决数字人民币在推广过程中试点机构各自为战，用户不知何处使用、如何使用等问题。平台上线试运行后，将为数字人民币受理商户、试点机构营销优惠活动提供统一展示窗口，为用户提供一站式全方位使用指南，从而有力促进社会公众、场景商户、试点机构等各方互动，实现数字人民币"市场需求—应用场景—优惠活动—知识普及"循环畅通，推动交易量、交易额和覆盖面不断扩大。

作为首个数字人民币官方信息平台，该平台在形式上具有一定的创新意义，也为后续

更多统一入口等官方优惠指南的出现起到一定的借鉴作用。

五、首个数字人民币母子钱包电力交费场景落地

2022 年 9 月，由国网雄安金融科技集团有限公司攻关的数字人民币母子钱包技术在电力交费场景创新应用，在国网江苏电力苏州供电分公司实现全国首单落地。

其利用数字人民币母子钱包技术，实现用户将电费资金转账至协议约定子钱包账户后，资金管理平台即可智能匹配用电户号，完成自动交费销账，这样就简化了电费交费程序，方便用户快速交纳电费，也方便企业财务管理。

据移动支付网了解，数字人民币钱包可以分为母钱包和子钱包，企业可以按照权限归属把主要钱包设为母钱包，并在母钱包下再开设若干子钱包。企业机构可通过数字人民币子钱包，实现资金归集及分发、财务管理等特定功能。该应用的落地将推动母子钱包在资金归集、财务管理方面的应用创新。

如果生活在新石器时代晚期的中国，你持有的货币可能主要是牲畜、龟背、农具。如果在夏商周时期，则是布帛、天然贝等来充当货币。如果在明代，白银是法定的流通货币，一般交易大数用银、小数用钱，白银和铜钱组成了货币主体。据记载，早在我国北宋年间（1023 年左右），官方的纸币就发行了，称作"官交子"，它被认为是世界上最早使用的纸币。现在你所使用的货币既有政府发行的纸币和硬币，也有借记卡以及根据银行活期存款签发的支票，甚至有无形的"数字货币"。不同时期，货币的形式虽然不同，但货币对于经济社会的重要性是始终不变的。

为理解货币在经济社会中的重要作用，我们必须确切地理解货币到底是什么。本章将探讨货币的含义、职能及货币层次的划分，还将考察货币形式和货币制度的发展与演变。

第一节　货币概述

一、货币的起源

人类历史上，曾经有许多人研究过货币的起源，但是第一个对货币的起源做出科学解释的人是马克思。马克思在他的著作中指出，货币是商品交换的产物，是商品经济发展的必然结果。其通过研究分析商品的价值、使用价值、商品交换等经济现象，揭示了货币是在商品交换的长期发展过程中自发地从商品中分离出来的特殊商品，是商品交换的产物。货币产生的根源在于商品本身具有价值与使用价值的双重属性。因此，要想准确地认识货币的起源，必须深刻理解商品、商品交换及商品经济的内涵。

（一）货币是商品交换的产物

货币是商品经济内在矛盾发展的必然结果，货币不是人类社会一开始就有的。在人类社会的初期（原始社会氏族部落时期），人们尽其所能，集体劳作，也仅仅只能维持生计，几乎没有剩余产品。因此当时并不存在商品交换，当然也不存在货币。但是随着社会生产力水平的提高，剩余产品开始出现，社会分工和私有制也开始形成，进而商品生产和商品交换也开始出现。

（二）货币是商品价值形式发展的结果

在两种商品交换时，一种商品的价值通常通过另一种商品表现出来。这种商品价值的表现形式，通常被称为商品的价值形式。随着社会生产和商品经济内在矛盾的发展，商品的价值形式经历了由低级到高级、由简单到复杂的发展过程，即由简单的偶然的价值形式，经过了扩大的价值形式、一般价值形式，最后才到货币形式。

二、货币形式的演变

历史上许多东西充当过货币，不同的经济交易或不同的历史时期使用过不同的货币形式。从历史的演变角度看，经济学家对这些形式各异的货币通常沿着如下线索分析：实物货币→金属货币→纸币→支票货币→电子货币。其中，"金属货币"阶段开始于大约公元前2000年，又分为最初的称量货币和后来的铸币。18世纪后期进入"纸币"阶段，其又分为可兑换等值金属货币的代用货币阶段和不可兑换的信用货币阶段。支票货币可以看成另一种纸质货币（如纸质的支票簿），但它的出现并未使原来的纸币消失。电子货币则意味着一种全新的无须纸张作为载体的货币形式，但它是否会最终取代纸币，还是一个未获定论的课题。

（一）实物货币

实物货币，是指以自然界存在的某种物品或人们生产出来的某种物品的自然形态充当货币的一种货币形式。实物货币的显著特点是，其作为非货币用途的价值（商品价值），与其作为货币用途的价值（货币价值）是相等的。在人类历史上，各种商品如米、布、木材、贝壳、家畜等，都在不同时期扮演过货币的角色。在我国古代，龟壳、海贝、蚌珠、皮革、齿角、猎器、米粟、布帛、农具等均充当过交易媒介。这些实物货币都有其缺点，主要表现在：①质量不一，不易分割成较小的单位；②体积笨重，值小量大，携带运输极其不便；③容易磨损，容易变质，不易作为价值储藏手段；④供给不稳定，导致价值不稳定。所以，实物货币无法充当理想的交易媒介，随着经济的发展和时代的演变，实物货币也就逐渐被金属货币替代。

（二）金属货币

金属货币，是指以金属，尤其是贵金属为币材的货币形式。和实物货币相比，金属货币能更有效地发挥货币的性能。马克思曾说过一句经典名言："金银天然不是货币，但货币天然是金银。"金属货币经历了由称量货币向铸币演变的过程。

1. 称量货币

称量货币，也称"重量货币"，是指以金属条块形状出现，按金属的实际价值充当货币价值的货币形式。金属材料充当货币流通的初期，没有铸造成一定形状与重量，必须通过鉴定成色和称重量以定价额，故称作"称量货币"，如我国古时的金银锭、金银锞以及商周时期的铜块、铜饼等。这种自然形态的金属货币在流通中需要称重量，鉴定成色，极不方便。交易过程的自然磨损和人为磨损导致称量货币的"不足值"，但人们发现这并不影响金属货币充当交易媒介，由此产生了铸币。

2. 铸币

铸币，是指由国家铸造，具有一定形状并标明成色、重量和面值的金属货币。用金银铜等贵重金属或它们的合金作为材料，经熔炼成为液态，再倒入做好的模具中，冷却成型后，即成为"铸币"。由于它使用的材料是金银等贵金属，具有实际价值，因此不易随通货膨胀而贬值。现代的机器冲压硬币虽然也是金属币，并经常被称为"铸币"，但多采用铝、钢等便宜的材料制成，其原材料的价值一般远低于其面值，因此不是严格意义上的"铸币"，而被称为"辅币"。随着经济的进一步发展，金属货币同样显现出使用上的不方便。例如，不便运输和携带，在大额交易中需要使用大量的金属货币，其重量和体积都令人感到烦恼。金属货币在使用中还会出现磨损的问题，于是纸币出现了。

（三）纸币

纸币，是指以纸张为币材印制而成，具有一定形状并标明一定面额的货币。在中央银行产生以前，私人银行发行的纸币被称为"银行券"；中央银行产生后，纸币的发行权为政府或政府授权的金融机构所专有，发行机关多数是中央银行、财政部或政府成立的货币管理机构。纸币经历了兑现纸币和不兑现纸币的发展过程。

1. 兑现纸币

兑现纸币，又称代用货币，主要是指由政府或银行发行，代替金属货币执行流通手段和支付手段职能的纸质货币。兑现货币本身的商品价值低于其货币价值。在货币史上，代用货币通常是银行或政府发行的纸币，其所代表的是金属货币。换言之，纸币作为交易媒介虽在市面流通，但都有十足的金银准备，而且可向发行机关兑换金条、银条或金币、银币。因此，代用货币可看作是代替金银流通的价值符号。

由于代用货币代表金属货币在市场上流通，且具有携带便利、可避免磨损、节省金银等优点，因此，代用货币比金属货币更具优越性。代用货币最早出现在英国。中世纪之后，英国的金匠为顾客保管金银货币，他们所开出的收据可以在流通领域进行流通。在顾客需要时，这些收据随时可以得到兑换，这是原始的代用货币（也是银行券的雏形）。

典型的代用货币形式是银行券。银行券是由银行发行的可以随时兑现的代用货币，是代替贵金属货币流通与支付的信用工具。银行券的发行必须具有发行保证，包括黄金保证和信用保证。由于银行券有严格的发行准备规定，保证随时兑现，因此具有较好的稳定性。早期的银行券是由私人银行发行的。19世纪中叶以后，各国银行券逐渐改由中央银行或其指定银行发行。20世纪30年代世界性经济危机后，各国相继放弃金本位制。到第二次世界大战后，世界各国货币基本都同黄金脱钩，普遍由中央银行发行不兑换的纸币作为流通手段，代用货币退出历史舞台。

2. 不兑现纸币

不兑现纸币，通常是指由国家发行并强制流通的不能兑换成铸币或金银条块的纸币。它本身的价值低于其货币价值，且不再代表任何贵金属，不能向发行机关要求兑换贵金属，但有国家信用作为担保。从范围上讲，不兑现纸币还包括劣金属铸币（coins），也称辅币。辅币多为金属铸造的硬币，也有些纸币，其所包含的实际价值远低于其名义价值，但国家以法令形式规定在一定限额内，辅币可与本位币自由兑换。

根据2020年10月中国人民银行发布的《中华人民共和国中国人民银行法（修订草案征求意见稿）》第十八条规定："中华人民共和国的法定货币是人民币。以人民币支付中华人民共和国境内的一切公共的和私人的债务，任何单位和个人不得拒收。"第十九条规定："人民币的单位为元，人民币辅币单位为角、分。人民币包括实物形式和数字形式。"第二十条规定："人民币由中国人民银行统一制作、发行。"无论纸币还是硬币，无论主币还是辅币，均统一集中由中国人民银行发行，中国人民银行具有垄断的货币发行权。除此之外，财政部、其他金融机构以及任何单位和个人均无权发行货币和代用货币。

（四）存款货币

存款货币，是指可以签发支票的活期存款，也称支票存款。所谓支票，是指银行存款客户向银行签发的无条件付款命令书，是由银行的存款客户签发，委托银行在见票时无条件支付确定金额给收款人或来人的一种票据。按支付方式，支票可分为现金支票和转账支票，前者可以从银行提取现金，后者则只能用于转账结算。支票基本有三方当事人，即出票人、收款人和付款人，其中出票人和付款人都必须具备一定的条件：出票人通常是在银行开立支票存款账户的单位，付款人是办理支票存款业务的银行。支票的主要特征如下。

第一，支票的付款人是银行。支票是出票人委托银行支付票款的票据，支票的付款人必须是办理支票存款业务的银行，自然人或者其他法人不能充当支票的付款人。

第二，支票为见票即付的票据。支票为见票即付的票据，是由支票的支付职能决定的。支票的职能在于，为了避免使用现金的危险和麻烦，而用支票来代替现金支付。由于支票存款可以随时开出支票，在市场上转移或流通，充当交易媒介或支付工具，因而扮演货币的角色，并具有以下优点：①可以避免像其他货币那样容易丢失和损坏的风险；②运送便利，减少运输成本；③实收实支，免去找换零钱的麻烦；④支票经收款人收讫以后，可以在一定范围内流通。

与纸币相比，支票结算具有以下局限性。①支票不具有政府担保特性，它只是银行的存款客户命令银行将资金从其账户转移到其指定人账户的一种支付工具。因此，当你向某人签发支票以换取后者的商品或劳务时，支票并不是最后的支付手段。如果出票人签发的支票金额超出其支票存款账户金额，则为空头支票，不能履行支付职能。《中华人民共和国票据法》（以下简称《票据法》）规定，禁止签发空头支票。因此，支票本身不是货币，支票所依附的活期存款才是货币。②支票的转移可能存在一定时间的滞后。如转账支票要先存入银行，再经历若干个工作日，客户才能够获准使用所存支票中的资金。通常，将不兑现的纸币、辅币和支票货币统称为信用货币（credit money），是指以发行者的信用为保证，通过信用程序发行的货币。信用货币本身并不代表任何贵金属，基本是以国家或银行的信誉为保证而流通的。

（五）电子货币

电子货币出现的历史较短，目前还没有在全社会范围内形成统一规范的具体形式。因此，关于电子货币的概念，目前还没有任何一个国家的法律下过比较完整的定义。

1. 电子货币的定义

巴塞尔委员会于1998年发布了关于电子货币的定义。电子货币，是指在零售支付机制中，通过销售终端、不同的电子设备之间以及在互联网络上执行支付的"储值"和"预付支付机制"。所谓"储值"，是指保存在物理介质（硬件或卡介质）中可用来支付的价值。这种介质亦被称为"电子钱包"，当其储存的价值被使用后，可以通过特定设备向其续储价值。"预付支付机制"，是指存在于特定软件或网络中的一组可以传输并可用于支付的电子数据，通常被称为"数字现金"（digital cash）（可以说是"真正的电子货币"）。作为支付手段，大多数电子货币不能脱离现金或存款，只是用电子化方法传递、转移，以清偿债务，实现结算。

2. 电子货币的种类

根据上述定义，目前可被划归为电子货币的电子支付工具有很多。为了更好地认识这些工具，我们可以按不同的标志将它们进行分类。

（1）"卡基"电子货币和"数基"电子货币。按照载体不同，电子货币可以分为"卡基"（card-based）电子货币和"数基"（soft-based）电子货币。顾名思义，"卡基"电子货币的载体是各种物理卡片，包括智能卡、电话卡、礼金卡等。消费者在使用这种电子货币时，必须携带特定的卡介质，电子货币的金额需要预先储存在卡中。"卡基"电子货币是目前电子货币的主要形式。发行"卡基"电子货币的机构包括银行、信用卡公司、电信公司、大型商户和各类俱乐部等。"数基"电子货币完全基于数字的特殊编排，依赖软件的识别与传递，不需特殊的物理介质，只要能连接上网，电子货币的持有者就可以随时随地通过特定的数字指令完成支付。

（2）"单一用途"电子货币和"多用途"电子货币。按被接受程度，电子货币可以分为"单一用途"电子货币和"多用途"电子货币。"单一用途"电子货币往往由特定的发行者发行，只能用于购买特定的一种产品或服务或被单一商家所接受，其典型代表就是各类电话卡。"多用途"电子货币的典型代表是 Mondex 智能卡系统，这种智能卡根据其发行者与其他商家签订协议范围的扩大而被多家商户接受，它可购买的产品与服务也不仅限于一种，有时它还可以储存使用多种货币。电子货币区别于纸币之处在于：它的流通不需要借助任何实实在在的货币材料，而是依靠数据终端、光波、电波进行信息传递和处理。随着卫星和大规模集成电路电子计算机的发展，电子货币将造就全球一体化的金融市场，未来的货币将是以光电技术为特征的无形货币。

📖 **知识拓展**

数字人民币：一种全新的支付方式

近年来，数字人民币开始进入大众视野，现在用快问快答来认识数字人民币这一全新的支付方式。

什么是数字人民币？

数字人民币是由中国人民银行发行的数字形式的法定货币，由指定运营机构参与运营并向公众兑换，以广义账户体系为基础，与实物人民币 1∶1 兑换，共同构成法定货币体系。

数字人民币与纸币有什么区别？

尽管数字人民币与纸币都是人民币，但其本质上是两种不同的支付方式。具有以下几个方面的区别：

（1）使用场景：纸币主要用于线下交易，而数字货币可以在线上和线下使用。

（2）持有方式：纸币需要持有实体物品，而数字货币是通过数字钱包进行持有和管理的。

（3）交易效率：数字货币交易更加高效，尤其是跨境支付。因为传统银行转账需要经过多个中间环节，耗时较长，而数字货币可以实现实时交易。

（4）防伪能力：数字货币采用了先进的密码学技术，具有更高的防伪能力。

数字人民币和微信、支付宝有什么区别？

数字人民币和微信、支付宝虽然都是支付工具，但其本质上存在较大差别。

（1）发行主体不同：微信、支付宝是由第三方支付机构发行的电子支付工具，而数字人民币是由中国人民银行发行的国家数字货币。

（2）货币属性不同：微信、支付宝是支付工具，没有货币属性，尚不具备作为储蓄或投资的功能。而数字人民币是一种数字化的法定货币，具备储蓄、投资等多种货币属性。

（3）安全性不同：微信、支付宝的安全性取决于第三方支付平台的技术和管理水平，存在一定风险。而数字人民币采用了现代密码学技术和分布式账本技术等多重防护措施，更加安全可靠。

（4）监管标准不同：微信、支付宝属于非银行支付机构，受到《支付清算条例》等法规的监管。而数字人民币是由中国人民银行发行和管理的，受到更为严格的金融监管。

什么场景下可以使用数字人民币？

人们可以在零售消费、交通出行、文化旅游、政务、校园、医养、商圈、金融等多个场景下使用数字人民币，甚至还有部分行政机关单位实行工资全额数字人民币发放。未来，数字人民币的应用场景将进一步扩展，比如电子票据、跨境支付等领域。

数字人民币安全吗？

数字人民币采用了多种安全技术，包括加密算法、分布式账本技术、智能合约等，以确保交易的安全性和私密性。尽管如此，任何一种新技术都存在一定的风险，数字货币也不例外。我国政府对数字人民币的设计和运营进行了严格的监管，以确保数字货币的安全性和稳定性。因此，数字人民币是相对安全的支付方式，用户可以放心使用。

收款方可以拒收数字人民币吗？

数字人民币是法定基础货币，收款方不得拒绝收受，就像不得拒绝收受纸质人民币一样。

在未来，数字人民币会有更多的用途和场景。相信随着数字经济的飞速发展，数字人民币也将成为推动我国经济创新升级、构建新型金融体系的一股重要力量。

（资料来源：刘睿祎，新华网，《数字人民币：一种全新的支付方式》，2024 年 1 月 29 日。）

第二节　货币的职能

货币的职能是指货币作为一般等价物所发挥的作用和功能。它是货币本质的具体表现，是商品交换所赋予的，也是人们应用货币的客观依据。在商品交换发展过程中，货币逐渐形成了价值尺度、流通手段、贮藏手段、支付手段和世界货币五种职能。

一、价值尺度

价值尺度是货币用来衡量和表现商品价值的一种职能，是货币最基本、最重要的职能。正如衡量长度的尺子本身有长度，称东西的砝码本身有重量一样，衡量商品价值的货币本身也是商品，具有价值。没有价值的东西，不能充当价值尺度。货币作为价值尺度，就是把各种商品的价值都表现为一定的货币量，以表示各种商品的价值在质的方面相同，在量的方面可以比较。各种商品的价值并不是有了货币才可以互相比较，恰恰相反，只是因为各种商品的价值都是人类劳动的凝结，它们本身才具有相同的质，从而在量上可以比较。商品的价值量由物化在该商品内的社会必要劳动量决定。但是商品价值是看不见、摸不到的，自己不能直接表现自己，它必须通过另一种商品来表现。在商品交换过程中，货币成为一般等价物，可以表现任何商品的价值，衡量一切商品的价值量。货币作为价值尺度衡量其他商品的价值，把各种商品的价值都表现在一定量的货币上，货币就充当商品的外在价值尺度。而货币之所以能够执行价值尺度的职能，是因为货币本身也是商品，也是人类劳动的凝结。由此可见，货币作为价值尺度，是商品内在的价值尺度，即劳动时间的表现形式。

货币在执行价值尺度的职能时，并不需要有现实的货币，只需要观念上的货币。例如，1辆自行车值1克黄金，只要贴上个标签就可以了。当人们在做这种价值估量的时候，只要在他的头脑中有黄金的观念就行了。用来衡量商品价值的货币虽然只是观念上的货币，但是这种观念上的货币仍然要以实在的金属为基础。人们不能任意给商品定价，因为，黄金的价值同其他商品之间存在客观的比例，这一比例的现实基础就是生产两者所耗费的社会必要劳动量。在商品价值量一定和供求关系一定的条件下，商品价值的高低取决于黄金价值的大小。

二、流通手段

在商品交换过程中，商品出卖者把商品转化为货币，再用货币去购买商品。在这里，货币发挥交换媒介的作用，执行流通手段的职能。货币充当价值尺度的职能是它作为流通手段职能的前提，而货币的流通手段职能是价值尺度职能的进一步发展。在货币出现以前，商品交换是直接的物物交换。货币出现以后，它在商品交换关系中则起媒介作用。以货币为媒介的商品交换就是商品流通，它由商品变为货币（W—G）和由货币变为商品（G—W）两个过程组成。W—G即卖的阶段，是商品的第一形态变化。这一阶段很重要，实现也比较困难。因为，如果商品卖不出去，不能使原来的商品形态转化为货币形态，则商品的使用价值和价值都不能实现，从而商品所有者就有可能破产。G—W即买的阶段，是商品的第二形态变化。由于货币是一切商品的一般等价物，如果商品充足，有货币就可以买到商品。这一阶段是比较容易实现的。货币在商品流通中作为交换的媒介执行流通手段的职能，打破了直接物物交换的限制，扩大了商品交换的品种、数量和地域范围，从而促进了商品交换和商品生产的发展。

充当流通手段的货币，最初是以金或银的条块形状出现的。由于金属条块的成色和重量各不相同，每次买卖都要验成色，称重量，极不方便。随着商品交换的发展，金属条块就为具有一定成色、重量和形状的铸币所代替。铸币的产生使货币能够更好地发挥它作为流通手段的职能。铸币在流通中会不断地被磨损，货币的名称和它的实际重量逐渐脱离，成为不足值的铸币。货币作为价值尺度，可以是观念上的货币，但必须是足值的；货币作为流通手段则必须是现实的货币，但它可以是不足值的。这是因为货币发挥流通手段的职能，只是转瞬即逝的媒介物，不足值的铸币，甚至完全没有价值的货币符号，也可以用来代替金属货币流通。用贱金属，例如，用铜铸成的辅币，是一种不足值的铸币。由国家发行并强制流通的纸币，则纯粹是价值符号。纸币没有价值，只是代替金属货币执行流通手段的职能。无论发行多少纸币，它只能代表商品流通中所需要的金属货币量。纸币发行如果超过了商品流通中所需要的金属货币量，那么，每单位纸币代表的金量就减少了，商品价格就要相应地上涨。

由于货币充当流通手段的职能，商品的买和卖打破了时间上的限制，一个商品所有者在出卖商品以后，不一定马上就买；也打破了买和卖在空间上的限制，一个商品所有者在出卖商品以后，可以就地购买其他商品，也可以在别的地方购买任何其他商品。这样，就有可能产生买和卖的脱节，一部分商品所有者只卖不买，另一部分商品所有者的商品就卖不出去。因此，货币作为流通手段孕育着引起经济危机的可能性。

三、贮藏手段

贮藏手段是货币退出流通领域充当独立的价值形式和社会财富的一般代表而储存起来的一种职能。货币能够执行贮藏手段的职能，是因为它是一般等价物，可以用来购买一切商品，因而货币贮藏就有必要了。

货币作为贮藏手段，是随着商品生产和商品流通的发展而不断发展的。在商品流通的初期，有些人就把多余的产品换成货币保存起来，贮藏金银被看成是富裕的表现，这是一种朴素的货币贮藏形式。随着商品生产的连续进行，商品生产者要不断地买进生产资料和生活资料，但他生产和出卖自己的商品要花费时间，并且能否卖掉也没有把握。这样，他为了能够不断地买进，就必须把前次出卖商品所得的货币贮藏起来，这是商品生产者的货币贮藏。随着商品流通的扩展，货币的权力日益增大，一切东西都可以用货币来买卖，货币交换扩展到一切领域。谁占有更多的货币，谁的权力就更大，贮藏货币的欲望也就变得更加强烈，这是一种社会权力的货币贮藏。

货币执行价值尺度的职能，可以是观念上的货币；作为流通手段的货币，可以用货币符号来代替。但是作为贮藏手段的货币，则必须既是实在的货币，又是足值的金属货币。因此，只有金银铸币或金银条块才能作为贮藏手段。货币在质的方面，作为物质财富的一般代表，能直接转化为任何商品，因而是无限的；但在量的方面，每一个具体的货币额又是有限的，只充当有限的购买手段。货币的这种量的有限性和质的无限性之间的矛盾，迫使货币贮藏者贪婪地积累货币，而货币贮藏者的贪欲是没有止境的，甚至还会出现这样的情况："货币贮藏者为了金偶像而牺牲自己的肉体享受。"（《马克思恩格斯全集》第23

卷，第153页）货币贮藏一般是直接采取金银条块的形式，也可以采取其他的贮藏形式，如把金银制成首饰等装饰品贮藏起来。货币作为贮藏手段，可以自发地调节货币流通量，起蓄水池的作用。当市场上商品流通缩小，流通中货币过多时，一部分货币就会退出流通界而被贮藏起来；当市场上商品流通扩大，对货币的需要量增加时，有一部分处于贮藏状态的货币，又会重新进入流通领域。

关于纸币能否充当贮藏手段的问题，不同的人存在不同的看法。传统的观点是，只有实在的、足值的金属货币，人们才愿意保存它，才能充当贮藏手段。但也有人认为，如果纸币的发行数量不超过商品流通中所需要的金属货币量，纸币就能代表相应的金属量，保持稳定的社会购买力。在这种条件下，纸币也能执行贮藏手段的职能。当然，纸币如果发行量过多，就无法保持它原有的购买力，人们就不愿意保存它。可见，即使纸币能执行贮藏手段的职能，也是有条件的，并且是不稳定的。

四、支付手段

支付手段是货币作为独立的价值形式进行单方面运动（如清偿债务、缴纳税款、支付工资和租金等）时所执行的职能。货币作为支付手段的职能是适应商品生产和商品交换发展的需要而产生的。因为商品交易最初是用现金支付的。但是，由于各种商品的生产时间是不同的，有的长些，有的短些，有的还带有季节性。同时，各种商品销售时间也是不同的，有些商品就地销售，销售时间短，有些商品需要运销外地，销售时间长。生产和销售在时间上的差别，使某些商品生产者在自己的商品没有生产出来或尚未销售时，就需要向其他商品生产者赊购一部分商品。商品的让渡同价格的实现在时间上分离开来，即出现赊购的现象。赊购以后到约定的日期清偿债务时，货币便执行支付手段的职能。货币作为支付手段，开始是由商品的赊购、预付引起的，后来才慢慢扩展到商品流通领域之外，在商品交换和信用事业发达的资本主义社会里，日益成为普遍的交易方式。

在货币当作支付手段的条件下，买者和卖者的关系已经不是简单的买卖关系，而是一种债权债务关系。等价的商品和货币，就不再在售卖过程的两极上同时出现了。这时，首先，货币被当作价值尺度，计量所卖商品的价格。其次，货币作为观念上的购买手段，使商品从卖者手中转移到买者手中时，没有货币同时从买者手中转移到卖者手中。当货币作为支付手段发挥职能作用时，商品转化为货币的目的就起了变化，一般商品所有者出卖商品，是为了把商品换成货币，再用货币换回自己所需要的商品；货币贮藏者把商品变为货币，是为了保存价值；而债务者把商品变为货币则是为了还债。货币作为支付手段时，商品形态变化的过程也起了变化。从卖者方面来看，商品变换了位置，可是他并未取得货币，延迟了商品的第一形态变化。从买者方面来看，在自己的商品转化为货币之前，即已完成第二形态变化。在货币执行流通手段的职能时，出卖自己的商品先于购买别人的商品。当货币执行支付手段的职能时，购买别人的商品先于出卖自己的商品。作为流通手段的货币是商品交换中转瞬即逝的媒介，而作为支付手段的货币则是交换过程的最终结果。货币执行价值尺度是观念上的货币，货币执行流通手段可以是不足值的货币或价值符号，但作为支付手段的货币必须是现实的货币。

货币作为支付手段，一方面，可以减少流通中所需要的货币量，节省大量现金，促进商品流通的发展。另一方面，货币作为支付手段，进一步扩大了商品经济的矛盾。在赊买赊卖的情况下，许多商品生产者之间都产生了债权债务关系，如果其中有人到期不能支付，就会引起一系列的连锁反应，"牵一发而动全身"，使整个信用关系遭到破坏。例如，其中某个人在规定期限内没有卖掉自己的商品，他就不能按时偿债，导致支付链条上某一环节的中断，由此可能引起货币信用危机。可见，货币作为支付手段以后，经济危机的可能性也进一步发展了。从货币作为支付手段的职能中，产生了信用货币，如银行券、期票、汇票、支票等。随着资本主义的发展，信用事业越展开，货币作为支付手段的职能也就越重要，以致信用货币占据了大规模交易的领域，而铸币却被赶到小额买卖的领域中去。

在商品生产和货币经济发展到一定程度以后，不仅商品流通领域，而且非商品流通领域也用货币作为支付手段，充当交换价值的独立存在形式。例如，地租、赋税、工资等，也用货币来支付。由于货币充当支付手段，为了到期能偿还债务，就必须积累货币。因此随着资本主义的发展，作为独立的致富形式的货币贮藏减少以至于消失，而作为支付手段准备金形式的货币贮藏却增长了。

五、世界货币

世界货币是货币在世界市场上执行一般等价物的职能。由于国际贸易的发生和发展，货币流通超出一国的范围，在世界市场上发挥作用，于是货币便有了世界货币的职能。作为世界货币，必须是足值的金和银，且必须脱去铸币的地域性外衣，以金块、银块的形状出现。原来在各国国内发挥作用的铸币及纸币等货币形式在世界市场上都失去了作用。

在国内流通中，一般只能由一种货币商品充当价值尺度。在国际上，由于有的国家用金作为价值尺度，有的国家用银作为价值尺度，所以在世界市场上金和银可以同时充当价值尺度的职能。后来，在世界市场上，金取得了支配地位，主要由金执行价值尺度的职能。

世界货币除了具有价值尺度的职能以外，还有以下职能：第一，充当一般购买手段，一个国家直接以金、银向另一个国家购买商品。第二，作为一般支付手段，用以平衡国际贸易的差额，如偿付国际债务、支付利息和其他非生产性支付等。第三，充当国际财富转移的手段。货币作为社会财富的代表，可由一国转移到另一国，例如，支付战争赔款、输出货币资本或由于其他原因把金银转移到外国去。在当代，世界货币的主要职能是作为国际支付手段，平衡国际收支的差额。

作为世界货币的金银，其流通是二重的。一方面，金银从它的产地散布到世界市场，为各个国家的流通领域所吸收，补偿磨损了的金、银铸币，充当装饰品、奢侈品的材料，并且凝固为贮藏货币。这个流动体现了商品生产国和金银生产国之间劳动产品的直接交换。另一方面，金和银又随着国际贸易和外汇行情的变动等情况，在各国之间不断流动。

为了适应世界市场的流通，每个国家必须贮藏一定量的金、银作为准备金。这笔世界货币准备金随着世界市场商品流通的扩大或缩小而增减。在资本主义国家，银行中的黄金储备，往往要限制在它的特殊职能所必要的最低限度。过多的货币贮藏，对于资本是一个限制，而且在一定程度上表示商品流通的停滞。

第三节　货币层次的划分

一、货币层次的一般划分

根据流动性这一标准，人们将多种货币资产划分为不同的层次，货币供应量也就相应有了多重口径。归纳起来，货币供应量一般划分为以下几个层次。

（一）第一层次：狭义货币

狭义货币的计算公式为：

$$M_1 = C + D$$

式中，C（currency）表示通货，即流通中的货币，包括纸币和硬币，是指存款类金融机构以外的现金，也就是公众手中的现金；D（demand deposits）表示活期存款或支票存款，是指非银行客户在存款类金融机构账户上可以签发支票的活期存款；M_1 是狭义货币供应量，它代表了现实购买力，反映了居民和企业资金的松紧变化，是经济周期波动的先行指标。所以，M_1 是一国中央银行调控的主要指标之一。

（二）第二层次：广义货币

广义货币的计算公式为：

$$M_2 = M_1 + S + T$$

式中，S（savings）表示居民储蓄存款；T（time deposits）表示单位定期存款。广义货币 M_2 扩大了货币的范围，不仅反映现实购买力，还反映潜在购买力。M_2 流动性偏弱，但反映的是社会总需求变化和未来通货膨胀的压力状况。因此，M_2 也成为一国中央银行关注的指标之一。广义货币与狭义货币之差，即居民储蓄存款和单位定期存款，相对于现金和支票存款而言，流动性较差，但经过一段时间也能转化为现金或支票存款，可看作一种潜在的购买力。因此，国际货币基金组织（IMF）称其为"准货币"（quasi money）。

（三）第三层次

其货币计算公式为：

$$M_3 = M_2 + Dn$$

式中，Dn 表示非存款类金融机构的存款（non-bank financial institution's deposits）。在现代货币经济社会中，非存款类金融机构的资金来源和存款类金融机构吸收公众存款不一样，主要是通过发行证券或以契约的方式聚集社会闲散资金。非存款类金融机构一般包括保险公司、养老基金、证券公司、共同基金、金融公司等。这些机构的资金来源通过其资金运用也会最终形成与商品或劳务的交换，因而也实现了部分货币的功能。只是，其流动性更差，货币供应量因此扩大为 M_3。

（四）第四层次

其货币计算公式为：

$$M_4 = M_3 + L$$

式中，L 表示银行与非银行金融机构以外的所有短期信用工具。在金融市场高度发达的情况下，各种短期的流动资产，如国库券、人寿保险公司保单、承兑票据等，在金融市场上贴现和变现的机会很多，都具有相当程度的流动性，它与 M_1 只有程度的区别，没有本质的区别。因此，其也应纳入货币供应量之中，由此得到 M_4。

迄今为止，关于货币供应量的层次划分并无定论，但根据资产的流动性来划分货币供应量层次，已为大多数国家政府所接受。各国政府对货币供应量的监控重点，也逐渐由 M_1 转向 M_2 或更高层次的范围。

二、中国货币层次的划分

1949—1978 年，我国的货币流通研究工作一直局限于现金流通方面，即货币供应量就是流通中的现金量，一般称作 $M_0 = C$。1979 年经济体制改革后，货币流通范围逐渐扩大，不仅现金、支票存款算作货币，还出现了一些新的货币流通形式。为了更有效地实施金融宏观调控，合理地控制货币供应量，中国人民银行（以下简称央行）于 1994 年第三季度开始按季公布我国的货币供应量指标。1994 年以后，随着我国经济的发展，货币供应量的划分也在逐步完善。2001 年 6 月，央行第一次修订货币供应量指标，将证券公司客户保证金计入 M_2；2002 年年初，央行进行第二次修订，将在中国的外资银行、合资银行、外国银行分行、外资财务公司以及外资企业集团财务公司的人民币存款业务，分别计入不同层次的货币供应量；2011 年 10 月，央行又将住房公积金中心存款和非存款类金融机构在存款类金融机构的存款，纳入 M_2 的统计范畴。现阶段的划分如下：

$M_0 =$ 流通中的现金；

$M_1 = M_0 +$ 企业活期存款＋机关团体存款＋农村存款＋个人持有的信用类存款；

$M_2 = M_1 +$ 城乡居民储蓄存款＋企业存款中具有定期性质的存款＋外币存款＋信托类
存款＋证券客户保证金＋住房公积金中心存款＋非存款类金融机构在存款类金融机
构的存款；

$M_3 = M_2 +$ 金融债券＋商业票据＋大额可转让存单等。

我国习惯将 M_0 称为流通中的现金，即居民手中的现钞和企业单位的备用金，不包括商业银行的库存现金。这部分货币可随时作为交易媒介，具有最强的购买力。与国际通用表述一样，这里的 M_1 是通常所说的狭义货币，流动性最强；M_2 是广义货币，M_2 和 M_1 的差额是准货币；M_3 是考虑到金融的现状而设立的，目前暂不测算。

第四节　货币制度

货币制度是国家法律确定的货币流通的结构和组织形式，它使货币流通的各因素结合为一个统一体。完善的货币制度是随着资本主义制度的建立而建立的。

一、货币制度的产生

货币制度是伴随着金属铸币的出现而开始形成的，只是由于商品经济不发达，简单商品经济处于自然经济之中，早期的货币与货币流通呈现出极其分散、极其紊乱的特点。这些特点表现在以下方面。①币材用贱金属较多，如铜、银，并且不止一种金属充当币材。②铸币分散，流通混乱。在欧洲，每个城邦都设有自己的铸币厂，古希腊有 1 500～2 000 所造币局。③铸币不断贬值，即重量减轻，成色降低。各地铸币成色悬殊，平价混乱，各种货币的折算极为复杂。铸币的贬值常常影响商品的正常交易，严重阻碍经济的发展。由于早期铸币在形制、重量、成色等方面都有较大的差异，加上民间私铸、盗铸，货币流通比较混乱，这就要求国家对此加强管理。随着资本主义制度的确立，这种不严密的、混乱的货币制度很难适应资本主义经济发展对货币流通的要求，人们迫切希望国家通过法律程序，建立统一的货币制度。

二、货币制度的发展

从完善的货币制度建立到现在，货币制度按照货币材料的不同，经历了银本位制、金银复本位制、金本位制、不兑现信用货币制度四种货币制度。

（一）银本位制

银本位制是以白银作为本位货币币材的一种货币制度。它是资本主义制度建立初期采用的货币制度，于16世纪初开始发展起来。其基本特征有：①银币可以自由铸造，自由熔毁；②银币具有无限法偿的能力；③银行券可以自由兑换成银币；④银币可以自由输出、输入国境。

银本位制主要适用于商品生产不够发达的资本主义社会初期。从16世纪后半叶起，英国发生了资本主义工业革命，随后席卷欧洲，商品生产迅速发展，商品交易日益频繁，规模不断扩大，增加了货币需要量，白银供应虽然有了大幅度增加，但白银的价格不稳定，仍不能满足商品生产和交换对货币材料的需求。同时，大宗交易急剧增加，价值较低的货币在交易中呈现出不便利性。此时，在巴西发现了丰富的金矿，黄金开采量也随之增加，大量黄金从美洲流入欧洲。为适应经济发展的需要，黄金进入流通领域，和白银共同充当货币材料，从而出现了金银复本位制。

（二）金银复本位制

金银复本位制是国家法律规定金银两种金属同时作为本位货币币材的一种货币制度。金银复本位制于1663年始于英国，在16—18世纪流行于西欧各国，是资本主义制度发展初期比较典型、西方各国使用时间比较长的货币制度，但它呈现不稳定的特征。金银复本位制的特点有：①金币和银币都可以自由铸造，自由熔毁；②金币和银币都具有无限法偿的能力；③银行券都可以自由兑换成金币和银币；④金币和银币可以自由输出、输入国境。

金银复本位制的发展历程包括：

（1）平行本位制。金银复本位制首先表现为平行本位制，即两种金属货币均按其所含金属的实际价值流通，国家对这两种货币的交换比率不加以规定，由市场去决定。因为这一制度违背了货币的独占性，国内的信用发展不起来，国际市场上黄金和白银大量流通。为使货币制度稳定，推动资本主义经济的发展，资本主义国家通过法律将金币和银币的比价固定下来，平行本位制发展为双本位制。

（2）双本位制。双本位制规定金币和银币按国家法定比价流通，与市场上黄金和白银比价的变化无关。例如，法国曾规定1金法郎＝15.5银法郎。这样做虽然可以避免由金银实际价值波动带来的金币和银币交换比例波动的情况，能克服平行本位制下商品具有金银"双重价格"的弊病，但双本位制违背了价值规律，当金银的法定比价与市场比价不一致时，就产生了"劣币驱逐良币"的现象。

（3）跛行本位制。为了解决"劣币驱逐良币"现象所带来的问题，西方国家取消了银币的自由铸造。跛行本位制是指金银币都是本位币，但国家规定金币能自由铸造，而银币不能自由铸造，已发行的银币照样流通，停止银币自由铸造，并限制每次支付银币的最高额度，金币和银币按法定比价交换。这种货币制度中的银币实际上已经成为辅币。

三、金本位制

金本位制是以黄金为本位货币的一种货币制度，它在金属货币制度中占有重要地位。金本位制有金币本位制、金块本位制、金汇兑本位制三种形式。

（一）金币本位制

金币本位制是典型的金本位制。19 世纪初，英国首先过渡到金币本位制，到第一次世界大战前结束。金币本位制的基本特点有：①金币可以自由铸造、自由熔毁；②金币具有无限法偿能力；③银行券可以自由兑换成金币；④黄金可以自由输出、输入国境。

黄金价值相对稳定，促进了资本主义经济的发展。首先，货币稳定，便于企业精确地计算成本、价格和利润，从而为促进生产发展创造了有利条件，同时稳定的流通手段，增强了人们对通货的信任，又为资本主义商品流通的扩大创造了有利条件。其次，金币币值稳定，使债权人和债务人的利益均不受损，从而保证了信用事业的正常发展，同时加速了金融资本的形成和壮大。随着金融资本的形成和壮大，信用工具、信用形式日趋多样化，金融市场的活跃又促进了工商业的更大发展。最后，金币的自由输出、输入，保证了各国货币比价的稳定，从而促进了国际贸易的发展。这是一种较为稳定的货币制度。所以，在实行金币本位制约 100 年的时间里，资本主义经济有了较快的发展。

第一次世界大战前，由于资本主义政治经济发展的不平衡性，世界黄金的 60% 被英国、法国、德国、美国和俄国占有，黄金的自由流通、银行券的自由兑换和黄金自由输出、输入遭到破坏。各国为阻止黄金外流，先后放弃了金币本位制。1924—1928 年，为整顿币制，多国实行了金块本位制和金汇兑本位制。

（二）金块本位制

金块本位制又称生金本位制，是指国家规定黄金是本位货币，但国内不铸造、不流通金币，而流通代表一定重量黄金的银行券，黄金集中存储于政府，银行券只能按一定条件向发行银行兑换金块的一种货币制度。英国于 1925 年率先实行此制度，规定银行券兑换金块的最低额是 1 700 英镑，法国于 1928 年规定至少 21.5 万法郎才能兑换金块，这种兑换能力显然不是一般公众所具备的。

（三）金汇兑本位制

金汇兑本位制又称虚金本位制，是指国家规定黄金为本位货币，但国家不铸造金币且金币不参与流通，只发行流通具有含金量的银行券，并且银行券在国内不能兑换成黄金，只能兑换成外汇，然后用外汇到国外才能兑换黄金的制度。实行这种制度的国家必须把外汇和黄金存于国外作为外汇基金，再以固定价买卖外汇以稳定币值和汇价。实际上这使一国的本币依附于一些经济实力雄厚的外国货币，从而使该国在经济上受这些强国的影响和控制。实行金汇兑本位制的多为殖民地、半殖民地国家。我国在国民党时期的法币制度就是典型的金汇兑本位制。

金块本位制和金汇兑本位制是残缺不全的金本位制，是不稳定的货币制度。一是因为二者都没有金币流通，金币本位制所具备的自发地调节货币流通量、保持币值相对稳定的机制不复存在。二是因为银行券不能自由兑换黄金，削弱了货币制度的基础。三是发行基金和外汇基金存放他国，加剧了国际金融市场的动荡，一旦他国币制不稳定，必然连带本国金融随之动摇。因此，金块本位制和金汇兑本位制并没有维持几年，经过 1929—1933 年世界经济大危机，各国的金本位制事实上已经不存在。世界经济危机的风暴迅速摧毁了这种残缺不全的金本位制，使金本位制彻底崩溃。随后，资本主义各国先后实行了不兑现信用货币制度。

（四）不兑现信用货币制度

不兑现信用货币制度是以纸币为本位货币，纸币不能兑换黄金也不以黄金作为担保的货币制度。它是当今世界各国普遍实行的一种货币制度。

📖 **知识拓展**

我国货币制度的历史沿革

我国使用货币已经有几千年的历史。原始货币主要有海贝、布帛、农具等。商周时期开始使用金属货币，秦始皇统一中国就统一了币制，规定黄金为上币，铜钱为下币，统一铸造外圆内方的金属货币。

唐代经济以自然经济为主，商品经济处于复苏阶段，水平很低，实行了"钱帛兼行"的货币制度——钱即铜钱，帛则是丝织物的总称，包括锦、绣、绫、罗、绢、绝、绮、缣、绸等，实际上是一种以实物货币和金属货币兼而行之的多元货币制度。在这种情况下，"钱帛兼行"的货币制度既有多种实物货币，又有单位价值较小的铜钱，从而较好地适应了小额商品交易的需要。宋、辽、夏、金时期，我国的经济有了较快发展。两宋的货币制度，是以钱为主，绢帛等实物成了普通商品。白银日渐重要，纸币也已出现和流通。北宋真宗年间，由当时四川的富商首创"交子"。交子是世界上最早的纸币。

我国用白银作为货币的时间很长，唐宋时期白银已普遍流通，宋仁宗景祐年间（1034—1037 年），银锭正式取得货币地位。金、元、明时期确立了银两制度，白银是法定的主币。清宣统二年（1910 年）4 月，清政府颁布了《币制则例》，宣布实行银本位制，实际是银圆和银两并行。1933 年 4 月国民党政府"废两改元"，颁布《银本位铸造条例》，同年 11 月实行法币改革，在我国废止了银本位制。

1935 年 11 月 4 日，国民政府规定以中央银行、中国银行、交通银行三家银行（后增加中国农民银行）发行的钞票为法币，禁止白银流通，发行国家信用法定货币，取代银本位的银圆，规定法币汇价为 1 元等于英镑 1 先令 2.5 便士，1936 年法币改为与美元挂钩，100 法币等于 35 美元。由中央、中国、交通三行无限制买卖外汇，是一种金汇兑本位制。

在抗日战争和解放战争期间，国民党政府采取通货膨胀政策，法币急剧贬值。随着解放战争的不断胜利，旧中国的货币制度彻底崩溃。

中国人民银行于 1948 年 12 月 1 日在河北省石家庄市成立，并于同一天发行人民币，这是新中国货币制度的开端。人民币制度是通过统一各解放区货币、禁止金银外币流通、收兑国民党政府发行的各种货币而确立下来的。

第一套人民币是在恶性通货膨胀的背景下发行的。1950 年流通的钞票最小面额是 50 元券，最大面额是 50 万元券。随着中华人民共和国经济建设的恢复发展和物价的稳定，为了便利商品流通和货币流通，1955年3月1日发行了第二套人民币，按1：10 000的比例无限制、无差别地收兑了第一套人民币，并同时建立了主辅币制度，这个格局一直保持到现在。1962年4月20日发行了第三套人民币。1987年4月27日发行了第四套人民币，增发50元和100元面额的币种。1999年10月1日，为纪念中华人民共和国成立50周年，发行了第五套人民币。

目前，人民币已经发行至第五套，其中第一套、第二套（角币及圆币）、第三套（纸币）已经停止使用。流通中的人民币主币有1元、5元、10元、20元、50元、100元6种券别，辅币为1分、2分、5分和1角、2角、5角6种券别，1分、2分和5分面额的纸币已经于2007年3月25日退出流通。人民币的符号为"¥"，取人民币单位"元"字的汉语拼音"YUAN"的第一字母Y加两横，读音同"元"。

课后练习

一、选择题

1. 从历史的演变角度看，货币的演变顺序为（　　　）。

A. 实物货币→金属货币→纸币→支票货币→电子货币

B. 金属货币→实物货币→纸币→支票货币→电子货币

C. 实物货币→金属货币→支票货币→纸币→电子货币

D. 实物货币→纸币→金属货币→支票货币→电子货币

2. 用来衡量和表现商品价值的职能，是货币的（　　　）职能。

A. 流通手段　　　　　B. 价值尺度　　　　　C. 支付手段　　　　　D. 贮藏手段

3. 以下关于我国货币层次的划分错误的是（　　　）。

A. M_0＝流通中的现金

B. M_1＝M_0+企业活期存款+机关团体存款+农村存款+个人持有的信用类存款

C. M_2＝M_1+城乡居民储蓄存款+企业存款中具有定期性质的存款+外币存款+信托类存款+证券客户保证金+住房公积金中心存款+非存款类金融机构在存款类金融机构的存款

D. M_3＝M_2+金融债券+商业票据

二、简答题

1. 请简要概述巴塞尔委员会关于电子货币的含义。

2. 请简要概述货币的主要职能。

项目实训

【实训内容】

不同面值的人民币

【实训目标】

1. 认识中国人民银行统一发行的人民币，能够尝试辨别伪币。

2. 培养学生分析、解决问题的能力；培养学生资料查询、整理的能力。

【实训组织】

以学习小组为单位，收集第五套人民币（主币和辅币），查看人民币的真伪；收集或发现可能遇到的假币，进行辨别。

【实训成果】

1. 考核和评价采用报告资料展示和学生讨论相结合的方式。

2. 评分采用学生和老师共同评价的方式。

第二章

信用和利率

学习目标

1. 掌握信用的形式及特点
2. 掌握利率的含义和运用
3. 掌握利率决定理论

能力目标

1. 能够了解信用的产生与发展
2. 能够了解利率的计算方法

情景导读

从包商银行被接管，谈谈银行信用风险

包商银行是我国历史上首个被监管机构接管的商业银行。2019 年 5 月 24 日，据央行官网公告，包商银行被央行、银保监会实施接管，期限 1 年，主要原因是该银行出现严重信用风险。信用风险是我国银行业面临的最主要风险，近期对外征求意见的银行资产风险分类标准，体现了监管层全面风险监管理念，同时"信用风险管控"也逐渐成为银行发展战略制定的重点。

一、包不住的信用风险

据资料显示，包商银行成立于 1998 年 12 月，是内蒙古自治区最早成立的股份制商业银行，前身为包头市商业银行，2007 年 9 月更名为包商银行。包商银行共有 18 家分行、291 个营业网点（含社区、小微支行），发起设立了包银消费金融公司，设立了小企业金融服务中心，发起设立了 29 家村镇银行；机构遍布全国 16 个省、市、自治区。包商银行 2017 年的年报和 2018 年的年报都迟迟未披露。单从 2016 年资本充足率看比较正常，但从 2017 年和 2018 年的年报未披露的角度推测，信用风险的问题可能比较严重。

值得注意的是，公开资料显示，自 2017 年起，包商银行的不良贷款率已经至少为 3.25%，

高于同期全国城商行不良率 1.5% 的平均水平。而在拨备覆盖率及贷款拨备覆盖率上，也都低于监管要求，风险抵御能力下降严重，继续补充一级资本。

包商银行的股权结构也较为复杂。企查查显示，至少有国有股、个人股、法人股、集体股四类。资料还显示，有包商银行自身风险 255 条，与之相关的风险达 11 752 条。

据巨丰投顾分析，历史上，央行、银行监管机构会接管银行情况并不多见。此次接管包商银行，有一定的示范作用。同时，事件背后表明城商行内部管理及信用风险存在较大问题，也表明管理层在加大监管力度的同时，对于出现的问题应及时采取应对措施，防止金融风险发生。

二、全面监管信用风险

信用风险是我国银行业面临的最主要风险。信用风险是指银行因借款人（又称交易对手）不能根据约定条件履行其支付贷款利息和偿还贷款本金义务而蒙受损失的可能性。银行信用风险不仅出现于贷款业务，在担保、承兑、债券和其他投资、同业资产、应收款项等表内、表外业务中同样存在。这种风险关系到银行的生死存亡。银行的信用风险主要来自两个方面：一是存款者到银行提款的时候，银行没有足够的资金进行兑付；二是债务到期时，借款人没有按照规定归还贷款和利息。

中国银行业协会、普华永道联合发布的《中国银行家调查报告（2018）》显示，60.8% 的银行家认为"不良贷款集中爆发的风险"将是银行业面临的主要风险。同时，32.4% 的银行家将"不良贷款增长"作为银行经营的最大压力来源。

针对近年来我国银行业务快速发展，商业银行的资产结构发生较大变化，贷款在金融资产中占比总体下降，非信贷资产占比明显上升的现状，相关办法规定，商业银行应对表内承担信用风险的金融资产进行风险分类，包括但不限于贷款、债券和其他投资、同业资产、应收款项等。表外项目中承担信用风险的，应比照表内资产相关要求开展风险分类。

分析人士称，新政这样扩展资产风险分类范围，对非信贷资产提出以信用减值为核心的分类要求，尤其对资管产品提出穿透分类要求，有利于银行全面掌握各类资产的信用风险，有针对性地加强信用风控。

三、如何管控银行信用风险

《中国银行家调查报告（2018）》显示，未来一段时间内，"信用风险管控"仍将是各家银行发展战略制定的重点，资产质量变化仍将受到持续、高度关注。

那么，对于危及生死存亡的银行信用风险，银行自身应该如何预防呢？

1. 建立信用风险管理体系

防止信用风险是一项系统性的工作，只在某个环节做好是不起作用或者作用较小的，必定要做好整体的防御。在整体上进行统筹建设，建立信用风险管理系统，从获取业务到放出贷款，再到回收资金，每个环节都要做好预防。

2. 加强风险管理团队的建设

很多商业银行的风险管理团队基础较为薄弱，不能有效发挥银行信用风险防控的作用。为了改变这种局面，就要加强人才的引入，并且对风险团队进行教育和培训。

3. 对各项业务进行定期核查

风险潜伏在每一项业务中，不同业务发生风险的可能性及危害性不同，银行的风险管理团队应该定期对业务的风险性和可能造成的损失进行评价和识别。

4. 对贷款客户要多甄别

在进行业务之前，对客户进行信息收集和分析，并甄别信息的准确性，防止出现虚假信息，造成对客户的错误判定。

5. 分散贷款

很多商业银行的信贷业务常常集中在某一行业，这些行业一旦受到宏观政策的影响，会出现巨大的变化，从而给贷款人带来颠覆性的变化，自然商业银行就会遭受巨大的损失。因此商业银行应扩大自己的信贷行业。

（资料来源：搜狐网，《从包商银行被接管，谈谈银行信用风险》，2019-05-27。）

第一节　信用的产生与发展

一、信用的产生

信用是与商品经济和货币紧密联系的经济范畴，它是商品生产与交换和货币流通发展到一定阶段的产物。

1. 信用产生的前提条件是私有制

信用产生的前提条件是私有制条件下的社会分工和大量剩余产品的出现。从逻辑上讲，私有财产的出现是借贷关系产生的前提条件。没有私有权的存在，借贷就无从谈起，贷出货币可不必讨回，借得货币无须顾虑将来能否偿还，相应的利息更属无稽之谈。由此可见，信用的产生完全是为了满足一种以不改变所有权为条件的财富调剂需要。当然，在公有制经济条件中，信用关系仍然存在，其存在的前提条件是不同经济主体存在各自的经济利益目标。

2. 信用产生的直接原因是经济主体调剂资金余缺的需要

在商品经济中，无论是进行生产经营活动的企业、从事不同职业的个人，还是行使国家职能的各级政府，其经济活动都伴随着货币的收支。在此过程中可能收支相等，处于平衡状态，但更多的情况是收支不相等，或收大于支，或支大于收。货币收入大于支出的经济主体称为盈余单位，反之称为赤字单位。盈余单位需要将剩余资金贷放出去，赤字单位需要将资金缺口补足。在商品经济条件下，经济主体之间存在着独立的经济利益，资金的调剂不能无偿地进行，必须采取有偿的借贷方式，也就是信用方式。盈余单位将剩余资金借给赤字单位，后者到期必须归还且附带一定的利息。由此，信用关系就产生了。

二、信用的发展

1. 最初的信用活动表现为商品赊销

随着商品生产和交换的发展，商品流通出现了矛盾：一些商品生产者出售商品时，购买者可能因自己的商品尚未卖出而无钱购买。于是，赊销（即延期支付的方式）应运而生。赊销意味着卖方对买方未来付款承诺的信任，意味着商品的让渡和货币的取得在时间上的分离。这样，买卖双方除了商品交换关系之外，又形成了一种新型的关系，即信用关系，也就是债权债务关系。此时的信用大多以延期付款的形式相互提供，即商业信用。

2. 信用活动发展为广泛的货币借贷活动

在这一阶段，信用交易超出了商品买卖的范围。作为支付手段的货币本身也加入了交易过程，出现了借贷活动。现代金融业正是信用关系发展的产物。随着现代银行业的出现和发展，银行信用逐步取代了商业信用，成为现代经济活动中最重要的信用形式。货币的运动和信用关系联结在一起，并由此形成了新的范畴——金融。金融是货币流通和信用活动以及与之相联系的经济活动的总称，经济和金融业的发展，总是植根于社会信用的土壤之中。甚至可以说，金融的本质就是信用，即"金融就是拿别人的钱来用"或"用别人的钱为自己创造财富"。

第二节　信用的形式

一、商业信用

（一）商业信用的定义

商业信用是指工商企业之间相互提供的与商品交易直接相联系的信用形式，包括企业之间以赊销分期付款等形式提供的信用，以及在商品交易的基础上以预付定金等形式提供的信用。从本质上而言，商业信用是基于主观上的诚实和客观上对承诺的兑现而产生的商业信赖和好评。所谓主观上的诚实，是指在商业活动中，交易双方在主观心理上诚实善意，除了公平交易的理念外，没有其他欺诈意图和目的；所谓客观上对承诺的兑现，是指商业主体应当对自己在交易中向对方作出的有效的意思表示负责，应当使之实际兑现。可以说，商业信用是主客观的统一，是商事主体在商业活动中主观意思和客观行为一致性的体现。

（二）商业信用的主要特点

（1）商业信用是在以营利为目的的经营者之间进行的，是经营者互相以商品形式提供的直接信用。

（2）商业信用的规模和数量有一定限制。商业信用是经营者之间对现有的商品和资本进行再分配，而不是获得新的补充资本。商业信用的最高界限不超过全社会经营者现有的资本总额。

（3）商业信用有较严格的方向性。商业信用往往由生产生产资料的部门向需要这种生产资料的部门提供，绝不能相反。例如，面粉商—面包商—批发商—零售商。它严格遵循社会生产销售程序，遵循社会总生产的循环。因此，商业信用能力有局限性，一般只在贸易伙伴之间建立。

（4）商业信用容易形成社会债务链。在经营者有方向地互相提供信用的过程中，形成了连环套的债务关系，其中一环出现问题，很容易影响整个链条，出现类似三角债的问题，严重则可引发经济危机。

（5）商业信用具有一定的分散性，且期限较短。经营者根据自己的经营情况随时可以发生信用关系，信用行为零散。

（三）商业信用的局限性

由于商业信用是直接以商品生产和商品流通为基础，并为商品生产和流通服务的，所以，商业信用对加速资本的循环和周转，最大限度地利用产业资本和节约商业资本，促进资本主义生产和流通的发展，具有重要的推动作用。但是，商业信用受其本身特点的影响，又具有一定的局限性，主要表现在以下两个方面。

（1）商业信用的规模受到厂商资本数量的限制。因为商业信用是厂商之间相互提供的，所以，它的规模只能局限于提供这种商业信用的厂商所拥有的资本额。而且，厂商不是按其全部资本额，仅是按照其储备资本额来决定他所能提供的商业信用量。因此，商业信用在量上是有限的。

（2）商业信用受到商品流转方向的限制。由于商业信用的客体是商品资本，因此提供商业信用是有条件的，它只能向需要该种商品的厂商提供，而不能倒过来向生产该种商品的厂商提供。例如，造纸厂厂商在购买造纸机械时，可以从机器制造商那里获得商业信用，但机器制造商却无法反过来从造纸厂那里获得商业信用，因为造纸厂生产的商品——纸张，不能成为机器制造商所需的生产资料。

由于商业信用存在着上述局限性，因此，它不能完全适应现代经济发展的需要。于是，在经济发展过程中又出现了另一种信用形式，即银行信用。

二、银行信用

（一）银行信用的定义

银行信用是指银行或其他金融机构通过货币形式，以存、放款等多种业务形式提供的一种信用。银行信用是在商业信用基础上发展起来的一种更高层次的信用，它和商业信用一起构成了经济社会信用体系的主体。

（二）银行信用的特点

1. 银行信用的主体与商业信用不同

银行信用不是厂商之间相互提供的信用。银行信用的债务人是厂商、政府、家庭和其他机构，而债权人是银行和货币资本所有者及其他专门的信用机构。

2. 银行信用的客体是单一形态的货币资本

这一特点使银行信用能较好地克服商业信用的局限性。一方面，银行信用能有效地集聚社会上的各种游资，它可集聚从企业再生产过程中游离出来的暂时闲置的货币资本，这包括：①固定资产折旧；②由于产品销售与购买再生产所需要的原材料、燃料等在时间上不一致而形成的暂时闲置的货币资本；③由于产品销售与工资支付在时间上不一致所形成的暂时闲置的货币资本；④尚未积累到一定数量，还不足以作为新的投资加以运用的那部分剩余价值所形成的暂时闲置的货币资本。此外，银行还可以集聚货币所有者的货币资本，并可以把社会各阶层的货币储蓄也转化成资本，形成巨额的借贷资本，从而克服了商业信用在数量上的局限性。另一方面，银行信用是以单一的货币资本形态提供的，可以不受商品流转方向的限制，能向任何企业及任何机构、个人提供，从而克服了商业信用在提供方向上的局限性。

3. 银行信用与产业资本的动态不完全一致

银行信用是一种独立的借贷资本的运动，它有可能与产业资本的动态不一致。例如，当经济衰退时，会有大批产业资本不能用于生产而转化为借贷资本，造成借贷资本大量增加。

4. 在产业周期的各个阶段，市场对银行信用与商业信用的需求不同

在繁荣时期，市场对商业信用的需求增加，对银行信用的需求也增加；而在危机时期，由于商品生产过剩，市场对商业信用的需求会减少，但对银行信用的需求却有可能会增加，此时，企业为了支付债务、避免破产，有可能加大对银行信用的需求。

（三）银行信用的地位与作用

由于银行信用克服了商业信用的局限性，大大扩充了信用的范围数量和期限，可以在更大程度上满足经济发展的需要，所以，银行信用成为现代信用的主要形式。20 世纪以来，银行信用有了巨大的发展与变化，这主要表现在：①越来越多的借贷资本集中在少数大银行手中；②银行规模越来越大；③贷款数额增大，贷款期限延长；④银行资本与产业资本的结合日益紧密；⑤银行信用提供的范围不断扩大。至今，银行信用所占的比重仍具有很大优势。

尽管银行信用是现代信用的主要形式，但商业信用依然是现代信用制度的基础。这是因为商业信用能直接服务于产业资本的周转，服务于商品从生产领域到消费领域的运动，因此，凡是在商业信用能够解决问题的范围内，厂商总是首先利用商业信用。而且，从银行信用本身来看，也有大量的业务（如票据贴现和票据抵押放款等）仍然是以商业信用为基础的。目前，商业信用的作用还有进一步发展的趋势，商业信用和银行信用相互交织。许多跨国公司内部资本的运作都是以商品供应和放款两种形式进行的。不少国际垄断机构还通过发行相互推销的商业证券来动员它们所需借入的资本，用来对其分支机构提供贷款，而银行则在这一过程中为跨国公司提供经济信息、咨询等服务，使商业信用和银行信用相互补充、相互利用。

三、国家信用

（一）国家信用的定义

国家信用是指以国家政府为主体的借贷行为，它包括国家以债务人的身份取得信用和以债权人的身份提供信用两个方面。其中，国家以债权人的身份取得信用又分为对内负债和对外负债，对内负债是指国家以债权人的身份向国内居民、企业、团体取得信用，它形成国内的内债；对外负债是指国家以债务人的身份向国外居民、企业、团体、政府和国际金融组织取得信用，它形成国家的外债。国家以债权人的身份提供信用也包括对内和对外两个方面，对内是指国家以债权人的身份向国内企业、居民提供贷款，对外是指国家以债权人的身份向外国企业、政府和金融机构提供贷款。

（二）国家信用的基本形式

就其内债而言，国家信用的形式有：一是发行国债，包括期限在 5 年以上的中长期债券，主要用于弥补财政赤字或国家重点建设的中长期投资；二是发行国库券，这是一种短期债务，其性质与公债相近，其发行的主要目的是应付短期内急需的预算支出；三是向中

央银行借款或透支。其中，发行国债和国库券是国家信用的主要形式。

国家信用就其外债来说，其形式主要是发行国际债券和政府借款。通过发行国际债券来筹集资金是国际金融市场上一种流行的形式。发行国际债券包括委托国外金融机构发行和直接发行两种。发行国际债券的目的主要是弥补国际收支逆差或者为大型工程项目筹集资金。政府借款包括向外国政府、国际金融机构、外国商业银行借款，以及出口信贷等形式。

（三）国家信用的特征

（1）国家信用的信誉度高。国债、国库券等以政府的财政收入作为偿还担保，并以一些优惠条件吸引人们购买，如税收减免、高利息等，因此在必要时，国家信用可以动员更多的资金。

（2）政府债券的流动性和安全性高。对投资者而言，政府债券的高信誉度增强了政府债券的流动性，从而增加了投资者的安全感。对政府而言，则可增加资金使用的稳定性，满足政府承担的基础建设的资金需要。

（3）国家信用的利息由纳税人承担，利息来自国家预算的债务支出，而银行信用的利息由借款人承付，银行信用的一部分利差是财政收入的重要来源。因此，用不同的信用形式筹集资金，对财政负担具有不同的意义。

（4）国家信用是一种直接信用形式，国家直接向社会成员借款，信用主体与发行主体直接联系，购买债券的社会成员为债权人，发行债券的国家为债务人。

（5）国家信用不以营利为目的。国家信用是为了弥补财政赤字，促进国民经济的均衡发展，并且国家以发行国债方式动员的社会闲散资金主要投向社会效益高而本身盈利比较低的项目。

（四）我国的国家信用

中华人民共和国成立后，国家信用的发展经历了三个阶段：第一阶段是 1950 年，我国为了保证恢复国民经济的需要，发行了总价值为 3.02 亿元的"人民胜利折实公债"。第二阶段是 1954—1958 年，为了进行社会主义建设，满足第一个五年计划的资金需要，我国分五次发行了总额为 35.46 亿元的"国家经济建设公债"。到 1968 年全部还清已发行的各种债券的本息，成为一个既无内债，又无外债的国家。第三阶段是 1979 年以后，财政连年出现大额赤字，为了平衡财政收支，筹集重点建设资金，1981 年政府决定发行国库券，此后年年发行，规模也不断扩大。

四、消费信用

（一）消费信用的定义

消费信用是指银行和非银行金融机构、工商企业以货币或商品的形式向消费者个人提供的信用。消费信用按其性质来说有两种类型：一种类似于商业信用，由工商企业以赊销、分期付款等形式向消费者提供商品或劳务；另一种属于银行信用，由银行直接向消费者个人发放贷款，用以购买耐用消费品、住房及支付旅游费用等，即买方信贷，或由银行向提供商品的工商企业发放贷款，即卖方信贷。

（二）消费信用的主要形式

1. 赊销

赊销是工商企业对消费者提供的短期信用，即延期付款方式销售，到期一次付清货款。在西方国家，对一般消费信用多采用信用卡方式，即由银行或其他金融机构发给其客户信用卡，消费者可凭卡在约定单位购买商品或用作其他支付，有的还可以向发卡银行或其代理行透支小额现金。工商企业、公司、旅馆等每天营业终了时向发卡机构索偿款项，发卡机构与持卡人定期结算清偿。

2. 分期付款

购买消费品或取得劳务时，消费者只支付一部分货款，然后按合同分期加息支付其余货款，多用于购买高档耐用消费品或房屋、汽车等，属于中长期消费信用。

3. 消费贷款

银行及其他金融机构采用信用放款或抵押放款方式，对消费者发放贷款，按规定期限偿还本息，有的时间可长达 20 年甚至 30 年，属长期消费信用。按照接受贷款对象的不同，消费贷款可分为买方信贷和卖方信贷两种方式。买方信贷，是对购买消费品的消费者直接发放贷款；卖方信贷，是以分期付款单作抵押，对销售消费品的工商企业、公司等发放贷款，或由银行同以信用方式出售消费品的企业签订合同，将贷款直接付给企业，再由购买者逐步偿还银行贷款。

（三）消费信用的作用及局限性

消费信用的存在，对社会经济的发展有一定的积极作用。消费者可以在取得货币收入之前购买耐用消费品和住房，实现现实的消费，人为地扩大了社会需求，刺激了生产。但是，消费信用使消费者提前使用了未来的收入，他们要在今后一段时间里陆续偿还贷款本息，这又会使以后的购买力相对缩小，从而造成生产和消费的脱节，一定程度地加剧了供给和需求的矛盾。因此，消费信用不能过大，消费信用过度扩大会造成通货膨胀。

📖 案　例

信也科技的亮点与暗点

2023 年上半年，随着全社会回归常态，经济复苏力度加快，消费全面反弹，国内的信贷服务市场也迎来"涨潮期"。作为互金行业玩家，信也科技（FINV. US）交出了一份彰显韧性的中期成绩单。财报显示，2023 年上半年，信也科技实现营收 61.26 亿元，同比增长 19.82%；实现归母净利润 12.8 亿元，同比增长 14.34%。

不过，拆分单季度，于第二季度（Q2），信也科技增速大幅放缓，且增收不增利：营收 30.76 亿元，同比增长 15.4%；净利润 5.9 亿元，同比仅增长 1%；归母净利润为 5.54 亿元，同比下降 4.61%。

此外，从转型进程来看，信也科技近几年一直在弱化 P2P 的色彩，力图构建消费金融+国际化+科技生态孵化的多元业务板块，兑现"科技，让金融更美好"的使命，仍存在不小挑战。

公开资料显示，信也科技原名上海拍拍贷金融信息服务有限公司，是网贷平台拍拍贷的运营商，其于2017年在美国纽交所上市，2019年11月更名为信也科技。2023年Q2当季，信也科技的业绩呈现出如下亮点和暗点。

1. 亮点

促成交易金额473亿元，同比增长14%；季末在贷余额637亿元，同比增长12.9%。截至6月30日，累计注册用户达到1.494亿，较上年同期增长8.3%；中国市场累计借款人达到2 440万，较上年同期增长7%；Q2平均贷款规模为7 816元，较上年同期的6 978元增长12%。相较国内市场，信也科技更大的运营亮点来自国际市场。2023年Q2，受益于海外区域的累计注册用户和累计借款人分别大幅上涨74.6%、48.1%，其国际交易额同比增长100.0%，国际收入达到5.025亿元，同比增长112.1%，占总营收比重为16.3%。

据悉，信也科技印尼业务于2018年年底注册，2019年年底获得本地金融许可，现旗下"Adakami"注册用户超过2 100万，是当地应用市场金融类应用排名第二的便利化工具。

总的来说，核心指标的相对亮眼，导向了信也科技收入端的可圈可点。

2. 暗点

从数据来看，销售和营销费用是最大的暗点。

2023年第二季度，信也科技共计支出销售和营销费用4.69亿元，同比增长43.3%，增速高于营收增速，也远在累计注册用户量增速之上，公司在财报中表示主要原因在中国及国际市场积极争取优质借款人；研发费用为1.25亿元，同比仅增长7.4%。这在较大程度上解释了信也科技增收不增利的原因，但也意味着，其核心竞争力仍然是依赖重金推广的流量大战，而非研发或技术。

抖音、头条、百度信息流等渠道，都是拍拍贷常用的投放渠道。据业内人士透露，在行业进入成熟期，产品同质化竞争加剧的背景下，互金企业单体获客成本水涨船高，已经超过2 000元，有些品牌知名度低、影响力小的平台甚至高达4 000元。体现在报表上，便是高昂的销售费用和日渐被蚕食的盈利能力。2018—2022年，信也科技的销售费用从7.11亿元增长至16.84亿元，5年翻了不止一番。

同期，公司营收规模从45.44亿元扩大至111.3亿元，净利润规模却不升反降，从24.69亿元缩小至22.81亿元，相当于5年时间原地踏步。值得注意的是，截至2023年6月30日，信也科技90天以上的拖欠比率为1.68%，继续位列同业低位，但相较上年同期的1.60%，有所上扬。

科技生态孵化业务，按照信也科技官网的介绍，致力于孵化行业相关新兴业务与技术，投资未来，打造开放的科技生态，但迄今未看见大的进展。

五、其他信用形式

除了以上主要信用形式外，其他信用形式包括国际信用、民间信用和合作信用等。

国际信用是国家之间相互提供的信用，是国际经济发展过程中资本运动的主要形式。国际信用是信用形式在地域上的扩大和发展，包括国际商业信用、国际银行信用、国际金融机构信用、国际政府间信用等。

民间信用是指社会公众之间自发形成的以货币形式提供的信用，主要形式包括直接货币借贷、通过中介人进行的间接货币借贷、以实物作抵押取得贷款的"典当"等。民间信用的债权人和债务人是个体经营者或个人，其目的是解决生产经营资金的不足，或用于生活消费。民间信用利率一般根据资金供求状况和借贷双方意愿确定，随行就市，往往采用口头约定方式（也有书面契约），其债务偿付不仅依赖于债务人的经济实力，更取决于债务人的信誉。民间信用在一定程度上有利于发展商品生产，但存在随意性和自发性，可能冲击正常的金融秩序，国家对民间信用应积极引导，加强规范管理。

合作信用是指在一定范围内出资人之间相互提供的信用，其机构主要有信用合作社、互助储金会等。我国合作信用主要在农村，机构形式是农村信用合作社。目前，我国农村信用合作社实质上并非典型意义的合作性质，已经超越了传统的合作原则，演变为商业性金融组织。从 2004 年开始，我国在部分地区进行农村信用社改造成农村商业银行的试点，探索新形势下合作信用发展的道路。

第三节　利息与利率

一、利息的概念及运用

在现代市场经济中，利息是一个普遍存在的概念。研究利息的实质及其应用，对于正确理解利率在国民经济中的杠杆作用非常重要。

（一）利息的概念及本质

1. 利息的概念

利息是借贷关系中债务人支付给债权人的报酬，是在特定时期内使用借贷资本所付出的代价。根据现代西方经济学的基本观点，利息是投资者让渡资本使用权而索取的补偿。这种补偿由两部分组成：一是对机会成本的补偿，资本供给者将资本贷给借款者使用，即失去了现在投资获益的机会，因此需要得到补偿；二是对违约风险的补偿，如果借款者投资失败将导致其无法偿还本息，由此给资本供给者带来风险，也需要由借款者给予补偿。因此，利息＝机会成本补偿＋违约风险补偿。

2. 利息的本质

利息的存在，使人们对货币产生了一种神秘的感觉，即似乎货币可以自行增值。这就是说的利息来源，或者说利息本质的问题。如何认识利息的来源和本质，经济学家提出了不同的观点。马克思针对资本主义经济中的利息指出："贷出者和借入者双方都是把同一货币额作为资本支出的，但它只有在后者手中才执行资本的职能。同一货币额作为资本对两个人来说取得了双重的存在，这并不会使利润增加一倍。它之所以对于双方都能作为资本执行职能，只是由于利润的分割。其中归贷出者的部分叫作利息。"由此可见，马克思认为利息本质上是利润的一部分，是利润在借贷双方之间的分割，体现了借贷资本家和职能资本家共同剥削雇佣工人的关系，也体现了借贷资本家和职能资本家之间瓜分剩余价值的关系。西方经济学家对于利息的来源与本质也提出了不同的见解，主要有以下几种观点。

（1）利息报酬论。该理论由英国古典政治经济学创始人威廉·配第提出，是古典经济学中颇有影响的一种理论。他认为，利息是所有者暂时放弃货币使用权而获得的报酬，因为这给贷出货币者带来不便。这一理论描述了借贷现象，但是没有真正理解利息的本质。

（2）利息租金论，又称"资本租金论"。古典经济学家达德利·诺斯指出，贷出货币所收取的利息可看成是地主收取的租金。他认为，资本的余缺产生了利息，有的人拥有资本但不愿或不能从事贸易，而想从事贸易的人手中又缺乏资本。"资本所有者常常出借他们的资金，像出租土地一样。他们从中得到叫作利息的东西，所谓利息不过是资本的租金罢了。"

（3）节欲论，又称"节欲等待论"。该理论由经济学家西尼尔提出。他认为，利息是牺牲眼前消费、等待将来消费而获得的报酬，或是节欲的报酬。他还认为，资本来自储蓄，要储蓄就必须节制当前的消费和享受；利息来自对未来享受的等待，是为积累资本而牺牲现在消费的一种报酬，是资本家节欲行为的报酬。

（4）时差利息论，又称"时间偏好论"。这是奥地利经济学家庞巴维克提出的关于利息来自价值时差的一种理论。时差利息论将物品分为现在物品和未来物品，认为利息来自人们对现在物品的评价大于对未来物品的评价，利息是价值时差的贴水。

（5）流动性偏好论。这是经济学家凯恩斯提出的著名理论。他认为，利息是人们在一个特定的时期内放弃货币周转灵活性的报酬，是对人们放弃流动性偏好，即不持有货币进行储蓄的一种报酬。利率并不取决于储蓄和投资，而取决于货币存量的供求和人们对流动性偏好的强弱。

（6）人性不耐论。美国经济学家欧文·费雪在其《利息理论》中提出了"人性不耐"概念。他在该著作中借鉴了庞巴维克的时差利息论，认为即使人们已经有了高度的时间观念以及对未来的估计，还是倾向于"过好"现在，也不是同样地为未来着想。利息是人们宁愿现在获得财富，而不愿等将来获得财富的不耐心的结果。一般的表述是，利息的本质具体表现为：第一，货币资本所有权和使用权的分离是利息产生的经济基础；第二，利息是借用货币资本使用权付出的代价；第三，利息是剩余价值的转化形式，实质上是利润的一部分。

（二）利息概念的应用

利息概念的重要性在于它在现实经济生活中的广泛应用：一是产生了"将利息作为收益的一般形态"现象；二是存在着"收益的资本化"现象。

1. 将利息作为收益的一般形态

根据利息的概念可知，利息是资本所有者由于贷出资本而取得的报酬，显然，没有借贷便没有利息。但在现实生活中，利息已经被人们看成是收益的一般形态，即无论资本是否贷出，利息都被看作资本所有者理所当然的收入——可能取得的或将会取得的收入。与此相对应，无论是否借入资本，企业主总是把自己所得的利润分割为利息与企业主收入两部分，似乎只有扣除利息所余下的利润才是企业的经营所得，即收益＝利息＋企业主利润。于是，利息率就成为判断投资机会的一个重要尺度，如果投资回报率不大于利息率，则认为该投资不可行。

2. 收益的资本化

由于利息已转化为收益的一般形态，对于任何有收益的事物，即使它并不是一笔贷放出去的货币，甚至不是实实在在的资本，也可以通过收益与利率之比算出它相当于多大的资本金额，这种现象被称为收益的资本化。收益的资本化表现在以下几个方面。

（1）货币资本的价格。在一般的货币贷放中，贷放的货币金额通常被称为本金。本金与利息收益和利率的关系如下：

$$I = P \times r$$

式中，I 代表收益；P 代表本金；r 代表利率，即货币资本的价格。当我们知道 P 和 r 时，很容易计算出 I；同样，当我们知道 I 和 r 时，P 也不难求得，即 $P = I/r$。例如，假定一笔一年期贷款的年利息收益是 50 元，市场年平均利率均为 5%，那么就可以计算出，该笔贷款的本金为 1 000（50÷0.05）元。

（2）土地的价格。土地尤其是"生地"，本身不是劳动产品，没有价值，从而也无决定其价格大小的内在根据。但土地可以为所有者带来收益，因而认为其有价格，从而可以买卖。相应地，地价＝土地年收益/年利率。例如，一块土地每亩①的平均年收益为 100 元，假定年利率为 5%，则这块土地就可以以每亩 2 000（100÷0.05）元的价格买卖。

（3）劳动力的价格。劳动力本身不是资本，但可以按工资的资本化来计算其价格，即人力资本价格＝年薪/年利率。例如，某 NBA 球星的年薪为 20 万美元，年利率为 2.5%，则他的身价为 800 万（200 000÷0.025）美元，这一价格通常被看作该球星转会的市场价格。2009 年 6 月，英国曼联俱乐部的球星克里斯蒂亚诺·罗纳尔多（简称 C 罗）以 9 400 万欧元的历史第一转会价，转会到西班牙皇家马德里足球俱乐部。那么，C 罗 9 400 万欧元的转会价是如何确定的呢？其是运用收益资本化原理计算出来的。

（4）有价证券的价格。有价证券是虚拟资本，其价格可以由其年收益和市场平均利率决定。一般公式是，有价证券价格＝年收益/市场利率。例如，如果某公司股票每股能为投资者带来 0.5 元的年收益，当前的市场利率为 8%，则该股票的市场价格为 6.25（0.5÷0.08）元。

二、利率的概念及种类

（一）利率的概念及其表示方法

利率是金融学中非常重要的一个概念，是经济生活中备受关注的一个经济变量。利率是利息率的简称，是指借贷期间所形成的利息额与所贷本金的比率，即一定时期的利息收益与本金之比，用公式表示为：

$$利率 = 利息额/借贷资本金 \times 100\%$$

按计算利息的时间长短，利率可以分为年利率、月利率和日利率，也称年息、月息和日息。通常，年利率以本金的百分之几表示，月利率以本金的千分之几表示，日利率以本金的万分之几表示。

在我国，不论是年息、月息还是日息，习惯上都用厘作为单位，虽然都叫厘，但差别很大。例如，年息 7 厘是指年利率为 7%，月息 7 厘是指月利率为 7‰，日息 7 厘是指日利率为 7‱。年利率、月利率、日利率之间的简单换算公式是：

$$月利率 = \frac{年利率}{12}$$

---

① 1 亩 ≈ 666.67 平方米。

$$日利率 = \frac{月利率}{30}$$

$$日利率 = \frac{年利率}{360（或365）}$$

将当前收益率（日收益率、周收益率、月收益率）换算成年收益率的过程通常叫年化收益率。例如，根据投资在一段时间内（如7天）的收益，假定一年都是这个水平折算的年化收益率，计算公式为：

$$年化收益率 = \frac{投资内收益}{本金} \times \frac{360 或 365}{投资天数} \times 100\%$$

注意，年化收益率不一定和年收益率相同。年收益率就是一笔投资一年实际收益的比率。年化收益率仅是把当前收益率（日收益率、周收益率、月收益率）换算成年收益率来计算，是一种理论收益率，并不是真正已取得的收益率。例如，某银行卖的一款理财产品号称91天的年化收益率为3.1%，那么你购买了10万元，实际上能收到的利息只是10万元$\times 3.1\% \times \frac{91}{365} = 772.88$元，绝对不是3 100元。还要注意，一般银行的理财产品不像银行定期那样当天存款就当天计息，到期返还本金及利息，理财产品都有认购期、清算期等。这期间的本金是不计算利息或只计算活期利息的。例如，某款理财产品的认购期有5天，到期日到还本清算期之间又是5天，那么你实际的资金占用就是10天，实际的资金年化收益率就更小了。

（二）利率的种类

经济体中存在各种各样的利率，这些利率种类由内在因素联结成一个有机整体，形成了利率体系。一般而言，利率体系主要由中央银行利率、商业银行利率和市场利率组成。中央银行利率主要包括中央银行对商业银行和其他金融机构的再贴现利率、再贷款利率，以及商业银行和其他金融机构在中央银行的存款利率。商业银行利率主要包括商业银行的各种存款利率、贷款利率、贴现利率、发行金融债券利率，以及商业银行之间相互拆借资金的同业拆借利率。市场利率主要包括民间借贷利率，政府和企业发行各种债券、票据的利率等。本节重点介绍以下利率种类。

1. 基准利率

基准利率（benchmark interest rate），是指带动和影响其他利率的利率，也叫中心利率。在多种利率并存的条件下，如果基准利率变动，其他利率会相应发生变动。在美国，该利率为联邦基金利率，在西方其他国家则主要表现为中央银行的再贴现利率。我国的基准利率在中央银行以直接手段调控经济时，表现为中央银行的再贷款利率。在利率尚未真正市场化的情况下，中央银行规定的商业银行的存贷款利率也被称为基准利率。随着货币政策调控向间接调控转换，中央银行的再贴现利率或同业拆借利率将逐步成为我国利率体系的基准利率。变动基准利率是货币政策的主要手段之一。一方面，中央银行改变基准利率，直接影响商业银行借款成本的高低，从而对信贷起限制或鼓励的作用，并影响其他金融市场的利率水平；另一方面，基准利率的改变还会在某种程度上影响人们的预期，即所谓的告示效应。例如，提高再贴现利率，将引起人们的"紧缩预期"，当人们按预期行事时，货币政策的功效就发生作用了。

 **知识拓展**

LPR

一、什么是 LPR

LPR 是贷款市场报价利率，即"贷款基础利率"的英文首字母缩写，是由具有代表性的综合实力较强的大中型银行，根据自主报价方式对最优质客户提供的贷款利率，由央行授权全国银行间同业拆借中心计算并公布的基础性贷款参考利率。2013 年 7 月，中国人民银行全面放开金融机构贷款利率管制，随后为了进一步推进利率市场化，完善金融市场基准利率体系，指导信贷市场产品定价，于 2013 年 10 月创设了 LPR。也就是说，银行发放贷款时，利率将按照 LPR 表示，以"LPR+××个基点""LPR−××个基点"（其中，1 个基点＝0.01%），或"LPR+××%""LPR−××%"的形式来确定。LPR 有 1 年期和 5 年期以上两个期限品种，1 年期以内、1~5 年期个人住房贷款利率基准，可由贷款银行在两个期限品种之间自主选择。

这个利率最开始是用于对公贷款，之后慢慢开始改革。2019 年 8 月 17 日，人民银行发布了改革完善 LPR 形成机制的公告，宣布从 10 月 8 日起对新发放商业性个人住房贷款利率的计算方式进行全面调整。新政明确，首套商业性个人住房贷款利率不得低于相应期限贷款市场报价利率，二套商业性个人住房贷款利率不得低于相应期限贷款市场报价利率的同时再加 60 个基点。新政明确，个人住房贷款利率是贷款利率体系的组成部分，在改革完善贷款市场报价利率（LPR）形成机制过程中，个人住房贷款定价基准也需由贷款基准利率转换为 LPR，以更好地发挥市场作用。

截至 2019 年年底，LPR 共有 18 家报价银行，包括中国工商银行、中国农业银行、中国银行、中国建设银行、中国交通银行、中信银行、招商银行、兴业银行、浦发银行、民生银行 10 家全国性银行，西安银行、台州银行 2 家城市商业银行，上海农商行、广东顺德农商行 2 家农村商业银行，渣打银行（中国）、花旗银行（中国）2 家外资银行，微众银行、网商银行 2 家民营银行。具体报价时，一般由各报价行按公开市场操作利率（主要指中期借贷便利利率）加基点形成的方式报价，由全国银行间同业拆借中心计算得出，为银行贷款提供定价参考。每月 20 日（遇节假日顺延）9 时前，各报价行以 0.05 个百分点为步长，向全国银行间同业拆借中心提交报价，全国银行间同业拆借中心按去掉最高和最低报价后算术平均，并向 0.05% 的整数倍就近取整计算得出 LPR，于当日 9 时 30 分公布，公众可在全国银行间同业拆借中心中的"贷款市场报价利率"栏目和中国人民银行网站首页右侧中部的"贷款市场报价利率（LPR）"栏目查询。

二、LPR 与央行基准利率是什么关系

在我国存在着法定基准利率，即存贷款基准利率，它是央行给商业银行制定的贷款指导性利率。人们日常生活中常常听到的降息、加息，都是根据这个基准利率调整增减，具体还分为存款基准利率和贷款基准利率。

2. 名义利率与实际利率

名义利率和实际利率是两个重要的利率概念。名义利率（nominal interest rate），是指

没有剔除通货膨胀因素的利率。通常报纸杂志上所公布的利率、借贷合同中规定的利率就是名义利率，本书不强调时都是指名义利率。实际利率（real interest rate），是指从名义利率中剔除通货膨胀因素的利率。它根据预期物价水平的变动（即预期通货膨胀）进行调整，从而能够更准确地反映真实的借款成本或投资收益。区分名义利率和实际利率非常重要，原因在于实际利率反映了真实的借款成本或投资收益。在预期不发生通货膨胀的条件下，名义利率与实际利率相等；预期发生通货膨胀时，名义利率与预期通货膨胀率之差就是实际利率，即实际利率＝名义利率–预期通货膨胀率。

经济学家欧文·费雪给出了关于名义利率的更准确的定义：名义利率等于实际利率和预期通货膨胀率之和。名义利率、实际利率和预期通货膨胀率的关系用公式表示为：

$$1+R_n = （1+R_r）（1+P_e）$$

式中，R_n 为名义利率；R_r 为实际利率；P_e 为预期通货膨胀率。这一公式被称为费雪方程式，也是人们所说的费雪效应（Fisher effect）。整理后可简化得出名义利率与实际利率之间的换算公式：

$$R_n = R_r + P_e$$

或者

$$R_r = R_n - P_e$$

例如，某公司债券的票面利率为 4%，期限为 1 年，如果预期当年通货膨胀率为 5%，则该公司债券的实际利率为–1%。债券的实际利率为负值，显然会降低该债券的吸引力。

3. 固定利率与浮动利率

固定利率与浮动利率也是两个重要的利率概念。固定利率（fixed rate），是指在借贷期限内固定且不随借贷供求状况而变动的利率，它具有简便易行、易于计算等优点。在借贷期限短或市场利率变化不大的条件下，可采用固定利率；当借贷期限较长或市场利率波动较为剧烈时，借款者或贷款者就可能要承担利率变化的风险。因此，对于中长期贷款，借贷双方一般都倾向于选择浮动利率。

浮动利率（floating rate），是指在融资期限内随市场利率的变化而定期调整的利率。调整期限的长短以及以何种利率作为调整时的参照利率，都由借贷双方在借款时商定。实行浮动利率，借款人计算借款成本的难度要加大，利息负担也可能加重。但是，借贷双方承担的利率风险较小，因为利率的高低与资金供求状况紧密相连。在我国，浮动利率还有另一种含义，即金融机构在中央银行规定的浮动幅度内，以基准利率为基础自行确定的利率，如存款利率的上浮或贷款利率的下浮。

4. 利率与收益率

利率与收益率是两个不同的概念。利率是一定时期的利息与本金之比，是反映本金的名义收益，但不能准确衡量投资者在一定时期内的全部收益状况。能够准确衡量投资者在一定时期内持有证券获得的收益的指标是收益率（return rate）。衡量收益率指标按单利计算有以下三种。

（1）名义收益率，即证券的票面收益与票面金额的比率。其计算公式为：

$$i_n = \frac{C}{F} \times 100\%$$

式中，i_n 为名义收益率；C 为票面收益（年利息）；F 为票面金额。

（2）当期收益率，即证券的票面收益与其当期市场价格的比率。其计算公式为：

$$i_c = \frac{C}{P} \times 100\%$$

式中，i_c 为当期收益率；P 为当期市场价格。

（3）实际收益率，也称持有期收益率，是指证券持有期利息收入与证券价格变动的总和与购买价格之比，即卖出价格与买入价格之差（也称为"资本利得"）加上利息收入后与购买价格之间的比例。其计算公式为：

$$i_r = \frac{C + \dfrac{P_1 - P_0}{T}}{P_0} \times 100\%$$

式中，i_r 为实际收益率；P_1 为证券的卖出价格；P_0 为证券的买入价格；T 为证券的持有期（以年计算）。例如，某债券的票面金额为 100 元，10 年还本，每年利息为 7 元，其名义收益率就是 7%。若发行价格是 95 元，则当期收益率就是 $7.368\% \left(\dfrac{7}{95} \times 100\% \right)$。某人以 95 元买入该债券，并在 2 年后以 98 元的价格将其出售，则其实际收益率为 $8.95\% \left(\dfrac{7 + \dfrac{98-95}{2}}{95} \times 100\% \right)$。

大多情况下所指的收益率就是实际收益率，为什么在票面利率为 7% 的债券投资中能得到 8.95% 的收益率呢？要寻找其原因，我们需要将上式转换为更为简明的收益率公式：

$$i_r = \frac{C}{P_t} + \frac{P_{t+1} - P_t}{P_t}$$

式中，右边第一项实际上是当期收益率 i_c，即票面收益除以期初买入价格 $\dfrac{C}{P_t} = i_c$；右边第二项实际是资本利得率 g（rate of capital gain），即证券价格相对于最初买入价格的变动率：

$$\frac{P_{t+1} - P_t}{P_t} = g$$

因此，收益率的公式可以表示为：

$$i_r = i_c + g$$

上式表明，证券的收益率等于当期收益率与资本利得率之和，因此对有些证券而言，收益率与利率是有差别的。尤其是在证券价格剧烈波动引起较大的资本利得或损失的情况下，二者的差别就更大了。

三、影响利率变动的主要因素

确定利率水平并不是人们单纯的主观行为，而是必须遵循客观经济规律，综合考虑影响利率变动的各种因素，并根据经济发展和资金供求状况灵活调整。从宏观的角度看，决定利率水平的因素主要有以下几个。

（一）平均利润率

平均利润率是影响利率水平的基本因素。在市场经济条件下，资金可以自由流动，会从低利润率的行业流向高利润率的行业。企业之间的这种竞争，最终使各行业的利润率趋于均衡，形成平均利润率。企业不可能把得到的利润全部付给债权人，因此企业借款利率不会高出其平均利润率。通常情况下，利率也不会低于零。所以，从理论上讲，利率在零与平均利润率之间波动。

（二）借贷资本的供求

借贷资本的供求是影响利率变动的直接因素。如上所述，从理论上看，利率的取值介于零和平均利润率之间，但在利率水平的具体确定上，借贷资本的供求起决定性作用。因为利率是资金的价格，一般来说，当借贷资本供不应求时，利率上升；反之，当供过于求时，利率下降。

（三）物价水平

物价水平对利率变动有重要影响。物价上涨，货币就会贬值。如果存款利率低于物价上涨率，就意味着客户存款的购买力不但没有增强，反而降低了；如果贷款利率低于物价上涨率，则意味着银行贷款的实际收益不但没有增加，反而减少了。所以，为保持实际利率水平不变，名义利率是跟随物价的（如费雪效应所示）。利率与物价的变动具有同向运动趋势，物价上涨时，利率上升；物价下跌时，利率下降。

（四）中央银行的贴现率

中央银行的贴现率，也称再贴现率，通常是各国利率体系中的基准利率，它的变动会对利率水平产生决定性影响。中央银行提高贴现率，相应提高了商业银行的借贷资金成本，市场利率会因此而提高；反之，中央银行降低贴现率，就会降低市场利率。

（五）经济周期

经济周期对利率变动具有重大影响。社会经济发展存在明显的运行周期，主要包括危机、萧条、复苏和繁荣四个阶段，它对利率波动有很大影响。在危机阶段，往往出现"现金为王"的现象，大家一般不愿贷出资金。此时，利率急剧上升，达到最高限度。在萧条阶段，央行为刺激宏观经济，会实行宽松的货币政策，导致利率迅速下降，达到最低限度。在复苏阶段，利率比较平稳。在繁荣阶段，由于实体经济向好，企业资金需求旺盛，利率会逐渐上升。

（六）国家经济政策

国家经济政策对利率起调控作用。国家在一定时期制定的经济发展战略决定了资金的需求状况以及对资金流向的要求。政府可以利用财政政策和货币政策对利率水平和利率结构进行调节，从而利用利率的杠杆作用调节国民经济的发展。

（七）国际利率水平

在开放市场经济条件下，资本可以自由流动，国际利率的变动也会引起国内利率的变动。如果国内利率高于国际利率水平，资本将大量涌入，导致国内金融市场资金供大于求，国内利率下降，直至与国际利率水平持平；反之，如果国内利率低于国际利率水平，那么资本将流出，国内资金供不应求，国内利率上升，直至与国际利率水平持平。

第四节 利率决定理论

在整个利率理论中，利率的决定无疑是最基础的内容。下面介绍四种主要的利率决定理论，包括古典利率理论、流动性偏好理论、可贷资金理论和 *IS-LM* 模型的利率决定理论。

一、古典利率理论

古典利率理论是对 19 世纪末至 20 世纪 30 年代西方国家各种不同利率理论的一种总称。该理论严格遵循古典经济学重视实物因素的传统，主要从生产消费等实际经济领域探求影响资本供求，进而决定利率的因素，因而它是一种实物利率理论，也被称为储蓄投资利率理论。

（一）古典利率理论的主要思想

古典利率理论认为，利率由两种力量决定：一是可供利用的储蓄，即资本供给，主要由家庭提供；二是资本需求，主要来源于商业部门的投资需求。

1. 资本供给来自社会储蓄，储蓄是利率的增函数

古典学派认为，资本供给主要来自社会储蓄，储蓄取决于人们对消费的时间偏好。不同的人对消费的时间偏好不同，有的人偏好当期消费，有的人则偏好未来消费。古典理论假定个人对当期消费有着特别的偏好，因此鼓励个人和家庭多储蓄的唯一途径就是对人们牺牲的当期消费予以补偿，这种补偿就是利息。也就是说，利息是对等待或者延期消费的报酬。利率越高，意味着对这种等待的补偿越多，储蓄也会相应增加。由此得出，一般情况下，储蓄是利率的增函数。如图 3-1 中的 *S* 曲线所示，储蓄随利率的上升而上升。

2. 资本需求来自社会投资，投资是利率的减函数

古典学派认为，资本需求来自投资。各个企业在进行投资决策时，一般会考虑两个因素：一是投资的预期收益，即资本的边际回报率；二是资本市场上的筹资成本，即融资利率。只要资本的边际回报率高于融资利率，投资就有利可图，促使企业进行借贷和投资。而当利率降低时，预期收益率大于利率的可能性增大，投资需求就会不断增加，即投资是利率的减函数。如图 3-1 中的 *I* 曲线所示，投资随利率的上升而下降。

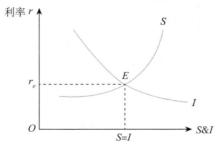

图 3-1 古典利率理论

3. 均衡利率是储蓄与投资相等时的利率

古典学派认为，利率由储蓄和投资的相互作用决定，只有当储蓄者愿意提供的资金与

投资者愿意借入的资金相等时，利率才达到均衡水平。如图 3-1 中的点 E 所示，此时，均衡利率为 r_e。若现行利率高于均衡利率，则必然发生超额储蓄供给，为使储蓄减少，必然诱使利率下降直至接近均衡利率水平；反之，若现行利率低于均衡利率，则必然发生超额投资需求，拉动利率上升直至接近均衡利率水平。

（二）古典利率理论的主要特点

古典利率理论具有以下几个特点。

1. 古典利率理论是一种局部均衡理论

古典利率理论认为，储蓄和投资仅是利率的函数，与收入无关。储蓄与投资的均衡决定均衡利率。利率的功能仅仅是促使储蓄与投资达到均衡，而不影响其他变量。因此，古典利率理论是一种局部均衡理论。

2. 古典利率理论是实物利率理论

古典利率理论认为，储蓄由等待或延期消费等实际因素决定，投资则由资本的预期收益率等实际因素决定。由这些实际因素决定的利率当然就与货币因素无关，利率不受任何货币因素影响。因此，古典利率理论又被称为实物利率理论，货币就像覆盖在实物经济上的一层面纱，与利率的决定全然无关。

3. 古典利率理论使用的是流量分析方法

古典利率理论对某一时间段内储蓄流量与投资流量的变动进行分析，因此是一种流量分析方法。

4. 古典利率理论认为利率具有自动调节资本供求的作用

根据古典利率理论，利率具有自动调节储蓄和投资的功能。因为当储蓄大于投资时，利率将下降，较低的利率会促使人们减少储蓄，扩大投资；反之，当储蓄小于投资时，利率将上升，较高的利率又刺激人们增加储蓄，减少投资。因此，只要利率是灵活变动的，资本的供求就不会出现长期的失衡，供求平衡会自动实现。古典利率理论的缺陷主要是它忽略了除储蓄和投资以外的其他因素，如货币因素对利率的影响。另外，古典利率理论认为，利率是储蓄的主要决定因素。可是现代经济学家发现，收入是储蓄的主要决定因素。最后，古典利率理论认为，资金的需求主要来自工商业企业的投资。然而，如今消费者和政府都是重要的资金需求者，同样对资金供求有重要影响。

古典利率理论支配理论界达 200 年之久，直到 20 世纪 30 年代西方经济大危机发生，人们发现运用古典利率理论已经不能解释当时的经济现象，于是出现了流动性偏好理论、可贷资金理论及 *IS-LM* 模型的利率决定理论。

二、流动性偏好理论

凯恩斯和他的追随者们在利率决定问题上的观点与古典学派的观点正好相反。凯恩斯学派的利率决定理论是一种货币理论，认为利率是由货币供求关系决定的，并创立了流动性偏好理论。

（一）利息是人们牺牲流动性的报酬

凯恩斯认为，人们存在一种流动性偏好，即企业和个人为了进行日常交易或者预防将来的不确定性而愿意持有一部分货币，由此产生了货币需求。凯恩斯假定人们可贮藏财富的资产只有货币和债券两种，其中所说的货币包括通货（没有利息收入）和支票账户存款（在凯恩斯生活的年代，一般不付或支付很少的利息）。由此可见，货币的回报率为零，但它能提供完全的流动性；债券可以取得利息收入，但只有转换成货币之后才具有支付能力。而且，由于未来的不确定性，持有的债券资产可能因各种原因而遭受损失。所以，人们在选择其财富持有形式时，大多倾向于选择货币。通常情况下，货币供给是有限的，人们要取得货币，就必须支付一定的报酬作为对方在一定时期内放弃货币、牺牲流动性的补偿。凯恩斯认为，这种为取得货币而支付的报酬就是利息，利息完全是一种货币现象。

（二）利率由货币供给与货币需求所决定

1. 货币供给曲线

凯恩斯认为，在现代经济体系里，货币供给是由一国中央银行所控制的外生变量，而中央银行在决定货币供给量的多寡时考虑的主要因素是社会公众福利，不是利率水平的高低。所以，如图 3-2 中的 M_s 曲线所示，货币供给曲线是一条不受利率影响的垂线。当中央银行增加货币供给时，货币供给曲线向右移动；反之，货币供给曲线向左移动。假定所有其他条件不变，利率会随着货币供给的增加而下降。对此，经济学家米尔顿·弗里德曼将货币供给增加会降低利率的结论称作"流动性效应"。

2. 货币需求曲线

在凯恩斯的分析中，对于货币而言，唯一的替代性资产债券的预期回报率等于利率 r。他认为，在其他条件不变的情况下，利率上升，相对于债券来说，货币的预期回报率下降，货币需求减少。我们也可以按照机会成本的逻辑，来理解货币需求与利率之间的负向关系。机会成本是指由于没有持有替代性资产（这里指债券）而失去的利息收入（预期回报率）。随着债券利率 r 上升，持有货币的机会成本增加，于是货币的吸引力下降，货币需求相应减少。因此，如图 3-2 中的 M_d 曲线所示，货币需求曲线是一条向右下方倾斜的曲线，它表明货币需求是利率的减函数。

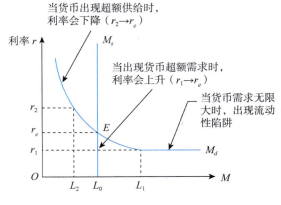

图 3-2　流动性偏好理论

在凯恩斯的流动性偏好理论中，两个因素会引起货币需求曲线的位移，它们是收入效应和价格效应。收入效应是指收入的增加所引起的货币需求曲线右移。一方面，随着经济的扩张与收入的增加，财富增长，人们愿意持有更多的货币来储藏价值；另一方面，随着经济的扩张与收入的增加，人们愿意利用货币这一交易媒介进行更多的交易，于是他们就希望持有更多的货币。因此，凯恩斯认为，在经济周期扩张阶段，假定其他经济变量不变，利率随着收入的增加而上升。价格效应是指物价水平上升导致任一利率水平上的货币需求增加，推动需求曲线右移。凯恩斯认为，人们关注的是按照不变价格来衡量的货币持有量，即按照所能购买到的产品和服务的数量来衡量的货币量。当物价水平上升时，相同名义量的货币所能购买的产品和服务的数量减少了。人们为了将实际货币持有量恢复到原先水平，就希望持有更多名义量的货币，货币需求便增加，货币需求曲线右移。因此，凯恩斯认为，在货币供给和其他经济变量不变的情况下，利率随着价格水平的上升而上升。

3. 均衡利率水平的决定及变动

当 M_s 等于 M_d，即货币供给与货币需求相等时的利率就是均衡利率 r_e，如图 3-2 中的点 E 所示。假定在经济周期的扩张阶段，收入水平逐步提高，货币需求将会随之提高。如表 3-1 中的右图第一幅所示，需求曲线由 M_{d1} 向右移动至 M_{d2}，新的均衡点位于货币需求曲线 M_{d2} 和货币供给曲线 M_s 的交点，均衡利率水平由 r_1 上升至 r_2。

同理，当物价水平提高时，人们为了保持其实际货币持有额不下降，会增加对名义货币的需求数量，促使货币需求曲线从 M_{d1} 向右移动至 M_{d2}（见表 3-1 的第二幅图）。均衡利率水平由 r_1 上升至 r_2。

与收入、物价对利率变动的影响不同，货币供给增加将导致利率水平的下降。如表 3-1 的第三幅图所示，当货币当局由于执行扩张型货币政策而形成的货币供应量提高，将导致货币供给曲线由 M_{s1} 移动至 M_{s2}，均衡利率水平由 r_1 下降至 r_2，即当货币供应量提高的时候（在其他变量保持不变的条件下），利率将会下降。在综合考虑上述凯恩斯的流动性偏好理论之后，我们归纳出影响均衡利率的三个因素，即收入、物价水平和货币供给，如表 3-1 所示。

表 3-1 收入、物价水平和货币供给变动引发的均衡利率变动

变量	变量的变动	在任一给定利率水平上货币需求量（M_d）或货币供给量（M_s）的变化	利率变动	
收入（收入效应）	↑	M_d ↑	↑	
物价水平（价格效应）	↑	M_d ↑	↑	
货币供给（流动性效应）	↑	M_s ↑	↓	

注：该表只列示了变量上升的情况，变量下降时的情况与上述变化正好相反。

（三）流动性陷阱

在凯恩斯的流动性偏好理论中，存在一种特殊的情况，就是"流动性陷阱"。它是凯恩斯提出的一种假说，是指当利率水平降低到不能再低时，人们就会产生利率只可能上升而不会继续下降的预期，货币需求弹性变得无限大，即无论增加多少货币，都会被人们储存起来。因此，即使货币供给增加，也不会导致利率下降。如图3-2所示，当利率降到一定水平如 r_1 时，投资者对货币的需求趋于无限大，货币需求曲线的尾端逐渐变成一条水平线，这就是"流动性陷阱"。按照货币-经济增长原理，假定货币需求不变，当货币供给量增加时，利率必然会下降，从而刺激投资和消费，进而带动整个经济的增长。当遇到流动性陷阱时，就意味着即使中央银行再增加货币供给量，人们也不会增加投资和消费，利率也不会下降，货币政策就达不到刺激经济的目的。因此，凯恩斯认为，当遇到流动性陷阱时，货币政策无效。

（四）流动性偏好理论的特点

1. 利率纯粹是一种货币现象，与实际因素无关

流动性偏好利率理论是利率的货币决定理论。该理论认为，利率是由货币市场上货币的供求均衡决定的。货币供给量增加，利率下降，而影响货币需求的收入效应和价格效应则可能导致利率上升。货币供求的均衡决定了利率水平。

2. 货币供给只有通过利率才能影响经济运行

中央银行的货币政策通过变动货币供给量，可以影响实际经济活动，但只是在它首先影响到利率这一限度之内，即货币供给与货币需求的变化必须首先引起利率的变动，再由利率的变动影响投资支出，从而影响国民生产水平。如果货币供给曲线与货币需求曲线的平坦部分（即流动性陷阱）相交，则利率不受任何影响，从而货币政策无法影响国民经济。

3. 是存量分析方法

凯恩斯的流动性偏好理论是一种存量理论，即认为利率是由某一时点的货币供求量所决定的。该理论纠正了古典利率理论忽视的货币因素，然而又走上了另一个极端，将储蓄与投资等实际因素完全不予以考虑，这显然也是不合适的。

三、可贷资金理论

凯恩斯流动性偏好理论存在的缺陷，导致它一经提出就遭到许多经济学家的批评。1937年，凯恩斯的学生罗伯逊在古典利率理论的基础上提出了可贷资金理论。这一理论得到了瑞典学派重要代表俄林等人的支持，并成为一种较为流行的利率理论。

（一）可贷资金理论的基本思想

可贷资金理论作为新古典学派利率决定理论的代表，一方面肯定了古典学派考虑储蓄和投资对利率的决定作用，但同时指出忽视货币因素是不妥当的；另一方面指出凯恩斯完全否定实际因素和忽视流量分析是错误的，但肯定其关于货币因素对利率的影响提出的观点。可贷资金理论的宗旨是将货币因素与实际因素、存量分析与流量分析综合为一种新的

理论体系。

1. 可贷资金供给与可贷资金需求的构成

该理论认为，可贷资金需求来自两部分：第一，投资 I，这是可贷资金需求的主要部分，它与利率负相关；第二，货币的窖藏 ΔH，这是指储蓄者并不把所有的储蓄都贷放出去，而是以现金形式保留一部分在手中。显然，货币的窖藏也是与利率负相关的，因为利率是货币窖藏的机会成本。

可贷资金供给也来自两部分：第一，储蓄 S，即家庭、企业和政府的实际储蓄，它是可贷资金供给的主要来源，与利率同方向变动；第二，货币供给的增加量 ΔM_S，中央银行和商业银行也可以分别通过增加货币供给和信用创造来提供可贷资金，它与利率正相关。

2. 利率由可贷资金的供给与需求所决定

按照可贷资金理论，利率是使用借贷资金的代价，取决于可贷资金供给（L_S）与可贷资金需求（L_D）的均衡点，故可贷资金利率理论可以用以下公式表示：

$$可贷资金需求 \ L_D = I + \Delta H$$
$$可贷资金供给 \ L_S = S + \Delta M_S$$

当利率达到均衡时，则有：

$$S + \Delta M_S = I + \Delta H$$

式中，四项因素均为利率的函数，如图 3-3 所示。在图 3-3 中，可贷资金供给曲线 L_S 与可贷资金需求曲线 L_D 的交点 E 所决定的利率 r_e 即为均衡利率。

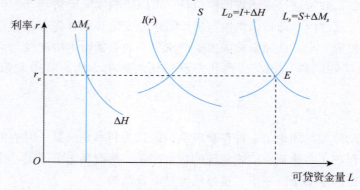

图 3-3　可贷资金理论

3. 均衡利率由可贷资金的供给与需求所决定

根据可贷资金理论，利率是使用借贷资金的代价，取决于可贷资金供给（L_S）与可贷资金需求（L_D）的均衡点，也就是图 3-3 中的点 E。

（二）可贷资金理论的评价

可贷资金理论具有以下特点。

1. 兼顾了货币因素和实际因素对利率的决定性作用

可贷资金理论的主要特点是兼顾了货币因素和实际因素。它实际上是试图在古典利率理论的基础上，综合考虑货币供求的变动等货币因素对利率的影响，以弥补古典利率理论只关注储蓄、投资等实物因素的不足，所以被称为新古典利率理论。

2. 同时使用了存量分析和流量分析方法

该理论在决定可贷资金供求时使用了储蓄、投资、货币窖藏与货币供给等变量。前两个变量是流量指标，是在一定时期内发生的储蓄与投资量；后两个变量是存量指标，是在一定时间点上的货币供给与需求量。可贷资金理论的最大缺陷是，在利率决定的过程中，虽然考虑到了商品市场和货币市场，但是忽略了两个市场各自的均衡。可贷资金市场实现均衡，并不能保证商品市场和货币市场同时达到均衡。因此，新古典学派的可贷资金利率理论尽管克服了古典学派和凯恩斯学派的缺点，但是不能兼顾商品市场和货币市场，因而仍然是不完善的。

四、$IS-LM$ 模型的利率决定理论

古典利率理论、流动性偏好理论及可贷资金理论虽然都存在各自的缺陷，但有一个缺点却是共同的，即没有考虑收入因素。事实上，如果不考虑收入因素，利率水平就无法确定。因为储蓄与投资都是收入的函数，收入增加将导致储蓄增加，因此不知道收入，也就无法知道储蓄，利率也就无法确定。投资引起收入变动，同时投资又受到利率的制约，因此如果事先不知道利率水平，也无法得到收入水平。所以，在讨论利率水平决定因素时，必然要引入收入因素，而且收入与利率之间存在着相互决定的作用，两者必须是同时决定的。这就是英国经济学家希克斯和美国凯恩斯学派创始人汉森对利率决定理论改进的主要观点，而他们的 $IS-LM$ 模型也被认为是解释名义利率决定过程的最成功理论。

（一）$IS-LM$ 模型中 IS 曲线和 LM 曲线的导出

从新古典学派的阐述中，我们得到在各种收入（Y）水平下的一组储蓄（S）曲线，如图 3-4（a）中的 S（Y_1）和 S（Y_2）。将其与投资需求曲线 I 一并考虑，可知，当储蓄供给等于投资需求时，r_1 对应 Y_1，r_2 对应 Y_2，如此等等，可以得出希克斯-汉森的 IS 曲线（I 代表投资，S 代表储蓄），如图 3-4（b）所示。换句话说，新古典理论的阐述告诉我们，不同的利率水平，会对应不同的收入水平（给定投资需求曲线和储蓄曲线组）。从凯恩斯的阐述中，我们得到在不同收入水平下的一组流动性偏好曲线，即货币需求曲线，如图 3-4（c）中的 L（Y_3）和 L（Y_4）。将其与由货币当局决定的货币供给曲线 M_s 一并考虑，可知当货币需求等于货币供给时，r_3 对应 Y_3，r_4 对应 Y_4，如此等等，可以得到希克斯-汉森的 LM 曲线（L 代表流动性，M 代表货币数量），如图 3-4（d）所示。该曲线告诉我们，不同的收入水平，会对应不同的利率水平（给定货币数量和流动性偏好曲线组）。

由上文可见，IS 曲线和 LM 曲线都是两个变量的函数：利率和收入。因此，如图 3-5 所示，仅仅是投资等于储蓄（IS 曲线）无法确定利率，仅仅是货币需求等于货币供给（LM 曲线）也无法确定利率，只有当 IS 和 LM 两条曲线相交时，才能同时决定均衡的利率水平 re 和收入水平 Y_e。

在图 3-5 中，IS 曲线和 LM 曲线的交点 E 所决定的收入 Y_e 和利率 r_e，就是使整个经济处于一般均衡状态的唯一的收入水平和利率水平。由于点 E 同时是 IS 曲线和 LM 曲线上的

点，因此点 E 所决定的收入 Y_e 和利率 r_e 能同时维持商品市场和货币市场的均衡，所以两者是真正的均衡收入和均衡利率。点 E 为一般均衡点，处于这点以外的任何收入和利率的组合，都会通过商品市场和货币市场的调整而达到均衡状态。

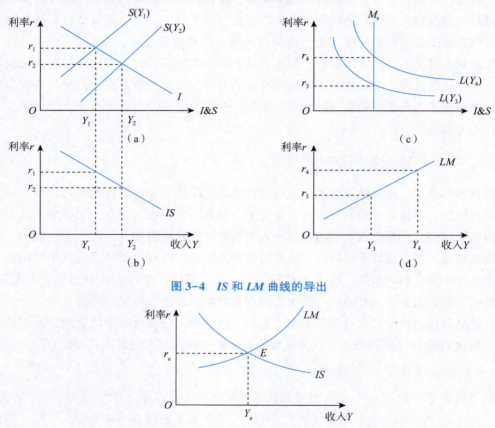

图 3-4 *IS* 和 *LM* 曲线的导出

图 3-5 *IS-LM* 模型决定的均衡利率

（二）*IS-LM* 模型利率决定理论的贡献

1. *IS-LM* 模型考虑了收入在利率决定中的作用

与前三种理论相比，*IS-LM* 模型在分析利率决定时不仅考虑了收入的重要作用，而且论证了收入与利率是相互作用的关系。

2. *IS-LM* 模型使用的是一般分析法

IS-LM 模型尝试从一般均衡的角度进行分析，结合多种利率决定理论，在兼顾商品市场和货币市场的同时，考虑了它们各自的均衡。*IS-LM* 模型认为，只有在储蓄与投资、货币供给与货币需求同时相等，商品市场和货币市场同时达到均衡，收入和利率同时被决定时，才能得到完整的能使利率得到明确决定的利率理论。

因此，该理论被认为是解释名义利率决定过程最成功的理论。*IS-LM* 模型已成为宏观经济学中一个极为重要的基本模型。但是，以上利率决定理论都没有把国外因素对利率产生的影响考虑进去。蒙代尔-弗莱明模型在 *IS-LM* 模型的基础上加入了国际收支因素，提出了 *IS-LM-BP* 模型。该模型认为，在开放经济的条件下，国内实体经济部门、国内货币部门和国外部门同时达到均衡时，一国的国民经济才能达到均衡状态，有兴趣的读者可参见国际金融学或国际经济学教材中的分析。

课后练习

一、选择题

1. 消费信用的主要形式不包括（　　）。

A. 赊销　　　　　　B. 分期付款　　　　C. 消费贷款　　　D. 现货付款

2. 没有剔除通货膨胀因素的利率，通常报纸杂志上所公布的利率、借贷合同中规定的利率是指（　　）。

A. 名义利率　　　　B. 实际利率　　　　C. 固定利率　　　D. 浮动利率

3. 关于流动性陷阱，以下说法正确的是（　　）。

A. 当遇到流动性陷阱时，货币政策、财政政策均无效

B. 当遇到流动性陷阱时，货币政策无效、财政政策有效

C. 当遇到流动性陷阱时，货币政策、财政政策均有效

D. 当遇到流动性陷阱时，货币政策有效、财政政策无效

二、简答题

1. 利息是投资者让渡资本使用权而索取的补偿，请简要概述这种补偿的组成部分。

2. 请简要概述商业信用的主要特点。

项目实训

【实训内容】

利率调整

【实训目标】

通过对我国利率的调整分析，了解我国利率调整的现状，分析利率调整对我国经济的影响。培养学生分析问题、解决问题的能力；培养学生资料查询、整理的能力。

【实训组织】

以学习小组为单位，查找最近三年我国利率调整的数据；分组进行数据整理，分析我国利率调整的原因；判断我国利率调整的趋势；分析利率调整对我国经济的影响；汇报分析结果。

【实训成果】

1. 考核和评价采用报告资料展示和学生讨论相结合的方式。

2. 评分采用学生和老师共同评价的方式。

第三章　金融市场

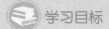 学习目标

1. 熟悉金融市场的含义及构成要素
2. 掌握货币市场及资本市场的含义、特点和类型
3. 掌握金融市场的分类、功能和组织方式

 能力目标

1. 运用金融市场工具进行金融市场操作
2. 能够运用所学的理论、知识和方法分析、解决金融市场的相关问题

 情景导读

2023 年资本市场十大事件

2024 年开年以来，A 股市场延续震荡调整格局，沪指在 2 900 点拉锯。1 月 8 日，沪指失守 2 900 点。

新一年里，A 股市场会怎么走？2023 年的市场表现可以提供哪些参考，又有哪些未完成的任务？

2023 年的股市已落下帷幕。这一年的 A 股是纠结的，以 3 087.51 点开年，2 974.93 点收盘。全年都在 3 000 点附近徘徊，下半年更是多次开启 3 000 点"保卫战"。

这一年，国内资本市场发生了诸多重大事件。监管层面，国家金融监督管理总局成立，从保监会、银监会，到银保监会，再到国家金融监督管理总局，中国金融监管进入了新阶段；《私募投资基金监督管理条例》发布，中国私募基金正式进入强监管时代。

这一年，A 股表现不佳，北向资金 8 月开始出现大规模流出。但在北交所改革下，北证 50 走出了一波独立行情。A 股回购增持也十分火热，中央汇金和部分央企拿出真金白银救市；高层定调活跃资本市场后，监管部门更是在投资端、交易端、融资端推出了多项利好政策。

这一年，市场热点不断。中特估指数（中国特色估值指数）在年初的 A 股市场上崭

露锋芒；OpenAI 推出的 ChatGPT 在全球社交媒体上蹿红，ChatGPT 一度引发生成式人工智能技术的投资热潮。

2023 年的 A 股已成为过去式，我们总结了十大关键词，回顾并概括了 2023 年 A 股市场的热点事件。这些事件，会不会继续影响 2024 年的 A 股市场？

No.1：3 000 点保卫战

高开低走是 2023 年 A 股的真实写照。2023 年，A 股以 3 087.51 点开年，之后，上证指数一直呈震荡上行趋势，最高一度达到 3 418.95 点。

受到全球宏观环境、市场悲观情绪、美国加息、经济不及预期等原因影响，A 股冲高回落。7 月，中共中央政治局召开会议，提出"要活跃资本市场，提振投资者信心"。8 月，中国证监会、财政部等部门从投资端、融资端、交易端等方面推出一系列贯彻落实举措。

一系列利好消息下，A 股曾出现明显反弹。但很快又开始单边大幅下行，上证指数接连跌破 3 200 点、3 100 点。到 10 月 20 日，A 股年内首次跌破 3 000 点。之后，尽管沪指有所反弹，但都未能守住 3 000 点重要关口。2023 年，A 股共上演了 4 次 3 000 点保卫战。

最终，2023 年 A 股以 2 974.93 点收尾。从全年看，上证指数下跌 3.70%，深证成指下跌 13.54%，创业板指下跌 19.41%，科创 50 指数下跌 11.24%。不过，以北证 50 指数为代表的北交所市场成为全年最大亮点。

No.2：高层定调"活跃资本市场"

2023 年，中国资本市场经历了一场新的变革，高层定调"要活跃资本市场，提振投资者信心"，为新一轮资本市场改革拉开序幕，A 股市场迎来政策利好。

2023 年 7 月下旬，中共中央政治局会议和国务院常务会议两场高级别会议相继召开。在这两场会议中，针对资本市场，高层连续作出明确表态。中共中央政治局会议明确，"要活跃资本市场，提振投资者信心"。国务院常务会议也作出上述表述。

"活跃资本市场"的表述在近 10 年的政治局会议中系首次提出，而"提振投资者信心"的表述则时隔近 15 年在政治局会议和中央经济工作会议之中再现。

此后，2023 年三季度、四季度，监管部门在投资端、交易端、融资端综合施策，发力活跃资本市场。

高层罕见表态，A 股市场一度迎来"及时雨"，但 2023 年三季度以来，二级市场仍在震荡磨底，一度引发市场关于"政策底是否已经确认，市场底还有多远"的讨论。

No.3：国家金融监督管理总局成立

2023 年 3 月，国务院送审全国人大的国务院机构改革方案显示，中国将在原银保监会基础上组建国家金融监督管理总局，不再保留银保监会。其将中国人民银行对金融控股公司等金融集团的日常监管职责、有关金融消费者保护职责，中国证监会的投资者保护职责划入国家金融监督管理总局。

作为国务院直属机构的国家金融监督管理总局，将统一负责除证券业之外的金融业监管，强化机构监管、行为监管、功能监管、穿透式监管、持续监管，统筹负责金融消费者权益保护，加强风险管理和防范处置，依法查处违法违规行为。

2023 年 5 月 18 日，国家金融监督管理总局正式挂牌。至此，中国金融监管体系从"一行两会"迈入"一行一局一会"金融监管新格局。

国家金融监督管理总局的成立对金融市场和金融企业有着深远的意义，有利于加强对金融市场的监管和管理、改善融资环境，有助于有效管理债务风险。

2023 年 10 月，国务院发布通知表示，将金融控股公司等金融集团的日常监管职责划入国家金融监督管理总局，将建立健全金融消费者保护基本制度职责也划入国家金融监督管理总局。

2023 年 12 月以来，国家金融监督管理总局发布多项政策，包括发布《养老保险公司监督管理暂行办法》《银行保险机构操作风险管理办法》《金融租赁公司管理办法（征求意见稿）》等。

No. 4：私募进入强监管时代

2023 年 7 月 9 日，《私募投资基金监督管理条例》正式发布，这意味着中国私募投资基金行业首部行政法规正式落地，也意味着私募基金正式进入强监管时代。

与此同时，2023 年，《私募投资基金登记备案办法》《私募证券投资基金运作指引（征求意见稿）》《私募投资基金监督管理办法（征求意见稿）》等监管新规也密集出台，促进行业监管体系完善，助推行业规范发展。

2023 年 8 月，市场传出量化私募砸盘消息。9 月 1 日，监管层发布《关于股票程序化交易报告工作有关事项的通知》《关于加强程序化交易管理有关事项的通知》，加强对程序化交易投资者证券交易行为的监管。

2023 年 11 月，私募圈爆出"私募跑路引发多层嵌套造假风波"，知名百亿私募华软新动力、云南信托等多家信托机构，以及郑煤机、英洛华、横店东磁等多家上市公司纷纷踩雷。

2023 年 11 月 29 日，中国人寿和新华保险发布公告称，双方将分别出资 250 亿元，共同发起设立私募证券投资基金有限公司。

2023 年，年内近 2 500 家私募基金注销，数量创下历史新高。

No. 5：A 股强制退市创新高

2023 年是 A 股市场实施"退市新规"的三周年。随着全面注册制的落地，退市制度逐渐完善。2023 年，A 股强制退市数量创下历史新高。

Wind（万得）数据统计显示，2023 年，46 家公司退市，其中 44 家强制退市，1 家吸收合并退市，1 家主动退市。而 2022 年强制退市的数量为 42 家。

从 2023 年的退市原因可以看出，2023 年交易类退市数量出现大幅增长，其中交易类退市数量从 2022 年的 1 家增长至 20 家。

与此同时，科创板也出现了首批退市企业。*ST 泽达、*ST 紫晶因涉欺诈发行、财务造假等多项违法行为，触发重大违法类情形而被强制退市。

从 2023 年退市公司的行业分布来看，年内退市数量最多的行业是房地产。

国元证券认为，退市制度是资本市场关键的基础性制度，作为全面注册制深化的重要组成部分，常态化退市能够更好地实现市场的优胜劣汰，优化资源配置。

No. 6：北证 50 一枝独秀

2023 年年底，沪指一度出现超预期下跌，失守 3 000 点，而北交所二级市场与沪深市场出现"跷跷板"效应，北证 50 指数走出了一波行情。

以 2023 年 12 月 5 日为例，当日，A 股市场震荡走低，上证指数盘中反复拉锯，最终失守 3 000 点整数关口。截至当日收盘，沪指跌 1.67%，报收 2 972.3 点，深成指跌 1.97%，创业板指跌 1.98%。而当日北证 50 指数大涨 7.2%。

自 2023 年 11 月起，北证 50 持续表现强劲。当月初，北证 50 单日成交额在 20 亿元上下徘徊，但在 2023 年 11 月 21 日，北证 50 指数涨 4.51%，盘中涨幅一度超过 11%，当日成交额达 102.43 亿元。

此后几个交易日（2023 年 11—27 日），北证 50 单日成交额均在百亿元以上。

综合市场观点，北交所此轮行情具有一定内在逻辑和基础。从估值水平看，彼时北交所市盈率整体仍处于较低水平，估值修复行情尚有内在逻辑和延续基础。从资金供给看，彼时市场各方对北交所关注度明显提升，新进资金持续入场。随着主题基金开放赎回后重新加仓及其他机构投资者入市，市场资金供给将有较强支撑。

与此同时，北交所也持续加强交易监管。2023 年 11 月 27 日，北交所发布加强交易监管的公告，对涉及盘中拉抬打压、以涨停价格大额申报或连续申报等异常交易行为，采取监管措施。

No.7：北向资金下半年出逃

2023 年，北向资金净流入 A 股呈先扬后抑的态势。1 月北向资金迅速流入，当月净流入的金额达到了 1 412.90 亿元，为全年最多的月份。之后数月一直呈现稳定小幅增加态势。

6 月开始，随着人民币汇率企稳回升，中国经济动能增强，外资投资信心逐渐修复，北向资金大幅流入 A 股市场。7 月，北向资金合计净流入 470.11 亿元，为全年净流入第二高的月份。

但是到了 8 月，受到 A 股市场整体表现不佳、消费行业复苏较弱等原因影响，北向资金大幅流出。8 月北向资金合计净卖出 896.83 亿元，是全年净流出最多的月份。随后的 9 月与 10 月，北向资金合计净卖出 374.60 亿元和 447.87 亿元。从 8 月到 12 月，北向资金连续 5 个月净流出。

从全年看，2023 年，北向资金合计净买入 437.04 亿元，同比减少 51%。而在 2021年，北向资金合计净买入规模曾达 4 322 亿元。

作为 A 股"风向标"的北向资金在 2023 年受到更多质疑，"风向标"不准了，有些时候甚至成为 A 股走势的反向指标。同时，北向资金的长期配置属性正在降低，交易属性更加突出。

中泰一名证券首席策略分析师表示，2020 年前，北向资金即使在市场反转时，也均保持相对小幅的流入流出，这说明北向资金对于市场的短期反应并不大；而在 2020 年后，北向资金在市场反转时流入流出幅度变化明显增大，反映出部分交易性的外资在近两年开始注重短期交易效果，而对于长期配置的属性边际降低。

No.8：增持回购火热

2023 年下半年，A 股市场震荡下行，指数保卫战频频打响。与此同时，A 股市场回购增持"热度"升温，中央汇金和部分央企也拿出真金白银救市。

A 股市场持续低迷之际，一些长线资金积极入市。中央汇金增持四大行，多家央企推出增持、回购计划，公募基金提速发行，更多真金白银投向资本市场。

2023 年 10 月 11 日晚，中国农业银行、中国银行、中国建设银行、中国工商银行公告称，均获控股股东中央汇金增持，并表示中央汇金拟在未来 6 个月内（自本次增持之日起算）以自身名义继续在二级市场增持股份。

十余家央企也在接力回购、增持。2023 年 10 月 16 日，三峡能源、中国铁建、中国移动、中国石化等多家上市公司公告增持或回购，掀起一轮回购增持潮；10 月 19 日，中国核电、国电电力、内蒙华电、中国铝业、中国神华、中国建筑分别发布公告，公布了控股股东的增持计划，单家增持金额在 1 亿~10 亿元不等。

No. 9：建立中国特色估值体系

2023 年，中国特色估值指数（下称"中特估指数"）在年初的 A 股市场上崭露锋芒。

2023 年上半年，"中特估"行情在 A 股市场不断演绎，包括银行在内的各类"中字头"股票纷纷上涨。

公募基金一度成为布局"中特估"的主力军。据《财经》此前报道，到 2023 年一季度末，重仓"中特估"的基金数量由 3 489 只上升至 5 264 只。同时，基金公司争相发行国新央企系列 ETF 抢占时机。

与此同时，市场对于该如何认识"中特估"，"中特估"行情将如何演绎，也一度讨论热烈。

国有企业估值问题也是中国特色估值体系的重要问题之一，有市场观点认为，目前国有上市公司的估值相对偏低，提高国有企业估值，要"练好内功"，强化主业。

No. 10：ChatGPT 引爆人工智能

2023 年年初，OpenAI 推出的 ChatGPT 在全球社交媒体上蹿红。资料显示，ChatGPT 是 OpenAI 研发的一款聊天机器人程序，于 2022 年 11 月 30 日发布。

2023 年，A 股概念股中，ChatGPT 一度引发生成式人工智能技术的投资热潮，人工智能成为 2023 年 A 股市场被"爆炒"的板块之一。

A 股市场上，ChatGPT 相关概念股原地"起飞"，鸿博股份、昆仑万维、三六零、科大讯飞等多股一度有所表现。

据公开数据，2023 年前三个月，Wind 人工智能指数累计上涨 53.7%。

但与此同时，市场也出现了 ChatGPT 是否属于概念炒作、多家公司是否存在蹭热点情况的讨论。

2023 年 2 月，多家公司发布相关澄清公告。浪潮信息发布股票交易异常波动公告，称近期公司经营情况及内外部经营环境未发生重大变化，也未预计将要发生重大变化；初灵信息、海天瑞声、开普云也发布了相关公告。

（资料来源：36 氪平台，张欣培、周楠，2024-01-10。）

第一节　金融市场概述

金融市场（financial market），是指货币资金融通和金融资产交换的场所。在这个市场上，各类经济主体进行资金融通，交换风险，从而提高整个社会资源配置的效率。参与金融市场的各类经济主体包括个人、企业、政府、金融机构和中央银行五类，它们根据自己的需要选择充当资金供给方（投资方）或资金需求方（筹资方）。

一、金融市场的特征

随着现代市场经济的发展，金融市场也在不断发展，它不仅和人们的生活发生着日益紧密的联系，而且处于现代市场体系中的核心地位。同商品市场相比，金融市场有着自己的特点。

（一）交易对象为金融工具

金融工具，是指在金融活动中产生的能够证明金融交易金额、期限、价格的合法凭证，是一种具有法律效力的契约。金融工具既包括政府债券、公司股票和债券、商业票据、银行可转让大额定期存单，也包括金融期货、期权等衍生金融资产，是一定金额货币资金的载体。有时，人们将金融工具与金融资产相互替代。实际上，金融资产与金融工具是有区别的：通常，金融工具是从筹资者角度讲的，即通过发行金融工具筹集资金；金融资产则是从投资者角度讲的，即通过买卖金融资产赚取投资收益。金融工具具有流动性、偿还期、风险性、收益性等特征，具体如下。

（1）流动性，是指金融工具可以迅速变现而不致遭受损失的能力。金融工具一般都可以在金融市场上买卖，对持有者来说，可以随时将金融工具卖出，获取现款，收回投资。判断金融工具的流动性包含两个方面：一是能不能方便地随时自由变现；二是变现过程中损失的程度和所耗费的交易成本的高低。凡能随时变现且不受损失的金融工具，其流动性就大；凡不易随时变现，或变现中蒙受价格波动的损失，或在交易中要耗费较多的交易成本的金融工具，其流动性就小。

（2）偿还期，是指金融工具一般都标明期限，即发行日至到期日的时间，债务人到期必须偿还信用凭证上所标明的债务，债权人则到期收回债权金额。就偿还期而言，对持有人来说，更有实际意义的是其持有期间。虽然金融工具一般都有偿还期，但也存在特例，如股票只支付股息，没有偿还期。实际上，由于有价证券可以买卖转让，这样对持有者来说，就可以把无期化为有期、长期化为短期。

（3）风险性，是指金融工具的本金遭受损失的风险。金融工具的风险主要有两类。一类是信用风险，即债务人不履行合同，不能按约定的期限和利息还本付息的风险。信用风险的大小，首先取决于债务人的信誉和经营能力，其次取决于金融工具的类型。另一类是市场风险，即经济环境、市场利率或者证券市场上不可预见的一些因素的变化，导致金融工具价格下跌，从而给投资人带来损失。

（4）收益性，是指金融工具能为其持有人带来一定的收入。收益是通过收益率来反映的。一般来说，风险与期限成正比，收益率与流动性成反比，风险性与流动性成反比，流动性与偿还期成反比，偿还期越短，债务人信誉越高，流动性就越大。总之，期限越长，流动性（变现的能力）越差，风险就会越大，相对的收益就越高。

（二）交易价格表现为资金的合理收益率

金融市场上交易对象的价格体现为不同期限资金借贷的合理收益率。在金融市场上，金融资产的交易过程就是它的定价过程，而金融资产的价格反映了货币资金需求者的融资成本和货币资金供应者的投资收益。因而，金融资产的定价机制也是金融市场的核心机制。无风险资产一般只包含无风险收益率——基础收益，而风险资产的收益率还包含风险溢价——风险收益。了解无风险收益和风险收益的区别和各自的决定机制，对于投资成功至关重要。

（三）交易目的表现为让渡或获得资金的使用权

金融市场上的交易目的主要体现为使用权而不是所有权的交易，这与商品市场有显著的区别。资金盈余单位以各种方式让渡一定时期一定数量资金的使用权，是为了获得利息或收益；而资金短缺单位通过各种渠道获得一定时期一定数量资金的使用权，代价是要支付资金使用成本。

（四）交易场所表现为有形或无形

传统的商品市场往往是一个有固定场所的有形市场，而金融市场不一定都有固定的场所。金融市场大致分两种情况：一是交易所方式，或称有形市场，即交易者集中在有固定地点和交易设施的场所内进行金融产品交易，如常见的银行、证券交易所；二是柜台方式，或称无形市场，是指交易者分散在不同地点（机构）或采用电信手段进行交易的市场，如场外交易市场和全球外汇市场。

二、金融市场的分类

金融市场是一个大系统，这一系统由许多具体的、相互独立但又有紧密关联的市场组成，可以按不同的划分标准进行分类。以下进行主要类型的介绍。

（一）债权市场和股权市场

按照资金筹集方式的不同，金融市场可划分为债权市场和股权市场。

资金需求者在金融市场上可以通过两种方式筹集资金。最常见的一种方式是通过各种债务工具（debt instruments）来筹集资金。由债务工具交易形成的市场被称为债权市场，如发行债券或申请抵押贷款，这种工具是一种契约型合同，标明在未来某一时间，由借款者（债务人）向贷款者（债权人）支付合约约定的利息及偿还本金。1 年以内到期的被称为短期债务工具，到期日在 1~10 年的被称为中期债务工具，到期日在 10 年或者更长的被称为长期债务工具。

另一种方式是通过股权凭证（equities）来筹集资金，包括发行股票、认购权证及存托凭证、股权基金、风险投资基金等。由股权交易所形成的市场被称为股权市场。股权凭证承诺持有者按份额享有公司的净收益和资产。通常，股权凭证的持有者可以得到定期支付的股利（dividend）。由于这种工具没有到期日，因此被视为长期证券。

（二）现货市场和期货市场

按照金融工具的交割时间，金融市场可划分为现货市场和期货市场。

现货市场（spot market），是指现金交易市场，即买者付出现款，收进证券或票据；卖者交付证券或票据，收进现款。这种交易一般是当天成交、当天交割，原则上最多不能超过 3 个营业日。

期货市场（futures market），是指在成交日之后合约规定的特定日期，如几周、几个月之后进行交割的交易市场。较多采用期货交易形式的，主要是证券市场、外汇市场、黄金市场等。20 世纪 70 年代以来，金融期货交易的形式越来越多样，其交易量已大大超过现货交易的数量。

（三）一级市场和二级市场

按照金融工具交易的顺序，金融市场可划分为一级市场和二级市场。

一级市场（primary market），是指筹集资金的公司或政府机构将其新发行的股票或债券等证券销售给最初购买者的金融市场。一级市场的主要功能是筹集资金。投资银行（证券公司）是一级市场上协助证券发行的重要金融机构。

二级市场（secondary market），是指交易已经发行的证券的金融市场。当一个人在二级市场上买入证券时，出售证券的人通过让渡证券获取了货币收入。但是，发行该证券的公司却并没有得到新的资金。公司只有当其证券在一级市场上首次发行时，才能获取资金。但无论如何，二级市场仍发挥着以下两个重要功能：一是流动性功能。二级市场使投资者可以更加容易和快捷地出售金融工具，提高了金融工具的流动性，也增强了金融工具在金融市场上的接受度，从而使发行公司在一级市场上的销售变得更加容易。二是价格发现功能。二级市场决定了发行公司在一级市场销售证券的价格，因为投资者在一级市场上购买证券的价格，不会高于其对二级市场上该证券价格的预期。二级市场上证券价格越高，发行公司在一级市场上销售证券的价格就越高，它们所筹集到的资金规模也就越大。

（四）货币市场和资本市场

按照金融工具的期限，金融市场可划分为货币市场和资本市场。

货币市场（money market），是指交易期限在 1 年及 1 年以下的短期资金融通的市场，包括银行同业拆借市场、银行间债券市场、大额定期存单市场、商业票据市场等子市场。这一市场的金融工具期限一般很短，流动性高，类似于货币，因此被称为货币市场。货币市场是金融机构调节流动性的重要场所，是中央银行货币政策操作的基础。

资本市场（capital market），是指交易期限在 1 年以上的长期资金融通的市场，主要包括银行的长期借贷市场和有价证券市场，如股票市场、债券市场等。由于交易期限较长，流动性较低，资金主要用于实际资本的形成，所以被称为资本市场。其作用是满足工商企业的中长期投资需求和解决政府财政赤字的需要。

三、金融市场的功能

金融市场通过组织金融工具的交易，发挥着重要的经济功能。

（一）融通资金功能

融通资金功能，即实现储蓄向投资转化的功能，这是金融市场最主要、最基本的功能。金融市场借助市场机制，聚集了众多交易主体，创造和提供了各种金融工具和融资平台，为投资者和筹资者开辟了广阔的投融资途径。在这个过程中，金融市场发挥着融通资金的"媒介器"作用。

金融市场这一功能的重要性在于，有多余资金的经济主体往往并不是有投资机会的主体。我们假设张某拥有 100 000 元的积蓄，可是找不到合适的投资机会，那么他就只能持有 100 000 元现金而无任何额外收益。同时李某有一个需要 100 000 元并能赚得年收益 20 000 元的投资机会。假定张某能与李某取得联系，将 100 000 元贷给他。李某支付 10 000 元的利息，自己也能获得 10 000 元的投资收益。这样，二人的获利都得到了提高。但是，在缺乏金融市场的情况下，张某与李某也许永远不会碰到。没有金融市场，很难实现资金从储蓄者向投资者的转移。金融市场为资金供需双方提供了调节资金余缺的市场交易机制，从而促进储蓄向投资转化，进而促进经济发展。

（二）优化资源配置功能

优化资源配置功能，是指金融市场通过定价机制自动引导资金的合理配置，进而引导资源从低效益部门向高效益部门流动，从而实现资源的合理配置和有效利用。假定金融市场上证券的交易价格能反映企业真实的内在价值（包括企业债务的价值和股东权益的价值），则通过金融市场的价格信号，就能引导资金流向最有发展前景、经济效益最好，并且能为投资者带来最大利益的行业和部门（因为此类公司的证券价格会一路走高，吸引人们购买），从而引导资金合理流动，实现资源的有效配置和合理利用。

（三）信息传递功能

信息传递功能，是指金融市场发挥经济信息集散中心的作用，成为一国经济、金融形势的"晴雨表"。首先，从微观角度看，金融市场能够为证券投资者提供信息。例如，通过上市公司公布的财务报告来了解企业的经营状况，从而为投资决策提供充分的依据。其次，从宏观角度看，金融市场交易形成的价格指数作为国民经济的"晴雨表"，能直接或间接地反映出国家宏观经济运行状况。

（四）分散和转移风险功能

分散和转移风险功能，是指金融市场的各种金融工具在收益、风险及流动性方面存在差异，投资者可以很容易地采用各种证券组合来分散投资于单一金融资产所面临的非系统性风险，从而提高投资的安全性和盈利性。但需要明确的是，金融市场只能针对某个局部分散或转移风险，而非从总体上消除风险。同时，金融市场也发挥着提供流动性的功能，其中包括长短期资金的相互转换、小额资金和大额资金的相互转换和不同区域之间资金的相互转换。这种转换有利于灵活调度资金，为投资者和筹资者进行对冲交易、套期保值交易等提供便利，使其可以利用金融市场来转移和规避风险。

（五）经济调节功能

金融市场为宏观管理当局实施宏观调控提供了场所。例如，金融市场能从总体趋势上反映国家货币供给量的变动趋势，中央银行可以根据金融市场上的信息反馈，通过公开市场业务、调整贴现率等手段来调节资金的供求关系，从而保持社会总供求的均衡。在中央银行货币政策工具中，以短期国债为主要交易工具的公开市场业务操作就需要借助货币、市场平台。中央银行可以在该平台上影响商业银行的超额准备金和同业拆借市场利率，进而影响金融机构的信用扩展能力。

第二节　货币市场

一、货币市场的含义和特点

货币市场是融资期限在一年以内的短期资金交易市场。在这个市场上用于交易的工具形形色色，交易的内容十分广泛。相对于资本市场来说，货币市场有以下几个突出特点。

首先，货币市场是短期的，而且是高流动性和低风险性的市场。在货币市场上交易的金融工具有高度的流动性。倘若你急需一笔现金，被迫要处理长期证券，那你就会遭受损失。但如果你有短期债券，那么你可以乘机卖掉它们，而不致遭受太大的损失。短期债券到期时间很快，如果你脱手一段时间，当它们到期时你也可以按票面价值买回这些债券。

其次，货币市场是一种批发市场。由于交易额极大、周转速度快，一般投资者难以涉足，所以货币市场的主要参与者是机构投资者。

最后，货币市场又是一个不断创新的市场。由于货币市场上的管制历来比其他市场要松，所以任何一种新的交易方式和方法，只要可行就可能被采用和发展。

二、货币市场的主要类型

（一）同业拆借市场

同业拆借市场又叫同业拆放市场，是指银行与银行之间、银行与其他金融机构之间进行短期（1 年以内）临时性资金拆出拆入的市场。

同业拆借市场有如下特点：①对进入市场的主体有严格的限制，即必须是指定的金融机构；②融资期限较短，最初多为 1 日或几日的资金临时调剂，是为了解决头寸临时不足或头寸临时多余等问题所进行的资金融通；③交易手段比较先进，手续简便，成交时间短；④交易额大，而且一般不需要担保或抵押；⑤利率由双方议定，可以随行就市。

同业拆借市场最早出现于美国，其形成的根本原因在于法定存款准备金制度的实施。按照美国 1913 年通过的《联邦储备法》的规定，加入联邦储备银行的会员银行，必须按存款数额的一定比率向联邦储备银行缴纳法定存款准备金。而由于清算业务活动和日常收付数额的变化，总会出现有的银行存款准备金多余，有的银行存款准备金不足的情况。存款准备金多余的银行需要对多余部分加以运用，以获得利息收入，而存款准备金不足的银行又必须设法借入资金以弥补缺口，否则就会因延缴或少缴准备金而受到联邦储备银行的经济处罚。在这种情况下，存款准备金多余和不足的银行，在客观上需要互相调剂。于是，1921 年在美国纽约形成了以调剂联邦储备银行会员银行的准备金头寸为内容的联邦基金市场。

在经历了 20 世纪 30 年代的第一次资本主义经济危机之后，西方各国普遍强化了中央银行的作用，相继引入法定存款准备金制度作为控制商业银行信用规模的手段，与此相适应，同业拆借市场也得到了较快发展。在经历了长时间的运行与发展过程之后，当今西方国家的同业拆借市场，较形成之时，无论在交易内容开放程度方面，还是在融资规模等方面，都发生了深刻变化。拆借交易不仅仅发生在银行之间，还扩展到银行与其他金融机构之间。从拆借目的看，已不仅仅限于补足存款准备和轧平票据交换头寸，金融机构如在经营过程中出现暂时的、临时性的资金短缺，也可进行拆借。更重要的是同业拆借已成为银行实施资产负债管理的有效工具。由于同业拆借的期限较短，风险较小，许多银行把短期闲置资金投放于该市场，以利于及时调整资产负债结构，保持资产的流动性。特别是那些市场份额有限、承受经营风险能力脆弱的中小银行，更是把同业拆借市场作为短期资金经常性运用的场所，力图通过这种做法提高资产质量，降低经营风险，增加利息收入。

 知识拓展

中国的同业拆借市场

中国同业拆借市场的产生与发展是与金融经济改革的脚步相伴随的。1981年中国人民银行首次提出了开展同业拆借业务，但直到1986年实施金融体制改革，打破了集中统一的信贷资金管理体制的限制，同业拆借市场才得以真正启动并逐渐发展起来。从1986年至今，中国拆借市场的发展大致经历了三个阶段：

（1）起步阶段。

1986—1991年为中国同业拆借市场的起步阶段。这一时期拆借市场的规模迅速扩大，交易量成倍增加，但由于缺乏必要的规范措施，拆借市场在不断扩大的同时，也产生了一些问题。如经营资金拆借业务的机构管理混乱、利率居高不下、利率结构严重不合理、拆借期限不断延长、违反了短期融资的原则等。对此，1988年，中国人民银行根据国务院指示，对同业拆借市场的违规行为进行了整顿，对融资机构进行了清理。整顿后，拆借市场交易量保持了不断上升的势头。

（2）高速发展阶段。

1992—1995年为中国同业拆借市场高速发展的阶段。各年的成交量逐年上升，但在1992年下半年到1993年上半年，同业拆借市场又出现了更为严重的违规现象。大量短期资金被用于房地产投资、炒买炒卖股票，用于开发区上新项目，进行固定资产投资，市场机构重复设置，多头对外，变短期资金为长期投资，延长拆借资金期限，提高拆借资金利率。这种混乱状况造成了银行信贷资金大量流失，干扰了宏观金融调控，使国家重点资金需要无法保证，影响了银行的正常运营，扰乱了金融秩序。为扭转这一混乱状况，1993年7月，中国人民银行先后出台了一系列政策措施，对拆借市场全面整顿，大大规范了拆借市场的行为。拆借交易量迅速下降，利率明显回落，期限大大缩短，市场秩序逐渐好转。

（3）完善阶段。

1996年至今为中国同业拆借市场的逐步完善阶段。1996年1月3日，中国人民银行正式启动全国统一同业拆借市场，中国的拆借市场进入了一个新的发展阶段。最初建立的统一拆借市场分为两个交易网络，即一级网络和二级网络。中国人民银行总行利用上海外汇交易中心建立起全国统一的资金拆借屏幕市场。它构成了中国银行间同业拆借的一级网络。一级网络包含了全国15家商业银行总行、全国性金融信托投资公司以及35家融资中心（事业法人）。二级网络由35家融资中心为核心组成，进入该网络交易的是仅商业银行总行授权的地市级以上的分支机构、当地的信托投资公司、城乡信用社、保险公司、金融租赁公司和财务公司等。1996年3月1日后，随着全国35个二级网络与一级网络的联通，同业拆借市场成交量明显跃升。至此，中国统一的短期资金拆借市场的框架基本形成。中国同业拆借市场增强了商业银行潜在的流动性能力，通过同业拆借市场来调剂头寸成为商业银行的首选方式。截至1997年12月，银行间同业拆借市场一级网络成员共96家，其中商业银行总行16家，城市商业银行45家，融资中心35家。

1998年6月，中国人民银行决定逐步撤销融资中心。

2002 年，中国人民银行为了加快货币市场的建设，又陆续出台了一系列支持货币市场发展的政策措施。

2007 年 8 月，中国实行《同业拆借管理办法》，全面调整了同业拆借市场的准入管理、期限管理、限额管理、备案管理、透明度管理、监督管理权限等规定。包括：

①放宽市场准入条件，除银行类金融机构之外，绝大部分非银行金融机构首次获准进入拆借市场。其中，主要包括信托公司、金融资产管理公司、金融租赁公司、汽车金融公司、保险公司、保险资产公司共 6 类。

②放大机构自主权，适当延长部分金融机构的最长拆借期限，简化了期限管理档次。根据《同业拆借管理办法》，在限额管理上，调整放宽了绝大多数金融机构的限额核定标准，总共分为 5 个档次；而拆借期限针对不同金融机构分为 3 档，从 7 天到 1 年不等。

③规定了同业拆借市场参与者的信息披露义务、信息披露基本原则、信息披露平台、信息披露责任等。《同业拆借管理办法》还明确了同业拆借中心在公布市场信息和统计数据方面的义务，为加强市场运行的透明度提供了制度保障。

（二）银行承兑汇票市场

银行承兑汇票市场是以银行承兑汇票作为交易对象所形成的市场。国际与国内贸易的发展是产生银行承兑汇票的重要条件，同时，银行承兑汇票的产生大大便利了国际与国内的贸易。目前，银行承兑汇票市场已成为世界各国货币市场体系中的重要组成部分。

（三）短期国债市场

短期国债，也叫国库券，是由中央政府发行的，期限在 1 年以内的政府债券。短期国债期限通常为 3 个月、6 个月或 12 个月。最早发行短期国债的国家是英国。现在西方各国都普遍发行大量短期国债，把它作为弥补财政赤字的重要手段。同时，一定规模的短期国债也是中央银行开展公开市场业务、调节货币供给的物质基础。我国自 1981 年恢复国债发行以来，所发国债期限多在两年以上，1994 年首次发行了期限为半年的短期国债，丰富了我国的国债品种。

短期国债的最大特点是安全性。由于它是凭中央政府的信用发行的，所以几乎不存在违约风险；它在二级市场上的交易也极为活跃，变现非常方便。此外，与其他货币市场工具相比，短期国债的起购点比较低，面额种类齐全，适合一般投资者购买。短期国债的这些特点使它成为一种普及率很高的货币市场工具。

（四）可转让定期存单市场

可转让定期存单是银行发给存款人按一定期限和利率计息，到期前可以转让流通的证券化的存款凭证。它与一般存款的不同之处在于，它可以在二级市场进行流通，从而解决了定期存款缺乏流动性的问题，所以很受投资者的欢迎。其面额一般比较大（美国的可转让定期存单最小面额为 10 万美元），期限多在 1 年以内。它最早是由美国花旗银行于 1961 年推出的，并且很快为其他银行所效仿，目前已成为商业银行的重要资金来源。在美国，其规模甚至超过了短期国债。我国于 1986 年下半年开始发行大额可转让定期存单，最初只有中国交通银行和中国银行发行，1989 年起其他银行也陆续开办了此项业务。在我国面向个人发行的存单面额一般为500元、1 000元和5 000元，面向单位发行的存单面额则一般为5万元和10万元。然而，由于没有给大额存单提供一个统一的交易市场，同时由于大额存单出现了很多问题，特别是盗开和伪造银行存单进行诈骗等犯罪活动十分猖獗，中央银行于1997年暂停审批银行的大额存单发行申请，大额存单业务因而实际上被完全停止。其后，大额可转让定期存单逐渐淡出人们的视野。

（五）商业票据市场

商业票据是由一些大银行、财务公司或企业发行的一种无担保的短期本票。所谓本票，是由债务人向债权人发出的支付承诺书，承诺在约定期限内支付一定款项给债权人。商业票据是一种传统的融资工具，但它却是从20世纪60年代后期开始迅速发展的。由于Q条例规定了存款利率的上限，美国的商业银行开始寻求新的获取资金的渠道，其中之一便是通过银行控股公司（持有数家银行股份的公司）发行商业票据。与此同时，越来越多的大企业也开始依赖于发行商业票据来获得流动资金。到20世纪90年代，商业票据已经成为美国数额最大的货币市场金融工具。

 知识拓展

美国的"Q条例"

Q条例是指美国联邦储备委员会按字母顺序排列的一系列金融条例中的第Q项规定。1929年之后，美国经历了一场经济大萧条，金融市场随之也进入了一个管制时期，与此同时，美国联邦储备委员会颁布了一系列金融管理条例，并且按照字母顺序为这一系列条例进行排序，如第一项为A项条例，其中对存款利率进行管制的规则正好是Q项，因此该项规定被称为Q条例。后来，Q条例成为对存款利率进行管制的代名词。Q条例的内容是，银行对于活期存款不得公开支付利息，并对储蓄存款和定期存款的利率设定最高限度，即禁止联邦储备委员会的会员银行对它所吸收的活期存款（30天以下）支付利息，并对上述银行所吸收的储蓄存款和定期存款规定了利率上限。当时，这一利率上限规定为2.5%，此利率一直维持至1957年都不曾调整，而此后却频繁进行调整。它对银行资金的来源去向都产生了显著影响。美国金融市场上也产生了许多为规避Q条例而创新的金融工具。

（六）回购协议市场

回购协议是产生于20世纪60年代末的短期资金融通方式。它实际上是一种以证券为抵押的短期贷款。其操作过程如下：借款者向贷款者暂时出售一笔证券，同时约定在一定时间内以稍高的价格重新购回；或者借款者以原价购回原先所出售的证券，但是向证券购买者支付一笔利息。这样证券出售者暂时获得了一笔可支配的资金，证券的购买者则从证券的买卖差价或利息支付中获得一笔收入。回购协议以政府债券交易为主。回购协议中的出售方大多为银行或证券商，购买方则主要是一些大企业，后者往往以这种方式来使自己在银行账户上出现的暂时闲置余额得到有效的利用。回购协议的期限大多很短，可以是1天到1年中的任意天数。由于数额巨大，购买者的收入也很可观。

债券回购交易一般在证券交易所进行，我国不仅在上海、深圳两个交易所开展了债券回购交易，全国银行间同业拆借市场也开展该项业务。

（七）货币市场共同基金市场

共同基金是将众多的小额投资者的资金集合起来，由专门的经理人进行市场运作，赚取收益后按一定的期限及持有的份额进行分配的一种金融组织形式。而对于主要在货币市场上进行运作的共同基金，则称为货币市场共同基金。

货币市场共同基金最早出现在 1972 年。当时，由于美国政府出台了限制银行存款利率的 Q 条例，银行存款对许多投资者的吸引力下降，他们急于为自己的资金寻找到新的能够获得货币市场现行利率水平的收益途径。货币市场共同基金在这种情况下应运而生。它能将许多投资者的小额资金集合起来，由专家操作。货币市场共同基金出现后，其发展速度是很快的。目前，在发达的市场经济国家，货币市场共同基金在全部基金中所占比重最大。

我国货币市场共同基金正式创立于 2003 年。2003 年 12 月 10 日，华安现金富利基金、招商现金增值基金、博时现金收益基金获批，其中华安现金富利基金于 2003 年 12 月 30 日正式成立，另两只基金则于 2004 年 1 月成立，标志着我国货币市场共同基金的正式启动。基金公司可以通过设立货币基金而在货币市场为闲置资金寻找一个"避风港"。

第三节　资本市场

资本市场，又称长期资金市场，是指融资期限在 1 年以上的长期资金的交易市场。其交易对象主要是政府中长期债券、公司债券和股票及银行中长期贷款。因此，广义的资本市场又分为证券市场和银行中长期信贷市场。狭义的资本市场仅指证券市场。由于证券市场在资本市场中占据越来越重要的地位，因此本节主要介绍狭义的资本市场，即股票和债券的发行与流通市场。

资本市场的主要特征是：第一，融资期限长，至少在 1 年以上，股票甚至无偿还期限；第二，这一市场的主要功能是满足长期投资性资金及其盈利增值的需要；第三，交易的金融工具流动性小、风险大、收益高。

一、资本市场工具

（一）股票

股票（stock）是股份公司发行的用以证明投资者的股东身份，并据以获得股息收入的一种所有权凭证，是金融市场上重要的长期投资工具。股票作为一种现代企业制度和信用制度发展的产物，主要分为普通股和优先股两种类型。

1. 普通股

普通股（common stock），是股份公司资本构成中最普通、最基本的股票形式，是指其投资收益（股利）随企业利润变动而变动的一种股份。公司的经营业绩好，普通股的收益就高；反之，收益就低。因而，普通股也是风险最大的一种股份。普通股的特点可概括如下几点。

（1）股利不稳定。普通股的股东有权获得股利，但必须是在公司支付了债息和优先股的股息之后才能分得，一般视公司净利润的多少而定。

（2）具有对公司剩余财产的分配权。当公司因破产或结业而进行清算时，普通股股东有权分得公司剩余资产，但必须在公司债权人、优先股股东之后，才能分得财产。

（3）拥有发言权和表决权。普通股股东有权参加股东大会，就公司重大问题进行发言和投票表决，但是要遵循"一股一票"的原则。

（4）拥有优先认股权。当公司增发新普通股时，现有普通股股东有权优先购买新发行的股票，以保持其对企业所有权的原百分比不变，从而维持其在公司中的权益。

2. 优先股

优先股（preferred stock），一般是公司成立后为筹集新的追加资本而发行的证券，是指优先于普通股分红并领取固定股息的一种股票形式。相对于普通股而言，其主要特点如下。

（1）股息固定。优先股的股息相对固定，当公司经营状况良好时，优先股股东不会因此获得高额收益。

（2）优先的盈余分配权及剩余资产分配权。当公司盈余进行分配时，优先股要先于普通股取得固定数量的股息。同样，在公司破产后，优先股在剩余资产的分配权上也要优先于普通股，但是必须排在债权人之后。

（3）无表决权和发言权。在通常情况下，优先股股东的表决权会在很大程度上被限制甚至取消，从而不能参与公司的经营管理。

（4）不享有优先认股权。因此，优先股比普通股安全性高。

（二）债券

债券（bond），是指债务人发行的承诺按约定的利率和日期支付利息并偿还本金的债务凭证。它反映了筹资者和投资者之间的债权债务关系，和股票一样是有价证券的重要组成部分。

1. 债券的分类

债券可以按照不同的角度进行多种分类。例如，按利息支付方式不同，债券可以分为息票债券和贴现债券。这里仅按债券发行主体进行介绍。

按债券发行主体，债券分为政府债券、金融债券和公司债券。

（1）政府债券。

政府债券，是指由政府及其所属机构发行的债券，包括中央政府债券、地方政府债券。

①中央政府债券（central government bond），主要指国库券和公债券，是国家信用的载体，是指一国中央政府发行的债券，是政府以国家信用筹措资金的一种方式。

②地方政府债券，又称市政债券（municipal bonds），是指有财政收入的地方政府及地方公共机构发行的债券。地方政府债券一般用于交通、通信、住宅、教育、医院和污水处理系统等地方性公共设施的建设。

地方政府债券起源于19世纪20年代的美国，当时城市建设需要大量的资金，地方政府部门开始通过发行市政债券筹集资金。到了20世纪70年代以后，地方政府债券在世界部分国家逐步兴起。按照比较一致的看法，地方政府债券大体可分为两类：一般责任债券

（general obligation bonds）和收益债券（或收入债券，revenue bond）。一般责任债券是由州、市、县或镇（政府）发行，以发行者的税收能力为后盾，由发行者的税收收入为偿还保障的一种市政债券。收益债券是由为了建造某一基础设施依法成立的代理机构、委员会和授权机构，如修建医院、大学、机场、收费公路、供水设施、污水处理、区域电网或者港口的机构或公用事业机构等所发行的一种市政债券。其偿债资金源于这些设施有偿使用带来的收益。经国务院批准，2014 年上海、浙江、广东、深圳、江苏、山东、北京、江西、宁夏、青岛共十省区市试点地方政府债券自发自还，地方债发行由此终结了由财政部统一代理发行的时代。

（2）金融债券。

金融债券是指银行及非银行机构依照法定程序发行并约定在一定期限内还本付息的债务凭证。金融债券的利率通常低于一般的企业债券，但高于风险更小的国债和银行储蓄存款利率，一般为中长期债券。

（3）公司债券。

公司债券，是公司依照法定程序发行的、约定在一定期限还本付息的有价证券，它反映了发行债券的公司和债券投资者之间的债权债务关系。在成熟金融市场中，公司债券是各类公司获得中长期、低成本债务性资金的主要方式，在 20 世纪 80 年代后，又成为推进利率市场化的重要力量。我国的公司债券起步于 1984 年企业债的推出，2005 年后得到迅速发展。所谓企业债是指企业依照法定程序发行，约定在一定期限内还本付息的有价证券。企业债是中国金融市场特有的债券产品，是我国改革开放之后出现的最早的企业融资工具。

2. 我国债券市场的特点

我国公司债券市场主要有以下几方面特点。

（1）信用等级分布较为集中。在成熟金融市场，公司债券信用级别差异很大，主要取决于发债公司的资产质量、经营状况、盈利水平和可持续发展能力等。不同信用级别公司发行债券的价格和成本有明显差异，因此还诞生了低评级甚至无评级公司均可融资的高收益债市场。我国的公司债券市场，发行人信用等级较为集中，以中高评级发行人为主，无评级、低评级发行人发债融资的比例极小，且在较长一段时间内存在隐性的"刚性兑付"保障，因此直到 2014 年才出现首例违约事件。

（2）多头监管格局下多种发行方式共存。在成熟金融市场，公司债券发行通常实行登记注册制，且监管机构往往要求发债主体进行充分的信息披露，特别重视债券存续期内的市场监管工作。我国公司债券发行方式因主管部门和债券品类不同而有所区别。非金融企业债务融资工具实行注册制，在中国银行间市场交易商协会注册；企业债和公开发行公司债实行核准制，分别由国家发改委、中国证监会实施审核；非公开发行公司债实行备案制。

（3）债券投资人群体较为单一。在成熟金融市场，公司债券的投资人群体较为多元。以美国为例，保险公司、境外投资者和共同基金是公司债券市场主要投资人，此外还包括家庭、养老金、州政府等。而我国公司债券投资者主要为集合投资计划（collective investment scheme），是对各类理财、资管产品等非法人产品的统称，商业银行等机构投资者、其他类型投资者占比较小。同时，我国公司债券投资者大部分投资人选择持有债券至到期，也使我国公司债券市场流动性相对偏低。

（4）债券违约回收率偏低、违约处置周期较长。在成熟金融市场，债券市场构建了覆盖事前、事中、事后的全环链违约应对机制，包括市场化、法制化的债券违约事后处置机制，即便是违约债券也具有一定的流动性。相较而言，我国公司债券市场缺乏统一、有效的市场化处置流程和模式，投资者保护机制不甚健全，相关法律法规基础也较为薄弱。

（5）公司债券在企业融资结构中占比低于银行贷款。在成熟金融市场，尤其是美国，发行公司债券作为直接融资方式，相对于间接融资具有较强的成本优势，因此是企业选择中长期债务融资的主要方式。而在我国，由于长期以来形成了以间接融资为主的金融体系，企业通过银行贷款融资的比例通常大于发行债券。

按照交易顺序，无论是股票市场还是债券市场，都存在一级市场和二级市场的划分。

二、一级市场

（一）一级市场的含义及特征

一级市场（primary market），也称发行市场，是指筹集资金的公司或政府机构将其新发行的股票和债券等证券销售给最初购买者的金融市场。凡新公司成立发行股票，老公司增资补充发行股票，政府及工商企业发行债券等，均构成一级市场交易的内容。因此，一级市场可以细分为初次发行市场和再发行市场。初次发行也称首次公开发行（initial public offering，IPO），是指公司第一次发行新证券的行为。再发行主要是指老公司增资补充发行证券的行为，如配股和转增股本。一级市场有以下几个主要特点。

（1）一级市场是一个抽象市场或无形市场，其买卖活动并非局限在一个固定的场所。

（2）一级市场的买卖是一次性行为，其价格由发行公司决定，并经过有关部门核准。投资者以同一价格购买证券。

（3）一级市场具有将储蓄转化为资本的功能。在一级市场上，资金需求者可以通过发行股票、债券等证券筹集资金，有助于促进闲散资金转化为长期建设资金。

（4）一级市场是证券经纪人市场。在证券发行过程中，发行人一般不直接同证券购买者进行交易，需要由中介机构办理，即证券经纪人。它们是一级市场上协助证券首次发行的重要金融机构，帮助承销证券。

（二）一级市场的发行制度

证券发行制度指证券发行人在申请发行证券时必须遵循的一系列程序化的规范，具体包括发行监管制度、发行定价与发行配售等。证券发行制度主要有注册制和核准制两种模式。

（1）注册制，是指证券监管机构公布发行上市的必要条件，公司只要符合所公布的条件即可发行上市的证券发行制度。这种制度强调发行人在申请发行证券时，必须依法将公开的各种资料完全准确地向证券监管机构申报。证券监管机构的职责是对申报文件的全面性、准确性、真实性和及时性进行形式审查，不对发行人的资质进行实质性审核和价值判断，而是将发行人证券的良莠留给市场判断。因此，它并不禁止质量差、风险高的证券上市，只要公布的信息具有充分的真实性和公开性即可。注册制的基础是强制性信息公开披露原则，遵循"买者自行小心"理念。一般来说，在成熟市场经济国家（如美国）的证券市场，注册制比较普遍。注册制要求市场的发行方、投资方和中介机构有高度的自律性和业务操作的规范性。

（2）核准制，是指发行人在申请发行证券时，不仅要充分公开企业的真实情况，而且必须符合有关法律和证券监管机构规定的必备条件，证券监管机构有权否决不符合规定条件的证券发行申请的证券发行制度。核准制与注册制类似的地方是遵循强制性信息披露原则，但核准制还要求申请发行证券的公司必须符合有关法律和证券监管机构规定的必备条件。证券监管机构除进行注册制所要求的形式审查外，还关注发行人的法人治理结构、营业性质、资本结构、发展前景、管理人员素质、公司竞争力等，并据此对发行人是否符合发行条件加以判断。核准制遵循的是强制性信息公开披露与合规性管理相结合的原则，其理念是"买者自行小心"和"卖者自行小心"并行。

相对股票而言，债券的发行一般还要经过信用评级。债券信用评级始于20世纪的美国，是指专门从事信用评级的机构通过一定程序，根据科学的指标体系，对发行债券的偿还能力及其资信情况进行客观公正的评级，从而供投资者参考。债券信用评级最主要的作用是方便投资者了解债券的信用等级信息，降低投资者获取信息的成本。债券到期时，发行者不能按时偿还本息从而给投资者造成损失的可能性被称为信用风险。债券信用评级可以引导债券投资者规避信用风险，理性投资。

（三）一级市场的发行方式

1. 直接发行和间接发行

根据证券发行是否将金融中介作为媒介，证券发行可以划分为直接发行和间接发行。

（1）直接发行，是指发行人不通过证券承销机构，而是自己直接将证券推销给投资者的一种证券发行方式，如公司内部发行证券和股息再投资。采用直接发行的方式可以使发行公司直接控制发行过程，程序比较简单，同时，也可节约各种手续费，降低发行成本。但直接发行也存在着不足之处：直接发行的社会影响小，不利于提高公司的知名度；当发行量较大时，很难迅速获得所需资本；当实际认购额达不到预定金额时，剩余部分必须由证券发行公司的主要发起人或董事来承担，发行风险较大。因此，直接发行在证券发行市场上并不多见，只占很小的一部分。市场上绝大部分证券的发行采取间接发行的方式。

（2）间接发行，是指证券发行人不直接参与证券的发行过程，而是委托证券承销机构出售证券的一种发行方式。通常情况下，证券承销机构主要由投资银行、证券公司、信托投资公司等金融机构来承担。间接发行的筹资数量较大，所需时间较短，发行风险比较小，而且有利于提高发行公司的知名度。所以，虽然发行人需要支付一定比例的佣金，提高了发行成本，但间接发行这一方式仍然在证券发行市场上占据主要地位。证券间接发行可以进一步划分为以下几种。

①包销，又称确定包销（firm commitment），是指承销商以低于发行的价格从发行人手中购进将要发行的全部证券，然后出售给投资者。承销商必须在指定期限内，将包销证券所筹集的资金全部交给发行人。如果证券没有全部销售出去，承销商只能自己"吃进"。这样，发行失败的风险就从发行人转移至承销商。当然，承销商承担风险是要获得补偿的，这种补偿通常就是通过扩大包销差价（包销价格与市场价格之差）来实现。采用包销方式对发行人而言，无须承担证券销售不出去的风险，而且可以迅速筹集资金，因而特别适合于资金需求量大、社会知名度低且缺乏证券发行经验的发行公司。

②代销，又称尽力销售（best efforts），是指承销商只作为发行公司的证券销售代理人，按照规定的发行条件尽力推销证券，发行结束后未售出的证券退还给发行人，承销商不承担发行风险。因此，采用这种方式时，承销商与发行公司之间纯粹是代理关系，承销商代为推销证券而收取代理手续费。代销一般在以下情况下采用：承销商对发行公司信心不足；信用度很高、知名度很大的发行公司为减少发行费用而主动向承销商提出；包销谈判失败。

③助销，又称余额包销（stand-by underwriting），是指承销商先代为推销证券，然后未销售出去的余额由承销商自己买进。这种方式能够保证证券全部销售出去，从而降低了发行公司的风险。

2. 公募和私募

按照发行的对象是公众投资者还是特定的少数投资者，证券发行可以划分为公募和私募。

（1）公募（public offering），又称公开发行，是指在市场上面向公众投资者（非特定的投资者）公开发行证券的方式。在公募发行的情况下，发行人必须遵守有关事实全部公开的原则，向有关管理部门和市场公布其各种财务报表及资料，经主管部门批准后方可发行。公募须得到投资银行或其他金融机构的协助。公募发行的好处在于：第一，公募以众多投资者为发行对象，可以在短时间内迅速筹集到大额资金；第二，公募发行的证券可以申请在交易所上市，有利于增强证券的流动性，提高发行人的社会信誉。公募发行的不足在于：发行过程比较复杂，登记核准所需时间较长，且发行费用较高。

（2）私募（private offering），又称非公开发行，是指发行人只对特定的投资者推销证券。私募的发行范围小，一般以少数与发行人或经办人有密切关系的投资者为发行对象。私募通常在以下几种情况下使用：①以发起方式设立公司。采用发起方式设立公司时，由发起人全额出资，无须发行证券。②内部配股，即股份公司按照股票面值向原有普通股股东分配本公司增发的新股。③私人配股，即股份公司将新股票分售给除股东以外的本公司职工、往来客户等与公司有特殊关系的第三者。私募发行有利于节省费用，降低发行成本，但证券流动性差，在一定时间内不能在市场上公开出售转让。

三、二级市场

二级市场（secondary market），即证券流通市场，是指对已经发行的证券进行买卖、转让和流动的市场，为已经发行的证券提供了流通的场所。在二级市场上销售证券的收入属于出售证券的投资者，而不属于发行该证券的公司。股票二级市场的主要场所是证券交易所，但也存在场外交易市场；债券二级市场则以场外交易市场为主。一级市场与二级市场有着相互依存的关系。一级市场是二级市场存在的前提，没有证券发行，自然谈不上证券的再买卖。二级市场为一级市场提供了流动空间，从而促进一级市场的发展。否则，新发行的证券就会由于缺乏流动性而难以推销，从而导致一级市场萎缩，以致无法存在。二级市场主要可以划分为场内交易市场（证券交易所）和场外交易市场（也称柜台交易市场或店头市场）。

（一）股票价格指数

二级市场中的股票价格指数变动能反映出整个社会的经济情况，通常股票价格指数被称为一国国民经济的"晴雨表"。这是因为在一个完善成熟的证券市场，股票价格能够反映市场上的所有信息，这样证券市场就能够完整地反映每一家上市企业的经营状况，也能通过股价变动提前预测一国经济发展状况。例如，在2008年金融危机的时候，美国经济整体下滑，失业率上升，整个美国股市低迷。而在2012年美国劳工指标开始复苏后，美国股票价格指数也开始回升。2012年2月18日，美国道琼斯指数回到金融危机前的水平，纳斯达克指数创11年来新高。因此，要了解一国国民经济发展状况，就有必要关注一国股票价格指数。

 知识拓展

股票价格指数介绍

1. 上证股票指数

上证股票指数是由上海证券交易所编制的股票指数，于1990年12月19日正式开始发布。该股票数的样本为所有在上海证券交易所挂牌上市的股票，其中新上市的股票在挂牌的第二天纳入股票指数的计算范围。该股票指数的权数为上市公司的总股本。由于我国上市公司的股票有流通股和非流通股之分，其流通量与总股本并不一致，所以总股本较大的股票对股票指数的影响就较大。上证股票指数的发布几乎是和股票行情的变化同步的，它是我国股民和证券从业人员研判股票价格变化趋势必不可少的参考依据。

2. 深证综合股票指数

深证综合股票指数是由深圳证券交易所编制的股票指数，以1991年4月3日为基期。该股票指数的计算方法基本与上证股票指数相同，其样本为所有在深圳证券交易所挂牌上市的股票，权数为股票的总股本。由于以所有挂牌的上市公司为样本，其代表性非常广泛，且它与深圳股市的行情同步发布，是股民和证券从业人员研判深圳股市股票价格变化趋势必不可少的参考依据。由于深圳证券所的股票交投不如上海证交所那么活跃，深圳证券交易所改变了股票指数的编制方法，采用成份股指数，其中只有40只股票入选并于1995年5月开始发布。现在深圳证券交易所存在两个股票指数，一个是老指数，即深证综合股票指数，另一个是成份股指数，从当前几年来的运行势态来看，两个指数间的区别并不是特别明显。

3. 上证180指数

上海证券交易所正式对外发布的上证180指数，用来取代原来的上证30指数。上证180指数的样本数量扩大到180家，入选的个股均是一些规模大、流动性好、行业代表性强的股票。该指数不仅在编制方法的科学性、成分选择的代表性和成分的公开性上有所突破，同时恢复和提升了成份指数的市场代表性，从而能更全面地反映股价的走势。统计表明，上证180指数的流通市值占到沪市流通市值的50%，成交金额占比也达到47%。它的推出，有利于推出指数化投资，引导投资者理性投资，并促进市场对"蓝筹股"的关注。

4. 沪深300指数

沪深300指数是由上海和深圳证券市场中选取300只A股作为样本编制而成的成

份股指数。沪深 300 指数样本覆盖了沪深市场六成左右的市值，具有良好的市场代表性。沪深 300 指数是沪深证券交易所第一次联合发布的反映 A 股市场整体走势的指数。它的推出，丰富了市场的指数体系，增加了用于观察市场走势的指标，有利于投资者全面把握市场运行状况，也进一步为指数投资产品的创新和发展提供了基础条件。

5. 央视 50 指数

央视 50 指数由中央电视台财经频道联合北京大学经济学院金融系等五所高校的专业院系，以及中国上市公司协会等机构，共同编制而成。样本股评价体系由创新、成长、回报、治理、社会责任五个维度构成。从 A 股 2 000 多家上市公司中，筛选出 50 家优质公司构成样本股，入选公司在财务透明、盈利优良、治理完善，以及回报股东、履行社会责任等方面表现突出，其中沪市主板 26 只，深市主板 11 只，中小板 10 只，创业板 3 只，共覆盖 9 个大类行业、17 个分类行业。

6. 道·琼斯股票指数

道·琼斯股票指数是世界上历史最为悠久的股票指数，它的全称为股票价格平均数。它是在 1884 年由道·琼斯公司的创始人查理斯·道开始编制的。最初的道·琼斯股票价格平均指数是根据 11 种具有代表性的铁路公司的股票，采用算术平均法计算编制而成，发表在查理斯·道自己编辑出版的《每日通讯》上。其计算公式为：股票价格平均数＝入选股票的价格之和/入选股票的数量。

7. 香港恒生指数

香港恒生指数是香港股票市场上历史最悠久、影响最大的股票价格指数，由香港恒生银行于 1969 年 11 月 24 日开始发表。香港恒生指数包括从香港 500 多家上市公司中挑选出来的 33 家有代表性且经济实力雄厚的大公司股票作为成份股，分为四大类，即 4 种金融业股票、6 种公用事业股票、9 种地产业股票和 14 种其他工商业（包括航空和酒店）股票。

（资料来源：百度百科，股票价格指数。）

（二）二级市场的构成

二级市场的交易组织形式主要有证券交易所和柜台交易市场。

1. 证券交易所

证券交易所，又称场内交易市场或交易所市场，是指专门的、有组织的、有固定地点的证券买卖集中交易的场所。交易所市场是股票流通市场的最重要组成部分，也是交易所会员、证券自营商或证券经纪人在证券市场内集中买卖上市股票和债券的场所，是二级市场的主体。

目前，发达国家或经济高速发展的发展中国家普遍设有证券交易所。例如，美国纽约证券交易所是世界上最大的证券交易所。1792 年 5 月 17 日，24 名证券交易商聚集在华尔街的一棵梧桐树下，组成了一个临时的证券交易行进行证券交易，并达成了《梧桐树协议》，这个临时的证券交易行就是纽约证券交易所的前身。伦敦股票交易所成立于 1773 年。成立于 1609 年的荷兰阿姆斯特丹证券交易所是世界历史上第一个股票交易所，也是世界上最早的证券交易所。证券交易所及其交易具有以下特征。

（1）证券交易所是特殊法人。证券交易所在法律上具有独立的地位，它依法定条件设立。但它自身不参与交易，除了提供服务、充当交易组织者的角色，还需执行法律法规赋予它的一些监管职能。它履行或设定严格的证券上市、交易规则，在法定权限内对证券上市人、会员等进行监督。

（2）证券交易所是证券交易的组织者。证券交易所为证券交易各方提供场地设施和各种服务，如通信系统，电脑设备，办理证券的结算、过户等，使证券交易各方能迅速、便捷地完成各项证券交易活动。

（3）证券交易所交易是通过封闭市场完成的。投资者必须委托证券经纪公司完成交易，而不得直接进入证券交易所大厅，更无法与交易对方当面协商交易。

（4）证券交易所是集中竞价交易的场所。所谓集中竞价，是指若干卖方和若干买方通过集合竞价或连续竞价，按照时间优先和价格优先的原则，确定每项买卖的成交价格。通过这种公开和竞争的方式产生的交易价格，较为公平合理。

2. 柜台交易市场

柜台交易市场，是指分散在证券交易所大厅以外的各种证券交易机构柜台上进行的证券交易活动所形成的无形市场，因此又称店头交易（over-the-counter，OTC）市场或场外交易市场，其典型代表是美国的全国证券交易商协会自动报价系统（national association of securities dealers automated Quotations，NASDAQ）。柜台交易市场的特点可概括为以下几点。

（1）柜台交易市场是一个分散的无形市场。场外交易市场是由众证券公司、投资银行及普通投资者分别交易组成的，基本属于一个分散且无固定交易场所的无形市场，主要依靠电话、电报、传真和计算机网络联系成交。

（2）场外交易市场是开放型市场。无论是借助当面协商，还是运用电话通信等其他方式，投资者总可在某一价位上买进或者卖出所持证券。参与场外交易的主体不完全是证券交易商。投资者既可以委托证券交易商代其买进或卖出证券，也可以自行寻找交易对手，还可以与证券交易商进行直接交易，完全不受证券交易大厅的地理位置限制。

（3）柜台交易市场的组织方式采取做市商制度。所谓做市商制度，是指做市商持有某些证券存货和资金，并以此承诺维持这些证券的双向买卖交易的一种制度安排。这些维持双向买卖交易的证券公司被称为做市商（market-maker）。在做市商制度下，证券的买卖双方无须等待对方的出现，只要有做市商出面承担另一方的责任，交易便可完成。做市商制度以 NASDAQ 市场最为著名和完善。在开市期间，做市商必须就其负责做市的证券一直保持双向买卖报价，即向投资者报告其愿意买进和卖出的证券数量和买卖价位。NASDAQ市场的电子报价系统自动对每只证券的全部做市商的报价进行收集、记录和排序，并随时将每只证券的最优买卖报价通过其显示系统报告给投资者。如果投资者愿意以做市商报出的价格买卖证券，做市商必须按其报价以自有资金或证券与投资者进行交易。

（4）柜台交易市场以不通过证券经纪人的直接交易为主。柜台交易市场与证券交易所的区别在于不采取经纪制，投资者直接与证券交易商进行交易。在交易过程中，证券经营机构先行垫入资金买进若干证券作为库存，然后开始挂牌对外进行交易。其以较低的价格买进，再以略高的价格卖出，从中赚取差价，但其加价幅度一般受到限制。证券交易商既是交易的直接参加者，又是市场的组织者，制造出证券交易的机会并组织市场活动，因此被称为做市商。

（5）柜台交易市场的交易对象以未能在证券交易所批准上市的股票和债券为主，但也包括一部分上市证券。因此，它是一个拥有众多证券种类和证券经营机构的市场。由于证券种类繁多，每家证券经营机构只固定地经营若干种证券。在美国，债券交易主要在柜台交易市场进行。尽管国债和评级较高的企业债券可以在交易所流通交易，然而几乎所有的市政债券以及大部分公司债券都集中在柜台交易市场进行，其原因在于交易所严格的监管制度、准入条件和交易费用等限制了债券的场内流通。

（6）柜台交易市场是一个以协商定价方式进行证券交易的市场。柜台交易市场是按标购标售（bid and ask）方式进行交易的市场，证券买卖采取"一对一"的交易方式，对同一种证券的买卖不可能同时出现众多的买方和卖方，也就不存在公开的竞价机制。具体来说，证券公司对自己所经营的证券同时挂出买入价和卖出价，并无条件地按买入价买入证券和按卖出价卖出证券，最终的成交价是在牌价基础上经双方协商决定的不含佣金的净价。券商可根据市场情况随时调整所挂的牌价。

（7）柜台交易市场的管理比证券交易所宽松。由于柜台交易市场分散，缺乏统一的组织和章程，不易管理和监督，其交易效率也不及证券交易所，易产生投机等行为。但是，随着美国 NASDAQ 系统的推出，通过借助计算机将分散于全国的柜台交易市场连成网络，其在管理和效率上都有很大提高，从而有效地控制了投机行为的发生。因此，柜台交易市场为政府债券、金融债券，以及按照有关法规公开发行，而又不能或一时不能在证券交易所上市交易的股票提供了流通转让的场所，为这些证券提供了流动性，为投资者提供了兑现及投资的机会。可以说，柜台交易市场是证券交易所的必要补充。

（三）二级市场的交易机制

证券交易所是二级市场的核心组成部分，下面重点介绍证券交易所的交易机制。

1. 证券交易所的组织形式

证券交易所的组织形式主要有公司制和会员制。公司制的证券交易所是以股份公司形式成立并以营利为目的的法人实体，一般由银行、证券公司、信托公司及各类民营公司共同出资建立，按性质可分为官商合办和纯私人投资两种形式。公司制的证券交易所自身不在本交易所内参与证券买卖，从而保证了证券交易所交易的公平和公正。但由于公司制的证券交易所是营利性公司组织，在市场高涨时，可能会提高费用或扩大会员人数以获取更多利润，从而增加交易成本和助长投机交易。实行公司制的证券交易所的国家或地区主要有加拿大、日本、澳大利亚、新加坡和中国香港等。会员制的证券交易所是由会员自愿组成并不以营利为目的的社会法人实体，一般由证券公司、投资银行等证券交易商组成。会员制的证券交易所只限于本交易所会员入场交易，以便管理。美国、欧洲大多数国家，以及巴西、泰国和印度尼西亚等国的证券交易所均实行会员制，我国上海证券交易所和深圳证券交易所也属于会员制。

2. 证券交易所的参与者

无论哪种组织形式的证券交易所，其交易均实行代理制，即普通投资者或没有席位的证券交易商不能在证券交易所内直接进行交易，而必须委托取得会员资格的证券经纪人代其在证券交易所内买卖证券。证券交易所内的参与者按其在交易市场上活动的性质，可以分为四类。这里主要是依据纽约证券交易所内的参与者而进行的划分，具体到每个市场是有区别的。

第一，佣金经纪人（commission broker）：在证券交易所内专门负责接收和执行由本公司场外传来的客户委托，即代理客户进行证券买卖，充当交易双方的中介，并从中收取佣金。

第二，场内经纪人（floor broker）：专门负责帮助手中委托单过多而忙不过来的佣金经纪人执行委托，并从中获取佣金。

第三，场内交易商（floor trader）：是指在证券交易所内以自己的名义买卖证券，赚取价差的证券交易商。证券交易商的自营业务客观上起到了活跃证券市场、维护交易连续性的作用，但其"双刃剑"的特征也很明显。因为证券交易商资金雄厚，又有信息优势，极易操纵市场，造成证券价格的非正常波动。

第四，特种交易商（specialist）：其有两个基本的职责。一是保管和执行各经纪人送来的条件委托单，并收取佣金；二是随时准备以自己的账户买进或卖出所负责的一种或数种股票，以维护市场的公正和有序。因此，特种交易商在证券交易所中起到做市商的作用。

3. 证券交易所的交易过程

投资者如果有买卖上市证券的需要，需在证券经纪人处开设账户，取得委托买卖证券的资格。在需要进行证券买卖时，须向证券经纪人发出指令；证券经纪人将客户的指令传递给在交易所的场内交易员；交易员则按指令要求进行交易，成交之后，由电脑自动进行证券的交割与过户。交割是指买方付款取货与卖方交货收款的手续。过户手续仅对股票购买方而言，如为记名股票，买方须到发行股票的公司或委托部门办理过户手续，方可成为该公司股东。投资者发出的委托指令通常有三种：市价委托、限价委托和停损委托。

第一，市价委托，是指委托人（投资者）只规定某种证券的名称、数量，价格由证券经纪人随行就市，不做限定，而是要求证券经纪人在规定的时间期限内，按照市场上的最优价格进行交易的一种委托指令。市价委托由于不对价格做任何限制，因而可以迅速被执行，其目的在于迅速捕捉有利的交易机会。在一般情况下，市价委托在下跌的市场中的作用要比其在上升的市场中的作用大，因为股票价格下跌的速度要比上升的速度快得多。因此，买进市价委托的数量要小于卖出市价委托的数量。

第二，限价委托，是指投资者指示证券经纪人在某一特定价位或者在比该价位更为有利的价位上买卖证券的一种交易指令。例如，委托人可能指示其证券经纪人，要求他在每股价格达到30元之上时把手中的股票卖出去，或者指示他在每股价格降到15元之下时买入股票。限价委托的优点是能够按照比当前市价低的价格买进，按照比当前市价高的价格卖出。因此限价买进委托的价格通常在当前市场价格之下，而限价卖出委托的价格通常在当前市场价格之上。

第三，停损委托，是指投资者指示证券经纪人在价格朝不利的方向波动达到某一临界点时就立即买卖证券的一种交易指令。例如，委托人可能指示其证券经纪人，当价格下降到每股10元时，就把手中的股票卖出去，以避免进一步的损失；或者指示他在每股价格上升至15元时买入。限价委托与停损委托被称为条件委托，即只有在证券价格达到一定范围时才会被执行。

（四）二级市场的交易方式

二级市场上最普遍和传统的证券交易方式主要有现货交易和信用交易。

1. 现货交易

（1）现货交易的内涵及特点。现货交易（spot transaction），是指证券交易的买卖双方在达成一笔交易后的 1~3 个营业日内进行交割的证券交易方式。现货交易是证券交易中最古老的交易方式。最初的证券交易都是采用这种方式进行的。现货交易有以下几个显著特点：①成交和交割基本上同时进行；②实物交易，即卖方必须实实在在地向买方转移证券，没有对冲；③在交割时，购买者必须支付现款，由于在早期的证券交易中大量使用现金，所以现货交易又被称为现金现货交易；④交易技术简单，易于操作。

（2）现货交易规则。在实际操作中，现货交易机制表现为"$T+N$"制，这里的 T 表示交易日，N 表示交割日。$T+0$ 是指交易日当天交割，也就是即时清算交割；$T+1$ 是指交易日后第一个营业日交割，即隔日交割；$T+2$ 是指交易日后第二个营业日交割；$T+3$ 是指交易日后第三个营业日交割。一般 $T+0$ 的交易可以在完成上一笔交易后马上操作下笔交易，而 $T+1$ 就要等待第二天再交易。有的国家甚至允许成交后四五个营业日内完成交割。究竟成交后几日交割，一般都是按照证券交易的规定或惯例办理，各国不尽相同。在我国，1995 年元旦前，沪、深两市实行的是 $T+0$ 交割模式，由于投机猖獗，市场多动荡，于是在 1995 年元旦后，沪、深两市改为 $T+1$ 交割模式。目前，香港交易所内所有交易均采用 $T+2$ 交割制度。在国际上，1987 年世界性股灾后，为了降低证券市场的风险、提高安全系数，30 国集团提出了证券交易交割制度的国际标准——$T+3$。它们认定，$T+3$ 是较为理想而适中的交割模式。它们倡导并希望世界各地股票市场都能采用这一"国际标准"。1995 年 5 月 17 日，美国证券交易委员会正式将证券交易交割制度从原先的 $T+5$ 改为现行的 $T+3$。日本股票交易现行交割制度为 $T+3$。总之，交割期短于 2 个交易日（即 $T+2$）的较为少见，同时，交割期长于 5 个交易日（即 $T+5$）的也不多见。相比之下，$T+3$ 模式受到各国证券交易所欢迎并广泛流行。

2. 信用交易

信用交易，又称保证金交易（margin trading），是指客户按照法律规定在买卖证券时，只向证券公司交付一定比例的保证金，由证券公司提供融资或者融券进行交易的一种证券交易方式。客户在采用这种方式买卖证券时，必须在证券公司处开立保证金账户，并存入一定数量的保证金，剩余部分的应付证券或应付价款则由证券公司代为垫付，因而又被称为"垫头交易"。我国也称为"融资融券"业务。在发达国家的证券市场中，信用交易是一种普遍现象。

信用交易有两种方式：一种是买空或保证金买长交易，另一种是卖空或保证金卖短交易。

（1）保证金买长交易。我国称为"融资交易"，是指投资者预期某种证券价格上涨时，仅支付一部分保证金，而向证券公司借入资金买入证券的交易，待价格涨到一定程度时再卖出该证券，归还证券公司借款及相应利息。由于投资者主要以借入资金买进证券，而且要将买入的证券作为抵押物抵押在证券公司账户中，投资者手中既无足够的资金也不持有证券，所以这种交易方式也被称为买空交易。

案 例

保证金买长交易

投资者张先生的信用账户中有现金 90 万元作为保证金，经分析判断后，他认为 X 公司股票在当前价格 18 元的基础上将会继续上涨。证券公司规定，X 公司股票的折算率为 0.6，融资保证金比例为 90%。张先生先使用自有资金以 18 元/股的价格买入了 5 万股，这时张先生的信用账户自有资金余额为 0。然后他用融资买入的方式买入 X 公司股票，此时他可融资买入的最大金额为 $60\left(\dfrac{90\times0.6}{90\%}\right)$ 万元。如果买入价格仍为 18 元/股，则张先生可融资买入的最大数量为 8.33 万股。

这意味着张先生用 90 万元便可买到价值 150 万元的股票。至此该投资者与证券公司建立了债权债务关系，其负债为融资买入证券的金额 60 万元，资产为 8.33 万股 X 公司股票市值。如果 X 股票的价格为 17 元/股，则投资者信用账户的资产为 142 万元，维持担保比例约为 236% $\left(\dfrac{142}{60}\times100\%\right)$。如果随后几个交易日该股价格连续下跌，收盘价为 10 元/股，则投资者信用账户的维持担保比例降为 138% $\left(\dfrac{83}{60}\times100\%\right)$，已经接近证券交易所规定的最低维持担保比例 130%。

最后，如果张先生以 9 元/股的价格将信用账户内的 8.33 万股证券全部卖出，所得 75 万元中的 60 万元用于归还融资负债，信用账户资产仅为现金 15 万元。如果不用融资交易进行，而是用现货交易，则最初的 5 万股股票的现在价值为 5 万元×（18-9）= 45 万元。如果全部售出，可得 45 万元；而信用交易下只剩 15 万元。可见，由于在信用交易中引入了杠杆，交易风险随之放大。

（2）保证金卖短交易。我国称为"融券交易"，是指投资者预期某种证券价格下跌时，在支付一部分保证金后向证券公司借入证券以便卖出的交易，待价格跌到一定程度后再买回同样的证券归还证券公司，以谋取价差。由于投资者手里没有真正的证券，交易过程是先卖出后买回，而且卖出证券所得收益抵押在证券公司账户中，因此这种交易方式也被称为卖空。如果卖空的证券价格上涨，证券公司要向卖空客户追收增加的保证金，否则将以投资者的抵押金购回证券平仓。如果卖空证券跌到投资者预期的价格，投资者买回证券，并归还给证券公司。

案 例

保证金买短交易

投资者李先生以信用账户中的自有现金 90 万元作为保证金，经分析判断后，他认为 X 公司股票的价格 18 元将会进一步下降，选定该股票进行融券卖出。证券公司规定，X 公司股票的融券保证金比例为 90%。因此，投资者可融券卖出的最大金额为 $100\left(\dfrac{90}{90\%}\right)$ 万元。李先生以此价格发出融券交易委托，可融券卖出的最大数量为 5.55 $\left(\dfrac{100}{18}\right)$ 万股。由于股票交易只能进行整数交易，故李先生决定融券 5 万股。至此投资者与证券公司建立了债权债务关系：负债金额为以每日收盘价计算的 5 万股 X 公司股票，资产为融券卖出冻结的 90 万元资金及信用账户内的 90 万元现金。若 X 公司股票的收盘价涨到 18.5 元/股，则李先生的负债金额为 92.5（18.5×5）万元，维持担保比例为 195% $\left(\dfrac{180}{92.5}\times100\%\right)$。如果随后几个交易日该股票价格连续上涨，收盘价为 28 元/股，李先生信用账户的维持担保比例仅为 129% $\left(\dfrac{180}{140}\times100\%\right)$，低于交易所规定的最低维持担保比例 130%。至此，证券公司在当日收盘清算后向李先生发送追加担保物通知，要求其信用账户的维持担保比例在两个交易日内恢复至 150% 以上。而如果投资者以 28 元/股的价格买入 5 万股偿还给证券公司，买入证券时先使用融券冻结资金 90 万元，再使用信用账户内自有现金 50 万元。买券还券成交后，李先生的信用账户内融券负债清偿完毕，资产仅为现金 40 万元，亏损率高达 55.6%。

课后练习

一、选择题

1. 按照金融工具的期限，金融市场可划分为（　　）。

A. 货币市场和资本市场　　　　　B. 债权市场和股权市场

C. 现货市场和期货市场　　　　　D. 一级市场和二级市场

2. 以下属于资本市场的是（　　）。

A. 同业拆借市场　　　　　　　　B. 银行承兑汇票市场

C. 短期国债市场　　　　　　　　D. 股票市场

3. 保证金卖短交易，在我国又称为（　　）。

A. 融资交易　　　　　　　　　　B. 融券交易

C. 现货交易　　　　　　　　　　D. 保证金交易

二、简答题

1. 请简要概述货币市场与资本市场的区别。

2. 请简要概述普通股和优先股的区别。

项目实训

【实训内容】

股票市场交易

【实训目标】

通过股票交易过程的模拟，深入理解股票市场交易的风险性和收益性，提高学生投资的分析判断能力；培养学生分析、解决问题的能力；培养学生资料查询、整理的能力。

【实训组织】

以学习小组为单位，根据自己熟悉的领域分析 1～2 个行业；从行业中独立选出几只股票，说明理由；在股票模拟操作中买入并观察行情；写出每日操作心得；总结股票模拟中遇到的问题并加以改善。

【实训成果】

1. 考核和评价采用报告资料展示和学生讨论相结合的方式。

2. 评分采用学生和老师共同评价的方式。

第四章　金融机构体系

学习目标

1. 理解金融机构的概念、产生、种类
2. 掌握金融机构的功能
3. 掌握金融机构的体系与结构
4. 能列举和描述国际金融机构

能力目标

1. 能够分析我国目前金融机构体系的合理性和缺陷
2. 能够运用金融机构体系的基础知识识别金融机构，初步掌握国际金融机构体系格局

情景导读

以"时间银行"命名 App、公众号等行为已涉嫌违规

2023 年 4 月 19 日晚间，银保监会发布关于"中国时间银行"有关风险的提示。近期通过日常监测，银保监会发现，个别网站发布"中国时间银行上市"等虚假信息，且有名为"时间银行"的移动应用程序（App）以公益养老为名目开展投资活动。

银保监会表示，从未批准设立"中国时间银行"，相关网站、社交平台、App 等所称"中国时间银行"有关内容均为虚假消息，相关投资活动涉嫌违法犯罪。

同时，银保监会强调，以"时间银行"命名网站、App、微信公众号、自媒体账号等行为，已涉嫌违反相关法规中"未经国务院银行业监督管理机构批准……任何单位不得在名称中使用'银行'字样""未经国务院银行业监督管理机构批准，任何单位或者个人不得设立银行业金融机构或者从事银行业金融机构的业务活动"的规定。

资料来源：黄鑫宇，新京报，《银保监会：以"时间银行"命名 App、公众号等行为已涉嫌违规》，2023 年 4 月 20 日。

思考与讨论：广大民众对金融机构的认识是否正确？

第一节　金融机构概述

金融机构是在商品生产与交换过程中逐步形成和发展壮大的，它在社会经济中发挥着极其重要的融资中介作用。本章重点介绍金融机构的形成、功能和种类等。

一、金融机构的概念及产生

（一）金融机构的概念

金融机构又称金融中介，是指经营货币、信用业务，从事各种金融活动的组织机构。它为社会经济发展和再生产的顺利进行提供金融服务，是国民经济体系的重要组成部分。

（二）金融机构的产生

1. 货币经营业及其向银行业的转变

在古代，随着商业的产生和发展，古代货币经营业随之产生，这就是历史上最早的金融机构了。货币经营业就是经营货币商品的行业。古代货币经营业是现代资本主义银行的先驱，后者由前者演变而来。古代货币经营业包括：①铸币兑换业；②货币保管业；③汇兑业。货币的兑换业务和货币的保管及汇兑业务是古代货币经营业发展的两个业务。银行业的出现是古代金融业发展的重大转折点。

2. 古代银行业的发展和资本主义银行的产生

在欧洲古代社会中，就已经有了银行业的存在。比如，在公元前 2000 年左右的古巴比伦寺庙和公元前 500 年左右的古希腊教堂，就有了经营、保存货币和贷款业务的存在；而在公元前 400 年的雅典，银行业就有了显著的发展；在公元前 100 年的罗马帝国，已经有了银行和信用的法规。

到了中世纪，商品流通进一步发展，欧洲各国贸易集中于地中海沿岸各国，以意大利为中心，因而银行业者首先在意大利各共和国内出现并发展起来，12 世纪末开始传播到欧洲其他国家。当时银行的业务有：①接受存款；②在客户之间做支付的中介人；③汇兑业务；④贷款。

上述银行由于主要贷给政府，而政府利用权力不归还贷款的情况时有发生，所以是不稳定的。1567 年，法国、西班牙和葡萄牙国王同时停止归还贷款，造成中世纪银行业的衰落。在这种情况下，商界和政府产生了一种意图，想把银行事业从私人手中夺过来，并把它变为当局管理下的合法企业。1580 年，威尼斯成立这种类型的银行。此后，1593 年在米兰，1609 年在阿姆斯特丹，1621 年在纽伦堡，1619 年在汉堡以及其他城市相继成立了这类银行。这类银行通常被称为"划拨银行"，因为它们最初只接受商人的存款和为商人办理结算，后来才开始进行贷款业务。它们所经营的贷款业务仍属于高利贷性质，同时由于和政府联系密切，贷款风险还是很大的。

高利贷的银行业，不能满足资本主义发展对信用的需求，因为新兴资产阶级需要的贷款利息不会吞噬全部资本主义利润，所以，客观需要建立资本主义银行；而资本主义银行，既能汇集闲置的货币资本，又能按照适度利率向资本家提供贷款。资本主义银行体系，是通过两条途径产生的：一条是改造旧的高利贷银行业，使其逐步适应新条件而变为资本主义的银行；另一条是根据资本主义原则组织股份银行。这两条途径在工业资本主义最早发展的英国表现最为明显。

在英国，资本主义银行是在17世纪产生的，最初是从经营高利贷与兑换业的金匠中独立出一些专门在资本家之间从事信用中介的银行家。但是，这一转变过程非常缓慢，差不多到18世纪才完成，主要是由于这些人不愿放弃高额的利息收入（他们当时的年利率在20%～30%）。这种情况当然是工商业资本家所不愿接受的。所以，1694年，在英国政府的倡议和帮助下，英格兰银行成立了。这是一家规模巨大的股份制银行，它的正式贴现率一开始就定为4.5%～6%。英格兰银行的成立，标志着适应资本主义生产方式要求的银行制度开始建立。同时，随着新银行制度的诞生和发展，旧的高利贷银行不得不降低贷款利率，改造成适应资本主义制度需要的银行。

二、金融机构的种类

金融机构种类很多，可以通过不同角度将其分成以下几类。

（一）存款性金融机构和非存款性金融机构

按资金来源及运用的主要内容不同，金融机构可以分为存款性金融机构和非存款性金融机构。

存款性金融机构是指通过吸收各种存款而获得可利用资金，并将之贷给需要资金的各经济主体及投资于证券等业务的金融机构，包括储蓄机构、信用合作社和商业银行。从资产负债表看，中央银行也是存款性金融机构，因其接受商业银行等金融机构的存款，并向商业银行等金融机构发放贷款。但因中央银行的管理性职能，其区别于其他存款性金融机构而单列一类。

非存款性金融机构是指以发行证券或通过契约形式由资金所有者缴纳的非存款性资金为主要来源的金融机构。非存款性金融机构的资金来源与存款性金融机构吸收公众存款不一样，主要通过发行证券或以契约性的方式聚集社会闲散资金。该类金融机构主要有保险公司、养老基金、证券公司、共同基金、投资银行等。

（二）银行金融机构和非银行金融机构

按业务的特征，金融机构可以分为银行金融机构和非银行金融机构，这也是目前世界各国对金融机构的主要划分标准。其中，银行在整个金融机构体系中处于非常重要的地位。

银行金融机构是指以存款、贷款、汇兑和结算为核心业务的金融机构，主要有中央银行、商业银行和专业银行三大类。其中，中央银行是金融机构体系的核心，商业银行是金融机构体系的主体。

除银行金融机构以外的金融机构都属于非银行金融机构。非银行金融机构的构成十分庞杂，主要包括保险公司、信托公司、证券公司、租赁公司、财务公司、退休养老基金公司、投资基金公司等。此外，随着经济全球化、金融全球化的不断发展，各国还普遍存在许多外资和合资金融机构。

（三）政策性金融机构和非政策性金融机构

按是否承担政策性业务，金融机构可以分为政策性金融机构和非政策性金融机构。

政策性金融机构是指为实现政府的产业政策而设立，不以营利为目的的金融机构。政策性金融机构可以获得政府资金或税收方面的支持，如中国农业发展银行。

非政策性金融机构是指以营利为目的的金融机构，如商业银行、证券公司、基金公司等。

三、金融机构的功能

（一）提供支付结算服务

提供支付结算服务是指金融机构通过一定的技术手段和流程设计，为客户之间完成货币收付或清偿因交易引起的债权债务关系服务。提供有效的支付结算服务是金融机构适应经济发展需求而较早产生的功能。银行业的前身货币兑换商最初提供的主要业务之一就是汇兑。金融机构尤其是商业银行为社会提供的支付结算服务，对商品交易的顺利实现、货币支付与清算，及社会交易成本的节约具有重要的意义。

（二）促进资金融通

资金从盈余单位向赤字单位的流动与转让就是资金融通，简称融资。融通资金是所有金融机构都具有的基本功能，不同的金融机构会利用不同的方式来融通资金。例如，银行类机构一方面作为债务人发行存款类金融工具和债券等动员和集中社会闲置的货币资金，另一方面作为债权人向企业、居民等经济主体发放贷款；保险类金融机构通过提供保险服务来吸收保费，在支付必要的出险赔款和留足必要的理赔准备金外，将吸收到的大部分保险资金直接投资于金融资产；基金类金融机构则作为受托人接受投资者委托的资金，将其投入资本市场或特定产业；信托类金融机构在接受客户委托管理和运用财产的过程中，将受托人的闲散资金融通给资金需求者。

（三）降低交易成本

交易成本包括对资金商品的定价（即利率）、交易过程中的费用和时间的付出、机会成本等。对于个体借贷者而言，个体贷款者提供的资金数量有限、期限相对较短，与借款人对资金的数量、期限要求难以一致，因此，融资交易的单位成本比较高，资金供应也比较紧张，这样的融资基础极易产生高利贷。此外，融资交易的完成需要经调查、谈判、签约等环节才能最终完成，在每个环节都要有一定的费用和时间的支出成本。对个体投资者来说，需要付出大量的时间与成本支出用于搜集、掌握、分析和评估与投资有关的信息；而借款人在考虑借入资金时，除了利率的高低因素外，还需要考虑其他费用支出等成本因素。由此，能否以较低的融资交易成本完成融资活动，成为社会融资活动能否顺畅进行的关键。

金融机构利用筹集到的各种期限不同、数量大小不一的资金进行规模经营，可以合理控制利率、费用、时间等成本，使投融资活动最终能够以适应社会经济发展需要的交易成本来进行，从而满足不断增长的投融资需要。

（四）提供金融服务便利

提供金融服务便利功能是指金融机构为各部门的投融资活动提供专业性的辅助与支持性服务，主要表现在对各种企业、居民家庭和个人开展广泛的理财服务，以及对发行证券筹资的企业提供融资代理服务。如果金融机构出面为各种客户提供投资或筹资方面的服务，则会大大提高投资效果或筹资效率。

（五）改善信息不对称状况

信息不对称是指交易的一方对交易的另一方不充分了解的现象。例如，对于贷款项目的潜在收益和风险，借款者通常比贷款者了解得更多一些。金融机构可以改善信息不对称状况，正是由于其具有强大的信息收集、信息筛选和信息分析优势。首先，在提供支付结算的服务过程中，金融机构可以通过客户开立的账户了解客户的个性化信息，如信用历史、基本财务状况等，从而掌握客户发展的基本动态；其次，金融机构从业人员的专业知识与素质，使其具有较强的信息筛选、信息分析能力；最后，金融机构的规模经营能够使获得信息的单位成本大大降低。

（六）转移与管理风险

转移与管理风险是指金融机构通过各种业务、技术和管理，分散、转移、控制或减轻金融、经济和社会活动中的各种风险。金融机构转移与管理风险的功能主要体现为它在充当金融中介的过程中，为投资者分散风险并提供风险管理服务。例如，商业银行的理财业务及信贷资产证券化活动、信托投资公司的信托投资、投资基金的组合投资、金融资产管理公司的资产运营活动都具有该功能。此外，通过保险和社会保障机制对经济与社会生活中的各种风险进行的补偿、防范或管理，也体现了这一功能。

第二节　金融机构的体系与结构

金融机构体系，是指在一定的历史时期和社会条件下建立起来的各种不同金融机构的组成及其相互关系。当今各国都形成了一个规模庞大、分工细致的金融机构体系，大多数是以中央银行为核心来进行组织管理的，因而形成了以中央银行为核心，商业银行为主体，各类银行和非银行金融机构并存的金融机构体系。

市场经济国家的金融机构体系是以中央银行为核心，并包括众多商业银行和其他金融机构的多元化金融机构体系，前者被称为管理型金融机构，后者被称为业务型金融机构。业务型金融机构又可分为存款性金融机构、契约性金融机构和投资性金融机构三大类。许多国家还设立有政策性金融机构，以服务于特定的部门或产业，执行相关的产业政策等。

本节以我国为例，介绍金融机构体系的主要构成（见图4-1）。

截至2023年6月底，全国共有4 561家金融机构。其中，银行共3 483家：开发性银行1家，为国家开发银行；政策性银行2家，为农业发展行和进出口银行；国有大型商业银行6家，股份制银行12家，城商行125家，农商行1 609家，村镇银行1 642家，民营银行19家、外资银行41家，储蓄银行1家（中德住房储蓄银行）；农村合作银行23家；直销银行2家。农村信用社545家，农村资金互助社36家。贷款公司4家，信托公司67家，金融资产管理公司5家，金融资产投资公司5家，货币经纪公司6家，财务公司248家，汽车金融公司25家，银行理财子公司31家，消费金融公司31家，金融租赁公司71家，城商行联盟仍仅1家（山东城商行联盟），信托保障基金、信托登记公司、养老金管理公司各1家。

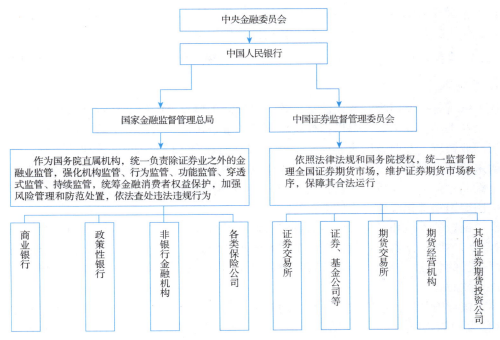

图4-1 中国当前金融机构体系框架

一、中央银行

中央银行，习惯上称为货币当局，在金融体系中居于主导地位。中央银行的职能主要是进行宏观金融调控，保障金融安全与稳定，提供金融服务等。我国的中央银行是成立于1948年12月的中国人民银行，其详细内容见第六章。

二、存款性金融机构

存款性金融机构是指接受个人和机构存款，并发放贷款的金融机构，主要包括商业银行、储蓄机构、信用社等。中央银行因接受商业银行等金融机构的存款，并对金融机构提供贷款，也算作存款性金融机构。但中央银行的管理职责更为重要，使其区别于其他存款性金融机构而单列一类。

（一）商业银行

商业银行是间接金融领域最主要的金融机构，也是存款性金融机构的典型形式。它是指吸收各种存款（特别是活期存款），发放多种贷款，提供多种支付清算服务，并以利润最大化为主要经营目标的金融机构。

我国的商业银行包括国有商业银行与其他股份商业银行两大类。处于我国金融机构体系主体地位的是国有商业银行，它们是中国工商银行、中国农业银行、中国银行和中国建设银行。它们在成立之初是完全的国有性质，即国有独资商业银行。进入21世纪以来，国有商业银行加快了改革步伐，先后进行了股份制改革，形成了六大国有银行，分别是中国工商银行、中国农业银行、中国银行、中国建设银行、中国交通银行、中国邮政储蓄银行。除此以外，我国还存在一些其他类型的股份制商业银行，如招商银行、浦发银行、中信银行、中国光大银行、华夏银行、中国民生银行、广发银行、兴业银行、平安银行、浙商银行、恒丰银行、渤海银行等。商业银行的详细内容见第五章。

（二）储蓄机构

1. 普通储蓄银行

储蓄银行是指专门吸收居民储蓄存款，将投资主要投资于政府债券和公司股票、公司债券等金融工具，或为居民提供抵押贷款服务的金融机构。从历史上看，储蓄银行的产生要晚于商业银行。在西方国家，最早的储蓄银行出现在 18 世纪的意大利。当时，储蓄银行一般采取私人股份的形式，由宗教团体或其他团体持股，其主要业务是动员吸收居民个人的小额储蓄资金。随后，储蓄银行在其他西方国家传播开来。到 19 世纪初，英国、法国、美国等国家都相继建立了储蓄银行。

储蓄银行的性质和经营目标与商业银行没有本质差别，但其经营方针和经营方法与商业银行有所不同。储蓄银行的资金来源多为流动性较大的居民储蓄存款，而资金运用则多为期限较长的贷款与投资。储蓄银行的贷款对象主要是其存款客户，而商业银行是向全社会提供贷款。

储蓄银行因其机构性质或业务性质的差别而名称各异，例如，在美国有储蓄贷款协会（通常称为"储贷协会"）、互助储蓄银行，在英国有信托储蓄银行、房屋互助协会，在法国、德国，在意大利有住房储蓄银行等。

20 世纪 80 年代中期，为配合国家住房制度改革（简称房改），我国分别在烟台和蚌埠成立了住房储蓄银行，专门办理与房改配套的住房基金筹集、信贷、结算等政策性金融业务。这两家银行在改制前，业绩均相当突出。进入 20 世纪 90 年代，我国建立公积金制度后，住房储蓄银行的职能基本被住房公积金管理中心取代。2000 年，蚌埠住房储蓄银行与当地城市信用社合并。2003 年，烟台住房储蓄银行改制，更名为恒丰银行。2004 年 2 月 6 日，我国首家中外合资的住房储蓄银行成立，即中德住房储蓄银行（以下简称"中德银行"）。中德银行由中国建设银行与欧洲最大的住房储蓄银行——德国施威比豪尔住房储蓄银行合资成立，总部在天津。

2. 邮政储蓄银行

邮政储蓄银行是储蓄机构的另一种组织形式，其经营管理体现了储蓄银行的特征。1861 年，英国率先成立邮政储蓄银行。如今，世界上许多国家和地区都开办了邮政储蓄银行。邮政储蓄银行在大多数国家是商业化、市场化的专门金融机构，与其他商业银行平等竞争。1997 年亚洲金融危机之后，一些金融机构纷纷倒闭，而邮政储蓄银行以其高度的稳定性、安全性受到越来越多储户的信赖和欢迎。邮政储蓄银行发展较成功的国家有日本、法国、英国、俄罗斯、德国。

2006 年 6 月 22 日，中国银行业监督管理委员会（简称银监会[①]）批准筹建中国邮政储蓄银行，成为中国第五大银行。2007 年 3 月 6 日，中国邮政储蓄银行有限责任公司依法正式成立。它是在改革我国邮政储蓄管理体制的基础上，由中国邮政集团公司以全资方式出资组建的全国性全功能商业银行，其营业网点 2/3 以上分布在县及县以下的农村地区，

[①] 银监会于 2018 年 3 月与保监会的职责整合，成立银保监会；2023 年 3 月，中共中央、国务院决定在银保监会基础上组建国家金融监督管理总局，不再保留银保监会。

其市场定位是：以零售业务和中间业务为主，为城市社区和广大农村地区居民提供基础金融服务，支持社会主义新农村建设和城乡经济社会协调发展。2012 年 1 月，中国邮政储蓄银行整体改制为股份有限公司。2016 年 9 月，在香港联交所挂牌上市。2019 年 12 月 10 日，在上海证券交易所上市。

（三）信用联合社

信用联合社也称信用合作社，是指一类规模较小的具有互助性质的合作金融组织。信用合作社又分为城市信用合作社和农村信用合作社。城市信用合作社以城市手工业者、小工商业者为主的居民组合而成。农村信用合作社则由经营农业、渔业和林业的农民组合而成。信用合作社的资金来源为社员缴纳的股金和存入的存款，放款的对象也主要是本社的社员。

最早的信用合作社是 1849 年在德国莱茵河地区建立的农村信用合作社。在美国，1980 年以后银行管理法规甚至允许信用合作社提供支票存款，并提供除消费贷款以外的抵押贷款，使其成为重要的金融机构之一。信用合作社大多设在城市的社区或农村人口相对集中、交通相对便利的地方，和会员联系紧密。所以，信用合作社能起到弥补其他金融机构网点不足的作用，可以更好地动员资金，促进社会闲散资金的汇集。

信用合作社的存在对其他金融机构也是一种挑战，有利于促进金融业的竞争。我国的信用合作社早期包括城市信用合作社和农村信用合作社两部分。2012 年 4 月前，城市信用合作社先后改造为城市商业银行，因此，现在的信用合作社主要是农村合作社。农村信用合作社是 20 世纪 50 年代中期在我国广大农村普遍组建起来的，但长期以来并不具有世人通常理解的"合作"性质。

改革开放后，我国对农村信用合作社进行了多次整顿、改革。2003 年后，各地农村信用合作社纷纷改组为农村商业银行。城市信用合作社是在改革开放初期发展起来的。实践中，绝大部分城市信用合作社从一开始，其合作性质就不明确，而且不少合作社由于靠高息揽储以支持证券、房地产投机，先后陷入困境。20 世纪 90 年代中期之后我国着手整顿，先是合并组建城市合作银行，随后在 1998 年完成了将约 2 300 家城市信用社纳入 90 家城市商业银行的工作。

（四）乡村银行

乡村银行，是指为本地区的居民或企业提供小额信贷服务的银行机构。乡村银行在世界各地都得到了不同程度的发展。建立于 1865 年的美国纽约市波特切斯特乡村银行是最早成立的储蓄银行，是以中小型企业和小农场主为主要贷款对象的社区银行。它利用人缘、地缘的优势，将信用与抵押担保有机结合，相对降低担保水平，更加看重信用，使贫困的借款人也能通过银行贷款来改善自己的生存环境。创办于 1983 年的孟加拉乡村银行——格莱珉银行，是发展中国家影响最大的乡村银行，其发起人和创始人穆罕默德·尤努斯曾经是大学经济学教授，一直从事帮助落后地区人民摆脱贫困的研究和实践活动。格莱珉银行专门为贫穷的人提供小额贷款，以帮助他们寻找合适的谋生方式。这些贷款的数额之小可能超乎想象，有的贷款甚至不到 1 美元。多年来，这种小额信贷模式帮助孟加拉国数百万人摆脱了贫困的处境，尤努斯也因此获得了 2006 年诺贝尔和平奖。

中国习惯将乡村银行称为村镇银行。根据《村镇银行管理暂行规定》，村镇银行具备以下几个特点：一是地域和准入门槛。村镇银行的一个重要特点就是机构设置在县、乡镇。在地（市）设立的村镇银行，其注册资本不低于 5 000 万元人民币；在县（市）设立的村镇银行，其注册资本不得低于 300 万元人民币；在乡（镇）设立的村镇银行，其注册资本不得低于 100 万元人民币。二是市场定位。村镇银行的市场定位主要在于满足农户的小额贷款需求和服务于当地中小型企业。2007 年 3 月 1 日，我国首家村镇银行——四川仪陇惠民村镇银行正式开业。该村镇银行是由南充市商业银行发起、5 家公司共同出资组建的，注册资本为 200 万元人民币。2007 年 12 月 14 日，国内首家外资村镇银行——湖北随州曾都汇丰村镇银行有限责任公司正式开业，汇丰村镇银行成为首家进入中国农村市场的国际性银行。村镇银行的发展壮大能够有效地解决我国农村地区金融机构覆盖率低、金融供给不足、竞争不充分、金融服务缺位等"金融抑制"问题，为广大的农村金融市场注入了新鲜的血液。

📖 案 例

河南村镇银行事件

警方通报

2022 年 4 月 19 日，4 家村镇银行股东——河南新财富集团涉嫌通过内外勾结、利用第三方平台以及资金掮客等吸收公众资金，涉嫌违法犯罪，公安机关已立案调查。

2022 年 7 月 10 日，河南许昌公安通报：2011 年以来，以犯罪嫌疑人吕某为首的犯罪团伙通过河南新财富集团等公司，以关联持股、交叉持股、增资扩股、操控银行高管等手段，实际控制禹州新民生等几家村镇银行，利用第三方互联网金融平台和该犯罪团伙设立的君正智达科技有限公司开发的自营平台及一批资金掮客进行揽储和推销金融产品，以虚构贷款等方式非法转移资金，专门设立宸钰信息技术有限公司删改数据、屏蔽瞒报。上述行为涉嫌多种严重犯罪。公安机关抓获一批犯罪嫌疑人，依法查封、扣押、冻结一批涉案资金、资产。

2022 年 8 月 29 日，河南许昌警方通报"村镇银行案"进展，称已逮捕 234 人，追赃挽损工作取得重大进展。

"红码"事件

2022 年 6 月 13 日，有网友在社交平台反馈称，多名前往郑州沟通村镇银行"取款难"的储户被赋"红码"，此事迅速引发舆论关注。郑州市 12345 热线对此回应称，已接到多个相关来电，对具体情况并不了解。

2022 年 6 月，多家媒体报道了部分河南村镇银行储户、烂尾楼业主健康码被赋"红码"的情况。对此，河南省纪委监委工作人员表示，近日接到大量关于健康码赋"红码"的举报、投诉，已将相关线索转交河南省卫生健康委员会调查。

2022 年 6 月 22 日，据郑州市纪委监委消息，依据《中国共产党纪律处分条例》《中华人民共和国公职人员政务处分法》，经研究决定，给予相关赋"红码"负责人相应处分。

垫付工作

2022 年 7 月 11 日，河南银保监局、河南省地方金融监管局发布公告，根据案件查办和资金资产追缴情况，经研究，对禹州新民生村镇银行、上蔡惠民村镇银行、柘城黄淮村镇银行、开封新东方村镇银行账外业务客户本金分类分批开展先行垫付工作。2022 年 7 月 15 日开始首批垫付，垫付对象为单家机构单人合并金额 5 万元（含）以下的客户。单家机构单人合并金额 5 万元以上的，陆续垫付，垫付安排另行公告。

2022 年 7 月 21 日，就"村行垫付"系统运行情况，河南省农村信用社联合社有关负责人表示，自 7 月 15 日上午 9 时正式启动垫付工作以来，系统运行安全稳定，垫付工作进展顺利。5 万元（含）以下已登记客户基本垫付完毕。

2022 年 7 月 25 日，河南对 4 家村镇银行开始第二批资金垫付工作，涉及的垫付对象为单家机构单人合并金额 10 万元（含）以下的客户。

2022 年 7 月 29 日，河南银保监局、河南省地方金融监管局发布公告称，自 2022 年 8 月 1 日上午 9 时起，对禹州新民生村镇银行上蔡惠民村镇银行、柘城黄淮村镇银行、开封新东方村镇银行账外业务客户本金单家机构单人合并金额 10 万~15 万元（含）的开始垫付，10 万元（含）以下的继续垫付。

2022 年 8 月 5 日，河南银保监局、河南省地方金融监管局发布公告，按照垫付工作安排，自 2022 年 8 月 8 日上午 9 时起，对禹州新民生村镇银行、上蔡惠民村镇银行、柘城黄淮村镇银行、开封新东方村镇银行账外业务客户本金单家机构单人合并金额 15 万~25 万元（含）的开始垫付，15 万元（含）以下的继续垫付。

2022 年 8 月 19 日，河南银保监局、河南省地方金融监管局发布公告称，8 月 22 日 9 时起对 4 家村镇银行客户单人金额 35 万~40 万元的开始垫付。

8 月 29 日，河南银保监局、河南省地方金融监管局发布公告：按照垫付工作安排，自 2022 年 8 月 30 日上午 9 时起，对账外业务客户本金单家机构单人合并金额 40 万~50 万元（含）的开始垫付，40 万元（含）以下的继续垫付。50 万元以上的按照 50 万元垫付，未垫付部分权益保留，根据涉案资产追偿情况依法依规予以处理。

（资料来源：百度百科，河南村镇银行事件。）

三、契约性金融机构

契约性金融机构，包括各种保险公司、养老或退休基金等，是指以契约方式在一定期限内从合约持有者手中吸收资金，然后按契约规定向持约人履行赔付或资金返还义务的金融机构。这类机构的特点是资金来源可靠且稳定，资金运用主要是长期投资，契约性金融机构是资本市场上重要的机构投资者。

（一）保险公司

保险公司，是指依法成立的在保险市场上提供各种保险产品，分散和转移他人风险并承担经济损失补偿和保险给付义务的专业性非银行金融机构。保险公司以收取保费的形式建立起保险基金，集中起来的保险基金除用于理赔给付外，其余只限于银行存款，买卖政府债券、金融债券及用作证券投资基金。因此，保险业是极具特色并具有很大独立性的系统。这一系统之所以被列入金融体系，是由于大量保费收入按世界各国的通例，多用于各项金融投资。

英国是保险业的发源地，早在 1688 年英国就有了海上保险业务。到 1871 年，英国议会通过了一项特别法令，成立劳埃德保险社（简称劳合社），从此保险机构取得了法人资格，正式登上历史舞台。以劳合社为代表的英国保险业一直居世界保险业前列。除了英国之外，美国也是世界上保险业最发达的国家之一，拥有世界上最大的人寿保险公司。保险公司按其保险标的不同分为两大类：人寿保险公司、财产和灾害保险公司。其中，人寿保险公司的规模最大，它兼有储蓄银行的性质，在保业的发展中占有领先地位。

中国人民保险公司于 1949 年 10 月 20 日在北京成立，是新中国保险事业的开拓者和奠基人，现发展为中国人民保险集团股份有限公司（简称"中国人保"）。2012 年 12 月 7 日，中国人保在香港联交所完成 H 股上市；2018 年 11 月 16 日，中国人保在上海证券交易所登陆 A 股市场，成为国内第五家"A+H"股上市的保险企业。中国人保现已成为综合性保险金融集团，旗下拥有 10 多家专业子公司，业务范围覆盖财产险、人身险、再保险、资产管理、不动产投资和另类投资、金融科技等领域。

1949 年 10 月，中国人寿保险公司成立。这也是国内最早经营保险业务的企业之一，后改组为中国人寿保险股份有限公司（简称"中国人寿"）。中国人寿向个人及团体提供人寿、年金、健康和意外伤害保险产品，涵盖生存、养老、疾病、医疗、身故、残疾等多种保障范围。2003 年 12 月 17 日和 18 日，中国人寿分别在美国纽约和中国香港上市。2007 年 1 月 9 日，中国人寿回归国内 A 股上市，自此公司成为国内首家"三地上市"的金融保险企业。

（二）养老或退休基金

养老或退休基金，是一种类似于人寿保险公司的非银行金融机构，是指由企业等单位的雇主或雇员缴纳基金而建立起来的基金，任何就业人员都可以参加。其资金来源实质上是公众为退休后的生活所准备的储蓄，很多国家都规定这笔资金由劳资双方共同缴纳。例如，新加坡规定由劳资双方各承担一半，也有的国家是由雇主单独缴纳。养老或退休基金主要投资于股票、债券及不动产等期限长、收益高的项目。

养老或退休基金由西方国家首创，是一国福利制度的重要组成部分。由于以保险公司为核心的社会保障制度只能为退休人员提供最低生活费用保障，所以在人的寿命延长、社会生活水平不断提高的情况下，为了提高退休人员的生活水平，就需要有一种补充性质的机构来承担这一任务。养老或退休基金应运而生，它使参加者退休后在一定时期内每月得到一笔养老金，或一次性得到一笔养老金总额，用于改善生活。养老或退休基金通常都委托专门的金融机构，如银行、保险公司来管理运作。

自 20 世纪 90 年代开始，我国开始逐步摸索建立多支柱的养老保障体系，目前已形成以第一支柱基本养老保障为主体，职业养老和个人养老辅助的养老保障结构。我国的基本养老保障体系包括两部分，即城镇职工基本养老保险和城乡居民基本养老保险。2015 年 11 月成立的建信养老金管理有限责任公司（简称"建信养老金公司"），是国内首家专业养老金管理机构，由中国建设银行和全国社会保障基金理事会分别出资成立。

四、投资性金融机构

投资性金融机构，是指在直接金融领域内为投资活动提供中介服务或直接参与投资活动的金融机构，除前述的风险投资公司、私募股权投资公司外，还包括投资银行（证券公司）、财务公司和基金管理公司等。这些机构虽然名称各异，但服务或经营的内容都是以证券投资活动为核心的。

（一）投资银行

1. 投资银行的内涵

投资银行是一类机构的总称，通常称为投资公司或证券公司，是指依法成立的专门从事各种有价证券经营及相关业务的金融企业。与其他经营某一方面证券业务的金融机构相比，投资银行的基本特征是它的综合性，即投资银行业务几乎包括了全部资本市场业务。投资银行这一名称是美国和欧洲大陆等西方国家的称呼，在英国常称为商人银行。我国极少直接以投资银行来命名（如 1995 年成立的合资投资银行——中国国际金融公司）。为数众多的证券公司是金融机构体系中的重要力量，习惯上称为"券商"。投资银行多数是股份制的营利机构，其资金来源主要是发行股票和债券，主要业务包括证券承销、代销、交易、公司兼并与收购、项目融资和风险资本投资等。因此，投资银行是资本市场上最主要的中介人和组织者。

2. 商业银行与投资银行的比较

实际上，投资银行不是真正意义上的"银行"，更多的是"公司"。商业银行与投资银行的区别表现在以下几个方面。

第一，资金融通过程的作用不同。商业银行是通过自己与资金最终供求双方分别达成两份独立的合约（如存款合同和贷款合同）来帮助双方融通资金的，它起到"中介"的作用。投资银行虽然也帮助资金最终供求双方实现交易愿望，但是它只是帮助资金最终需求者把出于融资目的而发行的证券出售，卖给那些有闲钱并打算购买证券以获利的资金最终供给者（又称投资者）。投资银行只是扮演"经纪人"的角色，帮助资金最终供求双方达成一份合约，从而使双方各得其所。

第二，资金融通交易中的风险不同。商业银行由于在资金融通过程中创造出了新的金融产品而要承担风险。商业银行分别与债权人和债务人签订存款合同和贷款合同，一方面，商业银行承诺向债权人支付约定的收益；另一方面，如遇借款人违约，商业银行会承担损失。投资银行在交易过程中并没有创造出新的金融产品，只是将证券推荐给客户。因此，投资银行在收取佣金之后就退出，此后的事情与投资银行无关，投资者风险自担。投资银行不做与金融产品本身的收益和服务有关的任何承诺，也不再从中进一步谋利。

第三，对资金最终需求者提供服务的方式不同。商业银行通常会与借款人谈判，就期限等交易条件讨价还价，并以个性化的方式发放贷款，每个贷款合同的条款都是有差异的。而且，商业银行会愿意与信誉良好的客户保持长期关系，向信誉良好的债务人继续提供资金支持。投资银行则不同，它固然会帮助资金需求者融资，但仅限于以标准化的方式一次性帮助其完成证券的发行。

第四，提供金融服务的内容不同。商业银行还为借贷双方提供流动性和交易结算服务，并在结算过程中创造存款货币，这是任何其他金融中介都不能替代的。而投资银行的主要业务是为最终资金需求者进行证券承销。

因此，商业银行与投资银行是大不相同的两类金融机构。严格说来，商业银行被称作

"金融中介"，投资银行则不是。

（二）财务公司

财务公司，又称金融公司，是指经营部分银行业务的金融机构。它通过发行债券、商业票据或从银行借款获得资金，并主要提供耐用消费品贷款和抵押贷款业务。与商业银行不同，财务公司并不通过吸收小额客户的存款来获取资金，其特点是大额借款、小额贷款。由于财务公司不公开吸收存款，所以管理当局对其除了信息披露要求并尽力防止欺骗外，几乎没有管理规则。财务公司在我国分为以下三种类型。

第一类，销售类财务公司，是指由一些大型零售商或制造商设立，旨在以提供消费信贷方式促进企业产品销售的非银行金融机构。汽车金融公司就是典型的销售类财务公司，是指经银监会（今国家金融监督管理总局）批准设立，为中国境内的汽车购买者及销售者提供金融服务的非银行金融机构。例如，福特汽车信贷公司便是福特汽车公司为了促进汽车销售而建立的，它向购买福特汽车的消费者提供贷款。在我国，从2003年《汽车金融公司管理办法》及《汽车金融公司管理办法实施细则》（两个文件今已废止）出台到2023年6月底，共成立了25家汽车金融公司，如上汽通用、大众、丰田、福特、奔驰、宝马、长城、比亚迪等汽车金融公司。随着我国金融体制改革的深入与汽车消费的发展，汽车金融公司会有越来越广阔的市场发展前景。

第二类，消费者财务公司，在我国称为小额贷款公司，是指专门发放小额消费贷款的非银行金融机构。它们一般是由自然人、企业法人与其他社会组织投资设立，不吸收公众存款，经营小额贷款业务的有限责任公司或股份有限公司；可以是一家独立的公司，也可以是银行的附属机构。由于贷款规模小、管理成本高，这类贷款的利率一般也比较高。其主要作用是为那些很难通过其他渠道获得资金的消费者提供贷款。

第三类，商业财务公司，在我国称为企业集团财务公司，是指为企业集团成员单位提供金融服务的非银行金融机构。我国企业集团财务公司主要分布于机械、电子、汽车、石油、化工、能源、交通等国民经济骨干行业和重点支柱产业，截至2023年6月底，全国共有248家企业集团财务公司，如中国华能集团财务公司、中国化工财务公司等，其资金来源和运用限于集团内部。

📖 案 例

北京汽车集团财务有限公司

北京汽车集团财务有限公司（以下简称"北汽财务公司"）是2011年10月经中国银行业监督管理委员会批准成立的非银行金融机构，是北京市属国有企业中第一家申请新设的财务公司，由北京汽车集团有限公司、北京汽车投资有限公司、北汽福田汽车股份有限公司和北京海纳川汽车部件股份有限公司共4家股东单位发起设立，其中，北京汽车集团有限公司持股56%；北京汽车投资有限公司持股20%；北汽福田汽车股份有限公司持股14%；北京海纳川汽车部件股份有限公司持股10%，如图4-2所示。注册资本金为50亿元人民币。

作为北京汽车集团有限公司的重要成员企业，北汽财务公司立足服务集团高质量发展，打造多元化金融服务平台，为北汽全产业链伙伴和广大消费者实现幸福出行梦想，为"百年北汽成就美好生活"提供金融动能。在北汽财务公司党委、董事会领导

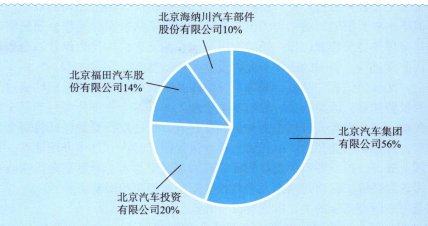

图4-2 北京汽车集团财务有限公司股东持股比例

下，积极发挥综合性金融服务平台作用，开展存放同业、成员单位贷款、经销商贷款、消费信贷、票据贴现、财务顾问等多样化综合金融服务，通过完整的金融解决方案，帮助内部成员单位形成有效的金融链条，促进集团主业发展，极致服务，支撑实体，稳健运营，成就价值。

（三）基金管理公司

基金管理公司，是指依据有关法律法规设立的对基金的募集、基金份额的申购和赎回、基金财产的投资、收益分配等基金运作活动进行管理的投资性金融机构。

什么是基金呢？基金是投资基金或共同基金的简称，是指由众多不确定的投资者自愿将不同的出资份额汇集起来，交由专家管理投资，所得收益由投资者按出资比例分享的一种金融投资产品。投资基金实行利益共享、风险共担的集合投资制度，其作为一种间接证券投资方式，使基金管理公司成为重要的金融机构之一。在基金的运作中，重要机构有两个，即基金管理人（基金管理公司）和基金托管人（银行）。为了保证基金资产的安全，基金应按照资产管理和保管分开的原则进行运作，并由专门的基金托管人保管基金资产。基金管理人的主要职责是负责投资分析、决策，并向基金托管人发出买进或卖出证券及相关的指令。基金托管人主要是银行，称为托管银行。为保证基金资产的独立性和安全性，基金托管人应为基金开设独立的银行存款账户，并负责账户的管理，而基金管理人的指令必须通过基金托管人来执行，因此，从某种程度上来说，基金托管人和基金管理人是一种既相互合作，又相互制衡、相互监督的关系。基金份额持有者简称"基民"，基民可以随时销售（赎回）其份额，但是份额的价值是由共同基金所投资的证券组合的价值决定的。由于证券价格的高度波动性，份额的价值也是变幻莫测的。因此，投资于共同基金是有风险的。

根据投资基金的组织形式和法律地位不同，其可分为公司型基金与契约型基金；根据基金受益单位能否随时认购或赎回及转让方式的不同，可分为开放式基金与封闭式基金；根据募集方式的不同，可分为公募基金与私募基金。

1. 公司型基金与契约型基金

公司型基金，又称为互惠基金，是指基金公司依法设立，通过发行基金股份的方式将集中起来的资金投资于各种有价证券。投资者通过购买股份成为基金公司的股东。公司型基金的结构类似于一般股份公司的结构，但基金公司本身不从事实际运作，而是将其资产委托给专业的基金管理公司管理运作，同时由极有信誉的金融机构代为保管基金资产。公司型基金在美国非常盛行，美国的法律不允许设立契约型基金。

契约型基金，又称为信托型基金，或称单位信托基金，是指依据信托契约通过发行受益凭证而组建的投资基金。该类基金一般由基金管理人（即基金管理公司）与基金托管人之间订立信托契约。基金管理人可以作为基金的发起人，通过发行受益凭证将资金集中起来组成信托财产，并依据信托契约，由托管人负责保管信托财产，具体办理证券、现金管理及有关的代理业务等。投资者购买受益凭证后成为基金受益人，分享基金投资收益。契约型基金在英国较为普遍。目前我国绝大多数投资基金属于契约型基金。

公司型基金与契约型基金的主要区别有以下几点。

（1）法律依据不同。以我国为例，公司型基金是依照《中华人民共和国公司法》组建的；契约型基金是依照基金契约组建的，《中华人民共和国信托法》是契约型基金设立的依据。

（2）法人资格不同。公司型基金本身就是具有法人资格的股份有限公司，而契约型基金不具有法人资格。

（3）投资者的地位不同。公司型基金的投资者作为公司的股东，有权对公司的重大决策进行审核，发表自己的意见；契约型基金的投资者作为信托契约中规定的受益人，对基金运作的重要投资决策通常不具有发言权。

（4）融资渠道不同。公司型基金由于具有法人资格，在资金运用状况良好、业务开展顺利，又需要扩大公司规模、增加资产时，可以向银行借款；契约型基金因不具有法人资格，一般不向银行借款。

（5）经营财产的依据不同。公司型基金依据公司章程来经营；契约型基金凭借基金契约经营基金财产。

（6）基金运营不同。公司型基金像一般的股份公司一样，除非依据《中华人民共和国公司法》到了破产、清算阶段，否则公司一般具有永久性；契约型基金则依据基金契约建立、运作，契约期满基金运营也就终止。

从投资者的角度看，这两种投资方式没有太大的区别。至于一个国家采取哪一种方式好，要根据具体情况来进行分析。目前，许多国家和地区采用两种形式并存的办法，力求把两者的优点结合起来。

2. 开放式基金与封闭式基金

开放式基金，是指在基金设立时，基金的规模不固定，投资者可随时认购基金受益单位，也可随时向基金公司或银行等中介机构提出赎回基金受益单位的一种基金。

封闭式基金，是指在基金设立时，规定基金的封闭期限及固定基金发行规模，在封闭期限内投资者不能向基金管理公司提出赎回请求，基金受益单位只能在证券交易所或其他交易场所转让。

开放式基金与封闭式基金的主要区别有以下几点。

（1）期限不同。封闭式基金通常有固定的封闭期，往往在 5 年以上，一般为 10 年或 15 年。开放式基金则没有固定期限，投资者可以随时向基金公司或银行等中介机构提出赎回。

（2）基金规模的可变性不同。封闭式基金发行规模固定，在封闭期内不能再增发新的基金单位。开放式基金则没有发行规模限制，投资者认购新的基金受益单位时，基金规模就扩大；赎回基金受益单位时，基金规模就减少。

（3）转让方式不同。封闭式基金在封闭期内，投资者只能寻求在证券交易所或其他交易场所挂牌，交易方式类似于股票及债券的买卖。开放式基金的投资者可随时向基金管理公司或银行等中介机构提出认购或赎回申请，买卖方式灵活。

（4）交易价格的主要决定因素不同。封闭式基金的交易价格受市场供求关系影响较大。开放式基金的价格则完全取决于每单位基金资产净值。基金资产净值是在某一时点上，基金资产的总市值扣除负债后的余额，代表了基金持有人的权益。单位基金资产净值，即每一基金单位代表的基金资产净值，用公式表示为：单位基金资产净值＝（总资产−总负债）/基金单位总份数。其中，总资产指基金拥有的所有资产，包括股票、债券、银行存款和其他有价证券；总负债指基金运作及融资时所形成的负债（包括佣金）；基金单位总份数指当时发行在外的基金单位的总量。

（5）买卖基金的费用不同。投资者在买卖封闭式基金时与买卖上市股票一样，也要在价格之外付出一定比例的证券交易税和手续费。开放式基金的投资者需缴纳的相关费用（如首次认购费、赎回费）则包含在基金价格之中。一般而言，买卖封闭式基金的费用要高于买卖开放式基金的费用。

（6）基金的投资策略不同。由于封闭式基金不能随时被赎回，其募集到的资金可全部用于投资。这样，基金管理公司便可据此制定长期的投资策略，取得长期投资收益。开放式基金则必须保留一部分现金，以便投资者随时赎回，而不能全部用于长期投资，一般投资于变现能力强的资产。

从境外尤其是发达国家或地区的基金业发展来看，大多是先从封闭式基金起步，经过一段时间的探索，逐步转向发展开放式基金。我国的投资基金业也是先选择封闭式基金试点，逐步发展到开放式基金，开放式基金是我国发展的主流。

3. 公募基金与私募基金

公募基金，是指受一国政府主管部门监管，向不特定投资者公开发行受益凭证的证券投资基金。我国证券市场上的封闭式基金属于公募基金。

私募基金，是指通过非公开方式，面向少数机构投资者募集资金而设立的基金。由于私募基金的销售和赎回都是通过基金管理人与投资者私下协商来进行的，因此它又被称为向特定对象募集的基金。由于私募基金对投资者的风险承受能力要求较高，其监管又相对宽松，所以各国法律法规明确规定了私募基金持有人的最高人数（如最高100人或200人）和投资者的资格要求，否则私募基金不得设立。在证券投资领域，典型的私募基金是对冲基金，比较著名的有量子基金、老虎基金等。概括地讲，私募基金有以下特点。

（1）非公开性。私募基金不是通过公开方式（如通过媒体披露信息）寻求投资者购买的，而是通过私下征询特定投资者，并向其中有投资意向的投资者发售的。因此，一旦其采用任何公开方式进行发售，就属于违法违规。

（2）募集性。私募基金虽私下发售，但其发售过程是一个向特定投资者募集资金的过程，由此有三个重要规定：其一，特定投资者的数量不能是三个、五个等少数，而应是有限的多数（人数一般为几十个到一两百个）；其二，基金单位应是同时并同价向这些特定投资者发售的，在同次发售中不得发生不同价的现象；其三，基金单位发售的过程同时是一个基金募集的过程，因此存在一个"募集"行为。受这些规定制约，私下"一对一谈判"所形成的资金委托投资关系，不属于私募基金范畴，少数几个合伙人形成的集合投资也不在此列。

（3）大额投资性。私募基金受基金运作所需资金数量和投资者人数有限的制约，通常对每一个投资者的最低投资数额有较高的限制，如美国的对冲基金要求最低投资数额限定为 300 万美元。

（4）封闭性。私募基金一般有明确的封闭期。封闭期内不得抽回投资本金，除非基金持有人大会决定解散基金，但基金持有人可以通过私下转让基金单位来收回本金。

（5）私募基金的投资策略高度保密。私募基金无须像公募基金一样在监管机构登记、报告、披露信息。私募基金的经理人在与投资者签订的协议中一般要求有极大的操作自由度，对投资组合和操作方式也不透露，外界很难获得私募基金的系统性信息。

（6）财务杠杆性。在一般情况下，基金运作的财务杠杆倍数为 2~5 倍，最高可在 20 倍以上。一旦出现紧急情况，杠杆倍数就会更高。私募基金大规模运作财务杠杆的目的是扩大基金规模，突破基金自有资金不足的限制，以获得高额利润。

正是因为有上述特点和优势，私募基金在国际金融市场上发展迅速，并已占据十分重要的位置。私募基金可以有多种投资方式：如果投资股票市场，则称为共同基金；如果投资非上市企业，就称为私募股权基金（private equity，PE），它是购买企业的股权，不是股票。因此，私募股权基金是指通过私募形式，对非上市企业进行的权益性投资。投资者按照其出资份额分享投资收益，承担投资风险。其在交易实施过程中附带考虑了将来的退出机制，即通过上市、并购或管理层回购等方式，出售持股获利。私募股权投资的资金来源是，既可以向社会不特定公众募集，也可以采取非公开发行方式，向有风险辨别和承受能力的机构或个人募集资金。我国的投资基金最早产生于 20 世纪 80 年代后期，较为规范的证券投资基金产生于 1997 年 11 月《证券投资基金管理暂行办法》（已于 2004 年废止）出台之后。

五、政策性金融机构

除了商业性金融机构外，许多国家还设立了政策性金融机构。所谓政策性金融机构，是指由政府创立、参股或保证，不以营利为目的，在特定的业务领域从事政策性融资活动，以贯彻政府产业政策意图的银行金融机构。政策性银行的基本特征是：①不以营利为目的；②服务于特定的业务领域；③在组织方式上受到政府控制；④不吸收居民储蓄存款，以财政拨款和发行金融债券为主要筹资方式。

（一）农业政策性金融机构

农业政策性金融机构，是指专门向农业提供中长期低息信贷，以贯彻和配合国家农业扶持和保护政策的政策性金融机构。农业受自然因素影响大，对资金的需求有强烈的季节性，资本需求数额小、期限长，融资者的利息负担能力低，这些都决定了经营农业信贷具有风险大、期限长、收益低等特点。为此，许多国家专门设立了以支持农业发展为主要职责的银行，如美国的联邦土地银行、法国的土地信贷银行、德国的农业抵押银行及日本的农林渔业金融公库等。农业政策性金融机构的资金来源主要有政府拨款、发行金融债券、吸收特定存款等。贷款则几乎涵盖了农业生产的各个方面，从土地购买，建造农业建筑物，到农业机器设备、化肥、种子、农药的购买等。

我国的农业政策性金融机构是成立于1994年的中国农业发展银行。其总行设在北京。其主要资金来源是中国人民银行的再贷款，同时也发行少量的金融债券。其业务范围主要是办理粮食、棉花、油料、猪肉等主要农副产品的国家专项储备和收购贷款，办理扶贫贷款和农业综合开发贷款，以及国家确定的小型农、林、牧、水基本建设和技术改造贷款。

（二）进出口政策性金融机构

进出口政策性金融机构，是指一国为促进本国商品的出口，贯彻国家对外贸易政策而由政府设立的专门金融机构。其主要提供利率优惠的出口信贷，为私人金融机构提供出口信贷保险及执行政府的对外援助计划等，如美国进出口银行、德国复兴信贷银行、日本国际协力银行等。

我国的进出口政策性金融机构是成立于1994年的中国进出口银行。其总行设在北京。其主要资金来源是发行金融债券，同时也从国际金融市场筹措资金。其业务范围主要是为机电产品和成套设备等资本性货物的出口提供出口信贷，办理与机电产品出口有关的各种贷款、混合贷款和转贷款等。

（三）经济开发政策性金融机构

经济开发政策性金融机构，是指为促进一国经济持续增长与国力不断增强，由政府出资设立的专门为经济发展提供长期投资或贷款的政策性金融机构。这类机构多以促进工业化，配合国家经济发展振兴计划或产业振兴战略为目的。其贷款和投资方向主要是基础设施、基础产业、支柱产业的大中型基本建设项目和重点企业。

我国的开发政策性金融机构是成立于1994年的国家开发银行（简称国开行）。其总部设在北京。其主要资金来源是发行金融债券，资金运用领域主要是制约经济发展的"瓶颈"项目、直接增强综合国力的支柱产业的重大项目、高新技术在经济领域应用的重大项目、跨地区的重大政策性项目等。国家开发银行自成立以来，重点支持了电力、公路、铁路、石油化工、煤炭、城建、电信等行业及国家重点技改项目的建设，为促进基础设施、基础产业和支柱产业的发展做出了积极贡献。2008年12月，其改制为国家开发银行股份有限公司。2015年3月，国务院明确将国开行定位为开发政策性金融机构。

六、其他非银行金融机构

（一）信托投资公司

信托投资公司，是指以受托人的身份代人理财的非银行金融机构。通俗地讲，信托投资公司是"受人之托，代人理财"的非银行金融机构，主要业务内容有：①资金信托；②动产信托；③不动产信托；④有价证券信托；⑤其他财产或财产权信托；⑥作为投资基金或者基金管理公司的发起人从事投资基金业务；⑦经营企业资产的重组、收购兼并及项目融资、公司理财、财务顾问等业务；⑧办理居间、咨询、资信调查等业务；⑨代保管及保管箱业务等。然而，信托投资公司不得代理存款业务，不得发行债券，不得举借外债。

1979年10月4日，中华人民共和国第一家信托投资公司——中国国际信托投资公司经国务院批准成立。此后，从中央银行到各专业银行及行业主管部门、地方政府纷纷成立了各种形式的信托投资公司，到1988年达到最高峰时共有1 000多家。这些信托投资公司在增加资金流量，挖掘资金潜力，为经济部门提供金融服务等方面发挥了一定的作用。但由于缺乏法律规范和管理经验，从1995年以后，中银信托投资公司（1996年）、中国农业发展信托投资公司（1997年）、广东国际信托投资公司（1998年）等国有信托企业纷纷关闭破产。中国人民银行自1999年开始对信托业再次整顿，大多数信托公司或是改变企业性质，或是被撤并。2001年1月10日，中国第一部《信托投资公司管理办法》开始实施，这标志着中国通过立法确立了信托制度。截至2023年6月底，中国共有67家信托公司。

（二）金融租赁公司

租赁是一种以支付一定费用（租金）借贷实物（租赁物）的经济行为，出租人将自己所拥有的某种物品交与承租人使用，承租人由此获得在一段时期内使用该物品的权利，但物品的所有权仍保留在出租人手中。承租人为其所获得的使用权需向出租人支付一定的费用（租金）。从租赁目的划分，租赁分为金融租赁和经营租赁。

金融租赁，是指出租人按承租人的要求购买货物再出租给承租人的一种租赁形式。其主要特点有：第一，金融租赁涉及出租人、承租人和供货商三方当事人，并至少有两个合同，是由买卖合同和租赁合同构成的自成一类的三边交易，有时还涉及信贷合同。第二，承租人指定租赁设备。拟租赁的设备为用户自行选定的特定设备，租赁公司只负责按用户要求融资购买设备。因此，设备的质量、规格、数量、技术上的检查、验收等事宜都由承租方负责。第三，完全付清性。基本租期内的设备只租给一个特定用户使用，租金总额=设备货价+利息+租赁手续费–设备期满时的残值。第四，不可撤销性。基本租期内，一般情况下，租赁双方无权取消合同。第五，期满时承租人拥有多种选择权。基本租期结束时，承租人对设备一般有留购、续租和退租三种选择权。以经营金融租赁业务为主的机构称为金融租赁公司。

与金融租赁相对应的是经营租赁。经营租赁泛指金融租赁以外的其他一切租赁形式。这类租赁的主要目的在于对设备的使用，即出租人将自己经营的设备或办公用品出租出去的一种租赁形式。因此，企业需要短期使用设备时，可采用经营租赁形式，以便按自己的要求使用这些设备。与金融租赁不同，经营租赁的主要特点是：第一，可撤销性。合同期间，承租人可以中止合同，退回设备，以租赁更先进的设备。第二，不完全支付性。基本租期内，出租人只能从租金中收回设备的部分垫付资本，需通过将该项设备多次出租给多个承租人使用，补足未收回的那部分设备投资和其应获利益，因此经营租赁的租期较短（短于设备有效寿命）。第三，租赁物件由出租人批量采购。这些物件多为具有高度专门技术，需专门保养管理，技术更新快、购买金额大、通用性强并有较好二手货市场，垄断性强的设备，需要有提供特别服务的厂商。

这里需特别指出的是，在我国实际中又将金融租赁细分为两种。一种是由银行机构办理的融资租赁业务，叫作金融租赁，由银监会（今国家金融监督管理总局）审批和监管，并出台了《金融租赁公司管理办法》，截至2023年6月底，我国共有71家金融租赁公司。另一种是由非银行机构办理的，叫作融资租赁，由商务部进行监管，并出台了《融资租赁企业监督管理办法》，里面只有监管，没有审批事项。金融租赁公司是非银行金融机构，而融资租赁公司是非金融机构企业。美国是租赁业产生最早、发展最快、规模最大的国家之一。1952年，第一家金融租赁公司在美国成立，开启了现代金融租赁业的发展进程。1981年，中国国际信托投资公司组建了东方国际租赁有限公司和中国租赁有限公司。2000年7月25日，中国人民银行颁布了《金融租赁公司管理办法》，标志着我国租赁业进入正规发展轨道。

在中国，除了上述金融机构以外，随着对外开放的推进，境内外资金融机构及境外内资金融机构也成为当代金融中介体系中不可缺少的组成部分。

（三）融资性担保公司

根据2017年10月1日起施行的《融资担保公司监督管理条例》的规定，所谓"融资担保"，是指担保人为被担保人借款、发行债券等债务融资提供担保的行为。融资性担保公司，是指依法设立、经营融资担保业务的有限责任公司或者股份有限公司。

设立融资性担保公司，应当经监督管理部门批准。融资性担保公司的名称中应当标明融资担保字样。未经监督管理部门批准，任何单位和个人不得经营融资担保业务，任何单位不得在名称中使用融资担保字样，国家另有规定的除外。经监管部门批准，融资性担保公司可以经营以下部分或全部融资性担保业务：①贷款担保；②票据承兑担保；③贸易融资担保；④项目融资担保；⑤信用证担保；⑥其他融资性担保业务。同时，经监管部门批准，融资性担保公司可以兼营以下部分或全部业务：①诉讼保全担保；②投标担保、预付款担保、工程履约担保、尾付款如约偿付担保等其他履约担保业务；③与担保业务有关的融资咨询、财务顾问等中介服务；④以自有资金进行投资；⑤监管部门规定的其他业务。

融资性担保公司不得从事下列活动：①吸收存款；②发放贷款；③受托发放贷款；④受托投资；⑤监管部门规定不得从事的其他活动。融资性担保公司从事非法集资活动的，由有关部门依法予以查处。

（四）资产管理公司

资产管理，是指委托人将自己的资产交给受托人，由受托人为委托人提供理财服务的行为，是金融机构代理客户将其资产在金融市场进行投资，为客户获取投资收益的业务。

从事资产管理业务的公司称为资产管理公司。在国际金融市场上，资产管理公司一般有两类：第一类是从事"优良"资产管理业务的非金融资产管理公司；第二类是从事"不良"资产管理业务的金融资产管理公司。

第一类：非金融资产管理公司。一般情况下，商业银行、投资银行、证券公司等金融机构都通过设立资产管理部门或成立资产管理附属公司来进行正常的或优良的资产管理业务。这种资产管理业务一般分散在商业银行、投资银行、保险和证券经纪公司等金融机构的业务之中，主要面向个人、企业和机构等，提供的服务主要有账户分立、合伙投资、单位信托等。

第二类：金融资产管理公司。它主要是指专门从事银行不良资产管理和处置业务的机构，例如，我国1999年经国务院决定设立了以收购和处置国有独资商业银行不良贷款为主营业务的国有金融资产管理公司。目前我国主要有5家资产管理公司，即中国华融资产管理公司、中国长城资产管理股份有限公司、中国东方资产管理股份有限公司、中国信达资产管理股份有限公司和中国银河资产管理有限责任公司，其中前四家分别接收从中国工商银行、中国农业银行、中国银行、中国建设银行和国家开发银行剥离出来的部分不良资产。

📖 **知识拓展**

中国银河资产管理有限责任公司是经国务院和银保监会（今国家金融监督管理总局）批准成立的第五家全国性金融资产管理公司。公司贯彻落实中央金融工作"三大任务"，助力打赢"三大攻坚战"，积极服务金融供给侧结构性改革，以打造制度健全、管理规范、运营稳健、业绩优良、受人尊敬的金融资产管理公司为愿景；以推动金融资产管理行业全面服务实体经济和高质量发展为目标，围绕清晰的战略定位和明确的经营特色，努力构建监管认可、商业可行、风险可控、具有核心竞争力的不良资产经营管理模式。

2005 年 9 月，根据国务院批准的华夏证券重组方案，成立建投中信资产管理有限责任公司（以下简称"建投中信"），主要承担华夏证券非证券类资产的政策性处置任务。

2018 年 3 月，国务院批复关于建投中信转型为金融资产管理公司的方案，同意由中国银河金控作为控股股东并会同其他符合条件的股东共同对建投中信增资。

2020 年 3 月，中国银保监会正式批复同意建投中信转型为金融资产管理公司并更名为"中国银河资产管理有限责任公司"。

2020 年 5 月，国家市场监督管理总局正式同意公司更名为"中国银河资产管理有限责任公司"。

第三节　国际金融机构

国际金融机构是指从事国际金融管理和国际金融活动的超国家性质的组织机构，它能够在重大的国际经济金融事件中协调各国的行动，提供短期资金缓解国际收支逆差，稳定汇率，提供长期资金促进各国经济发展。国际金融机构按范围可分为全球性国际金融机构和区域性国际金融机构。

一、全球性国际金融机构

（一）国际货币基金组织

国际货币基金组织（IMF）根据 1944 年 7 月在美国布雷顿森林召开的联合国货币金融会议上通过的《国际货币基金组织协定》，于 1945 年 12 月正式成立，总部设在美国首都华盛顿。它是联合国的一个专门机构。

国际货币基金组织成立的宗旨是帮助成员国平衡国际收支，稳定汇率，促进国际贸易的发展。其主要任务是，通过向成员国提供短期资金，解决成员国国际收支暂时性失衡问题和满足外汇资金需要，以促进汇率的组织稳定和国际贸易的扩大。

按照《国际货币基金组织协定》，凡是参加 1944 年布雷顿森林会议，并在协定上签字的国家，称为创始成员国。在此以后参加基金组织的国家称为其他成员国。两种成员国在法律上的权利和义务并无区别。国际货币基金组织成立之初，只有 44 个成员国，截至 2023 年 3 月底，已发展到 190 个成员国。我国是创始成员国之一。

参加基金组织的每一个成员国都要认缴一定的基金份额。基金份额的确定与成员利益密切相关，因为成员国投票权的多寡和向基金组织取得贷款权利的多少取决于其份额的大小。国际货币基金组织的最高权力机构是理事会，由各成员国委派理事和副理事各 1 人组成。执行董事会是负责处理基金组织日常业务的机构，由 23 人组成。国际货币基金组织的资金来源，除成员国缴纳的份额以外，还有向成员国借入的款项和出售黄金所获得的收益。国际货币基金组织的主要业务是发放各类贷款；商讨国际货币问题；提供技术援助；收集货币金融情报；与其他国际机构的往来。

（二）世界银行

世界银行又称"国际复兴开发银行"，是 1944 年与国际货币基金组织同时成立的另一个国际金融机构，也属于联合国的一个专门机构。它于 1946 年 6 月开始营业，总行设在美国首都华盛顿。世界银行的宗旨是：通过提供和组织长期贷款和投资，解决成员经济恢复和发展的资金需要。

根据《国际复兴开发银行协定》，凡参加世界银行的国家必须是国际货币基金组织的成员国，但国际货币基金组织的成员国不一定都参加世界银行。世界银行建立之初，有 39 个成员国，到目前为止，已增至 181 个成员国。凡成员国均须认购世界银行的股份，认购额由申请国与世界银行协商，并经理事会批准。一般情况下，一国认购股份的多少是根据其经济和财政实力，并参照该国在国际货币基金组织缴纳份额的大小而定的。世界银行成员国的投票权与认缴股本的数额成正比。

世界银行的最高权力机构是理事会，由每一成员国委派理事和副理事各 1 名组成。理事会每年 9 月同国际货币基金组织联合举行年会。执行董事会是世界银行负责组织日常业务的机构，它由 21 人组成。世界银行的资金来源除成员缴纳的股份以外，还有向国际金融市场借款、出让债权和利润收入。其主要业务活动是提供贷款、技术援助和领导国际银团贷款。

我国是世界银行创始成员国之一。世界银行于 1980 年 5 月 5 日正式恢复了我国的代表权。我国向世界银行缴纳的股份大约占世界银行股金总额的 1/3。1987 年年底，我国政府与世界银行达成协议，共同开展对我国企业改革、财税、住宅、社会保险和农业方面的项目研究。

（三）国际清算银行

国际清算银行是根据 1930 年 1 月 20 日在荷兰海牙签订的海牙国际协定，于同年 5 月，由英国、法国、意大利、德国、比利时和日本六国的中央银行，以及代表美国银行界利益的摩根银行、纽约花旗银行和芝加哥花旗银行三大银行组成的银团共同联合创立，行址设在瑞士的巴塞尔。

国际清算银行成立之初的宗旨是，处理第一次世界大战后德国赔款的支付和解决对德国的国际清算问题。1944 年，根据布雷顿森林会议决议，该行应当关闭，但美国仍将它保留下来，作为国际货币基金组织和世界银行的附属机构。此后，该行的宗旨转变为增进各国中央银行间的合作，为国际金融业务提供额外的方便，同时充当国际清算的代理人或受托人。国际清算银行的最高权力机构是股东大会，由认缴该行股金的各国中央银行代表组成，每年召开一次股东大会。董事会领导该行的日常业务。董事会下设银行部、货币经济部、秘书处和法律处。

国际清算银行的资金来源主要是成员国缴纳的股金，另外，还有向成员国中央银行的借款以及大量吸收客户的存款。其主要业务活动是：办理国际结算业务；办理各种银行业务，如存、贷款和贴现业务；买卖黄金、外汇和债券；办理黄金存款；商讨有关国际货币金融方面的重要问题。国际清算银行作为国际货币基金组织内的十国集团的活动中心，经常召集该集团成员和瑞士中央银行行长举行会议，会议于每月第一个周末在巴塞尔举行。

（四）国际开发协会

国际开发协会是世界银行的一个附属机构，成立于 1960 年 9 月，总部设在美国首都华盛顿，凡是世界银行会员国均可参与。截至 2021 年年底，国际开发协会共有 173 个会员国。国际开发协会的宗旨是，专门对较贫困的发展中国家提供条件极其优惠的贷款，加速这些国家的经济建设。国际开发协会每年与世界银行一起开年会。国际开发协会的资金来源除成员国认缴的股本以外，还有各国政府向协会提供的补充资金、世界银行拨款和协会的业务收入。我国在恢复世界银行合法席位的同时，也自然成为国际开发协会的成员国。

（五）国际金融公司

国际金融公司也是世界银行的一个附属机构，于 1956 年 7 月成立。1957 年，它同联合国签订协定，成为联合国的一个专门机构。参加国际金融公司的成员国必须是世界银行的成员国。到目前为止，已有 174 个成员国。国际金融公司的宗旨是，鼓励成员国（特别是不发达国家）私人企业的增长，以促进成员国经济的发展，从而补充世界银行的活动。国际金融公司的资金来源主要是成员国缴纳的股金，其次是向世界银行和国际金融市场借款。其主要业务活动是对成员国的私人企业贷款，不需政府担保。我国在恢复世界银行合法席位的同时，也成为国际金融公司的成员国。20 世纪 90 年代以来，我国与国际金融公司的业务联系不断密切，其资金已成为我国引进外资的一条重要渠道。

二、区域性国际金融机构

（一）亚洲开发银行

亚洲开发银行 1966 年成立于东京，行址设在菲律宾首都马尼拉。其宗旨是通过发放贷款和进行投资、技术援助，促进本地区的经济发展与合作。我国在亚洲开发银行的合法席位于 1986 年恢复，为亚洲开发银行的第三大认股国。

（二）非洲开发银行

非洲开发银行于 1964 年成立，行址设在科特迪瓦经济中心阿比让，我国于 1985 年加入该行，成为正式成员国。其宗旨是为成员经济和社会发展服务，提供资金支持，协助非洲大陆制定发展规划，协调各国的发展计划，以期达到非洲经济一体化的目标。

（三）加勒比开发银行

加勒比开发银行是地区性、多边开发银行，1969 年 10 月 18 日，16 个加勒比国家和 2 个非本地区成员国在牙买加金斯敦签署协议，1970 年 1 月，成立加勒比开发银行。总部设在西印度群岛的巴巴多斯首都布里奇顿。该行的宗旨是促进加勒比地区成员国经济的协调增长和发展，推进经济合作及本地区的经济一体化，为本地区发展中国家提供贷款援助。

（四）欧洲复兴开发银行

欧洲复兴开发银行简称"欧银"，成立于1991年。建立欧洲复兴开发银行的设想是由前法国总统密特朗于1989年10月提出的。他的设想得到欧洲共同体（今欧盟）各国和其他一些国家的积极响应。1991年，该银行拥有100亿欧洲货币单位（约合120亿美元）的资本。其宗旨是在考虑加强民主、尊重人权、保护环境等因素下，帮助和支持东欧、中欧国家向市场经济转化，以调动这些国家中个人及企业的积极性，促使它们向民主政体和市场经济过渡。投资的主要目标是中东欧国家的私营企业和这些国家的基础设施。

（五）欧洲投资银行

欧洲投资银行是欧洲经济共同体成员国合资经营的金融机构。根据1957年《建立欧洲经济共同体条约》（《罗马条约》）的规定，于1958年1月1日成立，1959年正式开业。总行设在卢森堡。《罗马条约》第130条规定，欧洲投资银行不以营利为目的，其业务重点是对在共同体内落后地区兴建的项目、对有助于促进工业现代化的结构改革的计划和有利于共同体或几个成员国的项目提供长期贷款或保证，此外，也对共同体以外的地区输出资本，但贷款兴建的项目须对共同体有特殊意义（如能够改善能源供应），并须经该行总裁委员会特别批准。对与共同体有联合或订有合作协定的国家和地区，一般按协定的最高额度提供资金。

（六）美洲开发银行

美洲开发银行成立于1959年12月30日，是世界上成立最早和最大的区域性、多边开发银行。总行设在华盛顿。它是美洲国家组织的专门机构，其他地区的国家也可加入，但非拉美国家不能利用该行资金，只可参加该行组织的项目投标。其宗旨是集中各成员国的力量，对拉丁美洲国家的经济、社会发展计划提供资金和技术援助，并协助它们单独地和集体地为加速经济发展和社会进步作出贡献。

课后练习

一、选择题

1. 金融机构又被称为（ ）。

A. 金融中介 B. 金融企业 C. 金融单位 D. 金融组织

2. 按资金来源及运用的主要内容不同，金融机构可以分为（ ）。

A. 银行金融机构和非银行金融机构

B. 政策性金融机构和非政策性金融机构

C. 存款性金融机构和非存款性金融机构

D. 中央银行和商业银行

3. （ ）是间接金融领域最主要的金融机构，也是存款性金融机构的典型形式。

A. 中央银行 B. 投资银行 C. 储蓄银行 D. 商业银行

二、简答题

1. 请简要概述金融机构的功能。

2. 请简要概述金融机构的体系与结构。

3. 请简要概述我国的政策性金融机构。

项目实训

【实训内容】

我国金融机构的职责划分

【实训目标】

通过本项目的实训，认识我国现有的各种金融机构；培养学生分析、解决问题的能力；培养学生资料查询、整理的能力。

【实训组织】

以学习小组为单位，进行实地考察；各组选出两种以上与个人有关的金融业务并选择金融机构进行办理；分组讨论，加深对各种金融机构的认识。

【实训成果】

1. 考核和评价采用报告资料展示和学生讨论相结合的方式。

2. 评分采用学生和老师共同评价的方式。

 学习目标

学习目标

1. 理解商业银行的性质、职能、类型
2. 掌握商业银行的负债业务、资产业务与表外业务
3. 了解商业银行的信用创造过程
4. 熟知商业银行的经营管理原则

 能力目标

1. 能够分析安全性、流动性、盈利性之间的矛盾与协调关系
2. 能够运用现代经营理念对我国商业银行进行简单的评价与分析

情景导读

商业银行的理财产品

除了传统的吸收存款以外，从 2005 年开始，商业银行陆续推出了银行理财产品来吸收资金。理财产品由商业银行自行设计并独立发行。银行将募集到的资金根据产品合同约定投入相关金融市场及购买相关金融产品，获取收益以后，再根据合同中规定的分配方式分给投资人。简单地说，就是我拿钱给你投资，你负责让这些钱"再生钱"。

2011 年以来，银行理财产品发行量出现了快速增长，这主要与市场环境有关。由于国家出台了一系列的政策，如"限购"、提高银行准备金及利率等，楼市和股市都相继出现"降温状况"，金融市场的资金需要找到自己的出路，而银行理财产品刚好适合。

投资者购买理财产品有几大要点是必须了解的。首先，是产品收益率，要明白广告中的收益率是年收益率还是累计收益率，是税前收益率还是实际收益率。其次，是投资方向，要了解投资的金融产品是什么行业、什么收益，风险有多大。再次，如果是挂钩型产品，应分析所挂钩市场或产品的表现，挂钩方向与区间是否与目前市场预期相符，是否具

有实现的可能。最后，要了解资金的流动性，了解终止合同或转让产品是否收取手续费、质押金，金额是多少。

思考与讨论：商业银行的理财产品属于商业银行的什么业务？具有哪些特点？

第一节　商业银行概述

商业银行是整个金融体系数量最多、分布最广的金融机构。其在产生的初期，因主要业务放在基于商业行为的自偿性贷款上，而获得了"商业银行"的称谓。当今商业银行的业务范围相当广。

一、银行业的起源和发展

无论从历史上还是逻辑上，银行业都是现代金融机构体系的源头。因此，了解银行业的产生与发展，有助于了解整个金融机构体系的产生和发展。通常在提到"银行"时，若前面不加修饰语，指的就是"商业银行"。商业银行是通过存款、贷款、汇兑等业务，承担信用中介的金融机构，是一国最重要的金融机构组成部分。

"银行"一词，源于意大利语"banca"，其原意是长凳、椅子，是最早的货币兑换商的营业用具。在英语中，"banca"转化为"bank"，意为存钱的柜子。我国将"bank"翻译为"银行"，与我国经济发展的历史有关。在我国历史上，白银一直是主要的货币材料之一。"银"往往代表的是货币，"行"则是对大商业机构的称谓，所以把办理与银钱有关的大金融机构称为"银行"。银行是商品货币经济发展到一定阶段的产物，它的产生大体上分为三个阶段。

（一）货币经营业

银行业是从货币经营业中发展起来的。货币经营业是指专门经营货币兑换、保管与汇兑业务的组织，是银行早期的萌芽。其主要业务如下：①铸币及货币金属的鉴定和兑换。货币经营商对不同铸币的形状、重量、成色进行鉴定。②货币保管。货币持有者出于安全、便利等原因，常常需要将货币委托给货币经营业者保管。这种保管与现代的存款最根本的不同之处在于，货币所有者不仅不会有利息所得，反而需要向保管者支付保管费。③汇兑。往来于各地的商人或其他人士，为了避免自身携带大量金属货币的风险和麻烦，可以在甲地将金属货币交付给货币经营业主（银钱业主），取得其汇兑文书，并持汇兑文书在乙地取款，或直接委托银钱业主将货币资金交付给乙地的商人。

（二）早期银行业

从世界历史来看，银行的起源应该追溯到13世纪后期的意大利，这与当时意大利所处的地理位置和经济优势是密不可分的。作为世界贸易中心，意大利自然成为各国商人的云集地。为了便利商品交换，商人需要把各地的货币兑换成当地货币，于是专门从事货币兑换业务的货币经营商就出现了。随着保管业的发展，货币经营商凭借保管经验逐渐判断出其手中保管的货币资金的运动规律之后，进行了一次大胆的尝试，即只保留一部分存款以备客户提款之需，其他存款则以贷款方式运用出去以赚取利息，这就是最早的银行贷款业务。同时，商人们找到卖主后，从原来自己到货币经营商处取回货币再支付给卖主，变为仅需要将保管凭条交给卖主，由卖主自己持保管凭条到货币经营商处领取款项，这就是银行支票业务的雏形。至此，货币经营商就演变成了近代意义上的银行。成立于 1587 年的威尼斯银行，是世界历史上比较具有近代意义的银行。

（三）现代银行业

早期的银行规模一般比较小，抵御风险的能力比较弱。因此，虽然它们接受客户的存款并为其办理转账结算，但贷款对象主要是政府，贷给商人的资金很少，而且利率很高，远远不能满足资本主义工商业发展的需要。1694 年，在政府的扶持下，英国成立了第一家股份制商业银行——英格兰银行，它的成立标志着现代银行业的诞生和现代商业银行制度的确立。英格兰银行的贴现率大大低于早期银行业的贷款利率，严重动摇了高利贷在金融领域的垄断地位。到 18 世纪末 19 世纪初，各主要资本主义国家纷纷建立了规模巨大的股份制商业银行。这些银行资金雄厚、业务全面，有很强的规模经济效益，因而可以收取较低的利率，极大地促进了工商业的发展。与此同时，原有的高利贷机构也在竞争的压力下，逐渐适应新的经济条件，向现代银行转变。银行业在整个经济体系中的地位在这一过程中逐渐稳固，作用逐渐明显，成为最重要的经济部门之一。

在我国，明朝中期就形成了具有银行性质的钱庄，到清代又出现了票号。中国人创办的第一家银行是 1897 年成立的中国通商银行。它也是我国第一家发行纸币的银行，总行设于上海，此后在北京、天津、汉口、广州、镇江、福州、香港、南京、宁波等地开设分行。这是中国传统银行业迈向现代银行的标志。

二、商业银行的性质

从商业银行的起源和发展历史看，商业银行的性质可以归纳为：以追求利润为目标，以金融资产和负债为经营对象，综合性、多功能的金融企业。

第一，商业银行是一种企业。它具有现代企业的基本特征。和一般的工商企业一样，商业银行也具有业务经营所需的自有资金，也须独立核算、自负盈亏，也要把追求最大限度的利润作为自己的经营目标。就此而言，商业银行与工商企业没有区别。

第二，商业银行是一种特殊的企业。主要表现在：一是商业银行的经营对象和内容具有特殊性。一般工商企业经营的是物质产品和劳务，从事商品生产和流通；而商业银行是以金融资产和负债为经营对象，经营的是特殊的商品——货币和货币资本，经营内容包括货币收付、借贷，以及各种与货币运动有关的或者与之联系的金融服务。二是商业银行对整个社会经济的影响要远远大于一般工商企业，同时，商业银行受整个社会经济的影响也较任何一个具体企业更为明显。三是商业银行责任特殊。一般工商企业只以营利为目标，只对股东和使用自己产品的客户负责；商业银行除了对股东和客户负责之外，还必须对整个社会负责。

第三，商业银行是一种特殊的金融企业。商业银行既有别于国家的中央银行，又有别于专业银行（指西方指定专门经营范围和提供专门性金融服务的银行）和非银行金融机构。中央银行是国家的金融管理当局和金融体系的核心，具有较高的独立性，它不对客户办理具体的信贷业务，不以营利为目的。专业银行和各种非银行金融机构只限于办理某一方面和几种特定的金融业务，业务经营具有明显局限性。商业银行的业务经营则具有很强的广泛性和综合性，它既经营"零售"业务，又经营"批发"业务，已成为业务"触角"延伸至社会经济生活各个角落的"金融百货公司"和"万能银行"。

三、商业银行的职能

商业银行的职能是由它的性质所决定的，主要有四个基本职能。

（一）信用中介职能

信用中介是商业银行最基本、最能反映其经营活动特征的职能。这一职能的实质，是通过银行的负债业务，把社会上的各种闲散货币集中到银行里来，再通过资产业务，把它投向各经济部门；商业银行是作为货币资本的贷出者与借入者的中间人或代表，来实现资本的融通，并从吸收资金的成本与发放贷款利息收入、投资收益的差额中，获取利益收入，形成银行利润。商业银行成为买卖"资本商品"的"大商人"。商业银行通过信用中介的职能实现资本盈余和短缺之间的融通，并不改变货币资本的所有权，改变的只是货币资本的使用权。

（二）支付中介职能

商业银行除了作为信用中介，融通货币资本以外，还执行货币经营业的职能。通过存款在账户上的转移，代理客户支付，在存款的基础上，为客户兑付现款等，成为工商企业、团体和个人的货币保管者、出纳者和支付代理人。以商业银行为中心，经济过程中无始无终的支付链条和债权债务关系形成。

（三）信用创造职能

商业银行在信用中介职能和支付中介职能的基础上，产生了信用创造职能。商业银行是能够吸收各种存款的银行，它用其所吸收的各种存款发放贷款，在支票流通和转账结算的基础上，贷款又转化为存款，在这种存款不提取现金或不完全提现的基础上，增加了商业银行的资金来源，最后在整个银行体系，形成数倍于原始存款的派生存款。长期以来，商业银行是各种金融机构中唯一能吸收活期存款、开设支票存款账户的机构，在此基础上产生了转账和支票流通。商业银行通过自己的信贷活动创造和收缩活期存款，而活期存款是构成货币供给量的主要部分，因此，商业银行就可以把自己的负债作为货币来流通，具有了信用创造职能。

（四）金融服务职能

随着经济的发展，工商企业的业务经营环境日益复杂，银行间的业务竞争也日渐加剧。银行由于联系面广，信息比较灵通，特别是电子计算机在银行业务中的广泛应用，因此具备了为客户提供信息服务的条件。工商企业生产和流通专业化的发展，又要求把许多原来属于企业自身的货币业务转交给银行代为办理，如发放工资、代理支付其他费用等。个人消费也由原来的单纯钱物交易，发展为转账结算。现代化的社会生活，从多个方面向商业银行提出了金融服务的要求。在激烈的市场竞争下，各商业银行不断开拓服务领域，通过金融服务业务的发展，进一步促进资产负债业务的扩大，并把资产负债业务与金融服务结合起来，开拓新的业务领域。在现代经济生活中，金融服务职能已成为商业银行的重要职能。

四、商业银行的类型

按照不同的分类标准，商业银行可以分为不同的类型。

（一）按组织形式的不同划分

按照组织形式的不同，商业银行可以分为单一制商业银行、总分行制商业银行、控股公司制商业银行和连锁制商业银行。

1. 单一制商业银行

单一制商业银行是指商业银行的业务只由一个独立的商业银行经营，不设或不允许设立分支机构。这种银行主要集中在美国，因为美国历史上曾实行过单一银行制度，规定商业银行业务应由各个相互独立的商业银行本部经营，不允许设立分支机构，每家商业银行既不受其他银行控制，也不得控制其他商业银行。这一制度的实施在防止银行垄断，促进银行与地方经济的协调等方面起到了积极的作用，但同时也带来了许多弊端，不利于银行的发展。1994 年美国国会通过《里格－尼尔银行跨州经营及设立分支机构效率法》，取消了对银行跨州经营和设立分支机构的管制。但是由于历史原因，至今在美国仍有不少单一制商业银行。

2. 总分行制商业银行

总分行制是目前国际上普遍采用的一种商业银行体制，我国目前也采用这种银行组织形式。其特点是，法律允许商业银行在总行之下设立分支机构从事银行业务。实行总分行制的商业银行通常有一个以总行为中心的庞大的银行网络。其优点在于银行规模较大，分工较细，专业化水平高；分支机构遍布各地，容易吸收存款；便于分支行之间的资金调度，减少现金准备；放款分散于各分支行，可以分担风险。但分支行制会使银行过分集中，不利于自由竞争。

3. 控股公司制商业银行

控股公司制商业银行也称集团制商业银行，其特点是：由一个集团成立股权公司，再由该公司控制或收购若干独立的银行。在法律上，这些银行仍保持各自独立的地位，但其业务经营都由同一股权公司所控制。最初，这种制度主要兴起于第二次世界大战后的美国，其目的在于弥补单一制的缺点。实行控股公司制的商业银行可以通过外部并购的方式，更有效地扩大资本，增强实力。此外，控股公司不仅可以控制商业银行，还可以控股其他非银行金融机构，这样就能够有效地突破分业经营的限制，实现业务多元化发展。正是由于这些显著优点，控股公司制已成为当今国际银行业最流行的组织形式。

4. 连锁制商业银行

连锁制商业银行与控股公司制商业银行在形式上基本相似，不同的是连锁制商业银行不成立股权公司，两家或两家以上的银行在表面上保持各自的独立性，但实际上它们通过相互持有股份的方式而将其所有权操于同一个人或同一个集团手中。

以上是商业银行的基本组织形式。除此之外，近年来在国际业务中又出现了新的银行组织形式——财团银行，它是由不同国家的大商业银行合资成立的银行，其目的是专门经营境外美元及国际资金的存放款业务。

（二）按业务经营模式的不同划分

按业务经营模式的不同，商业银行可以分为分离型商业银行和全能型商业银行。

1. 分离型商业银行

分离型商业银行也称职能分工型商业银行，是指在长、短期金融业务及特定金融业务实行分类的银行体制下，主要从事短期性资金融通业务的商业银行。这类银行以经营工商企业短期存放款和提供结算服务为基本业务，而长期资金融通、信托、租赁、证券等业务由长期信用银行、信托银行、投资银行、证券公司等金融机构承担。实行分离型商业银行制度，主要目的是增强银行资金的流动性和安全性。在历史上，英国、美国、日本等国家长期实行这种银行体制。

2. 全能型商业银行

全能型商业银行也称综合型商业银行，是指可以经营长短期资金融通及其他一切金融业务的商业银行。其最大的特点在于不实行商业银行业务与投资银行业务的严格区分。在历史上，德国、瑞士、奥地利等国家长期实行这种银行体制。与分离型商业银行相比，全能型商业银行的业务要广泛许多，经营的主动权和灵活性也大得多。它不但可以从事短期资金融通业务，还可以从事长期信用业务或直接投资于工商企业，经营信托、租赁、证券、保险等业务。全能型商业银行由于业务广泛，在竞争中处于比较有利的地位。

第二节　商业银行的业务

商业银行的业务可以分为表内业务和表外业务，其中，表内业务是指计入资产负债表中的项目，包括负债业务和资产业务，而表外业务是指商业银行从事的，按照现行企业会计准则不计入资产负债表内，不形成现实资产负债，但有可能引起损益变动的业务。

一、商业银行的负债业务

负债业务是商业银行最基本、最重要的业务。在商业银行的资金来源中，90%以上来自负债。负债数量、结构和成本的变化，在极大程度上决定着商业银行的规模、利润和风险状况。银行的负债业务，主要是指其吸收资金的业务。它包括三项：自有资本、存款和借入款。

（一）自有资本

银行的自有资本代表着对商业银行的所有权。商业银行是经营货币信用业务的金融企业，自有资本也就成为商业银行信贷资金来源的重要组成部分。任何商业银行在设立登记注册时，必须筹集拥有规定数额的最原始的资金，形成银行的自有资本，即资本金。

商业银行的资本金在其日常经营和保证长期生存能力中起了关键的作用。

（1）资本金是一种减震器。当管理层注意到银行的问题并恢复银行的营利性之前，资本通过吸纳财务和经营损失，降低了银行破产的风险。

（2）在存款流入之前，资本为银行注册、组建和经营提供了所需资金。一家新银行需要启动资金来购买土地、盖新楼或租场地、装备设施，甚至聘请职员。

（3）资本增强了公众对银行的信心，打消了债权人（包括存款人）对银行财务能力的疑虑。银行必须有足够的资本，才能使借款人相信银行在经济衰退时也能满足其信贷需求。

（4）资本为银行的增长和新业务、新计划及新设施的发展提供资金。当银行成长时，它需要额外的资本，用来支持其增长并承担提供新业务和建新设施的风险。大部分银行最终的规模超过了创始时的水平，资本的注入使银行在更多的地区开展业务，建立新的分支机构来满足扩大了的市场和为客户提供便利的服务。

（5）资本作为规范银行增长的因素，有助于保证银行实现长期可持续的增长。管理当局和金融市场要求银行资本的增长大致和贷款及其风险资产的增长一致。因此，随着银行风险的增加，银行资本吸纳损失的能力也会增强，银行的贷款和存款如果扩大得太快，市场和管理机构会给出信号，要求它放慢速度，或者增加资本。

各国的商业银行法均为商业银行设立了最低注册资本限额的规定。一般来说，商业银行的自有资本主要包括：

（1）股本。它是商业银行最原始的资金来源，是筹建银行时所发行股票面值的合计金额。股本的主要作用在于：创办银行时购置房产、设备及开办时的其他各种费用支出；作为重要的信贷资金来源之一，用于发放贷款；标志着银行的清偿能力和承担风险的能力，用于弥补银行的业务亏损和呆账损失。

（2）资本盈余（资本溢价）。它是银行发行股票时发行价超过其面值的部分。由于股本账户是按股票面值记账的，超过部分只能另设资本盈余账户记载。

（3）未分配利润。它是商业银行在向股东支付股息和红利之后剩余的营业收益部分，它仍属于股东所有。

（4）公积金。它是商业银行按法定比例提留的那部分营业收益，是商业银行追加新资本的重要渠道。法定公积金不能用于分配股息或红利，只能用于弥补经营亏损，或将其转化为资本，即给股东发红利股，转为实缴资本。

（5）风险准备金（补偿性准备金）。它是商业银行为应付意外损失而从收益中提留的资金。这部分资金可以用来弥补银行资产的损失，在一定程度上与股本资本所起的作用相同，因而金融管理当局在计算银行资本量时，也将其包括在内。补偿性准备金主要分为两种：一是资本准备金，即银行为应付诸如优先股撤回、股份损失等股本资本的减少而保持的储备；二是资产业务损失准备金，即银行为应付贷款坏账、证券本金的拒付和行市下跌等资产损失而保持的储备，相当于我国商业银行的呆账准备金。

（二）存款

存款是商业银行最主要的资金来源，也是商业银行最主要的负债。商业银行总是千方百计地设法增加存款，扩大放款和投资规模，以增加利润收入。商业银行的存款一般分为活期存款、定期存款和储蓄存款三大类。

1. 活期存款

活期存款是存户在提取或支付时不需预先通知银行的存款。它的特性在于存户可以随时取款。活期存款的形式近年来有所增多，传统的活期存款账户有支票存款账户、保付支票、本票、旅行支票和信用证，其中以支票存款最为普遍。

由于活期存款的流动性很高，客户在活期存款账户上存取频繁，银行为此要承担较大的流动风险，并且要向存户提供诸多配套服务，如存取服务、转账服务、提现服务和支票服务等，鉴于高风险和高营运成本，银行对活期存款账户原则上不支付利息。中央银行为使银行避免高流动风险，对活期存款都规定了较高的准备金比率。银行在缴纳法定准备金外，还保存部分库存现金以应付活期账户存户的取现。

2. 定期存款

定期存款是指存款人在银行存款时要约定存款期限，到期后存款户才能提取存款，并支付利息，若存款人提前支取还需付罚息。

3. 储蓄存款

储蓄存款是指存户不需按照存款契约要求，只需按照银行所要求的任何时间，在实际提取一周以前，以书面申请形式通知银行申请提款的一种账户。由此定义可见，储蓄存款不是在某一特定到期日，或某一特定间隔期限终止后才能提取。商业银行对储蓄存款有接到取款通知后缓期支付的责任。

由于储蓄存款的流动性介于活期存款和定期存款之间，银行承担的流动性风险也大于定期存款流动性风险、小于活期存款流动性风险，银行对储蓄存款支付的利率低于定期存款利率。

储蓄存款主要面向个人、家庭和非营利机构；营利公司、公共机构和其他团体开立储蓄存款账户受到限制。

（三）借入款

商业银行在自有资本和存款不能满足放款的需求时，就必须通过其他途径——借入款来满足日益增长的放款需要，以扩大其经营规模。商业银行的借入资金主要通过以下方式获得。

1. 同业拆借

同业拆借是指资金不足的银行向有超额储备的银行借入资金。这种借贷方式在美国称为联储资金。同业拆借一般是短期的，如今天借，明天还，因而不需要抵押品。如果借款行资金较紧张，需要时间长，经双方磋商同意，可以续借。在过去，这一活动只限于大银行，近年来中小银行也陆续开展这一业务，不过有时需要抵押品。

2. 通过发行各种债券借入资金

商业银行在金融市场上发行的、按约定还本付息的有价证券称为金融债券。商业银行发行长期金融债券，要经过金融管理当局的批准，发行额也有一定限制。此外，商业银行还可以发行次级债券、混合资本债券和可转换债券来借入款项。次级债券是指商业银行发行，本金和利息的清偿顺序列于商业银行其他负债之后、先于商业银行股权资本的债券。这类债券的期限比较长，一般为 10 年，最低不低于 5 年。混合资本债券和次级债券一样，发行混合资本债券所筹集到的资金也可以按规定计入银行的附属资本。不同的是，混合资本债券的清偿顺序位于次级债券之后，而且期限更长，一般不低于 15 年。可转换债券是指商业银行依照法定程序发行、在一定期限内依据约定的条件可以转换成银行股份的金融债券。由于可转换债券附有一般债券所没有的选择权，因此，其利率一般低于普通债券，银行发行这种债券有助于降低筹资成本。

3. 向中央银行借款

在商业银行资金不足时，除在金融市场筹资外，还可以向中央银行借款。中央银行的货币政策对这种借款影响极大。商业银行向中央银行借款的主要形式有再贷款和再贴现两种。前者是指中央银行向商业银行的直接信用放款，后者是指商业银行将其买入的未到期商业票据向中央银行再次申请贴现。在市场经济发达的国家，由于商业票据和贴现业务广泛流行，再贴现成为商业银行向中央银行借款的主要渠道；而在商业票据信用不普及的国家，则主要采用再贷款形式。一般情况下，商业银行向中央银行的借款只能用于调剂头寸、补充储备不足和资产的应急调整，而不能用于日常的贷款和证券投资。

二、商业银行的资产业务

商业银行筹集资金的目的，主要是运用这些资金。商业银行的资产业务，就是银行的资金运用过程，一般包括贷款和投资，并以放款为主要业务。

（一）贷款业务

贷款是商业银行出借给贷款对象，并将按约定利率和期限还本付息作为条件的货币资金。出借资金的银行称为贷款人，借入资金的贷款对象称为借款人。贷款是商业银行的传统核心业务，也是商业银行最主要的盈利资产。商业银行贷款可以按不同的标准划分为不同的种类。

1. 短期贷款和中长期贷款

期限在一年以内（含一年）的贷款为短期贷款；期限在一年以上的贷款为中长期贷款。

2. 信用贷款和担保贷款

信用贷款是指没有担保，仅依据借款人的信用状况发放的贷款；担保贷款是指由借款人或第三方依法提供担保而发放的贷款。按照具体担保方式的不同，担保贷款又可分为保证贷款、抵押贷款和质押贷款。

3. 公司类贷款、个人贷款和票据贴现

公司类贷款是银行针对公司类客户发放的贷款，包括流动资金贷款、项目贷款和房地产开发贷款等；银行针对个人客户发放的贷款即为个人贷款，包括个人住房贷款、个人消费贷款、个人经营性贷款和银行卡透支等；票据贴现是贷款的一种特殊方式，是指银行应客户的要求，以现金或活期存款买进客户持有的未到期商业票据的方式而发放的贷款。

 **知识拓展**

> **发达国家商业银行的"6C"原则**
>
> 　为了确保贷款的安全与盈利，发达国家商业银行非常重视对借款人信用情况的调查与审查，并于多年的实际操作中逐渐形成一整套的衡量标准。如通常所说的放款审查"6C"原则，即 character（品德）、capacity（才能）、capital（资本）、collateral（担保品）、condition（经营环境）、continuity（事业的连续性）。

（二）投资业务

商业银行的投资业务是指银行购买有价证券的经营活动。银行购买的有价证券包括债券和股票。但西方商业银行在有价证券上的投资，是要受到很大限制的，一般不允许银行投资于股权证券，不过银行可以随时进行政府债券投资。

与贷款业务相比，商业银行从事的证券投资业务具有以下特点。

（1）主动性强。在贷款业务中，银行只能根据客户的申请，被动地贷出款项。而在证券投资业务中则不同，银行完全可以根据自身的资金实力和市场行情独立自主地进行决策。

（2）流动性强。银行贷款一般必须持有到期，不能随时收回。即使存在二级市场能够转让，其条件也会非常苛刻。而绝大多数证券不仅有着完善的二级市场，可以方便地转让，而且能够作为担保品或回购对象使银行轻松地获得融资。因此，证券投资业务具有很强的流动性，一些安全性较高的短期债券通常被当作商业银行的二级储备。

（3）收益的波动性大。贷款业务的收入来自利息，主要受利率的影响。证券投资业务的收入有两个来源，即持有证券的利息（或股息）收入和买卖证券的价差收入，因此，收入不仅要受利率的影响，还要受到金融市场行情的影响，波动性较大。

（4）易于分散管理。在贷款业务中，受监管规章、客户需求和银行自身管理能力的限制，银行贷款投向分散的难度较大。而在证券投资业务中，银行几乎可以在足不出户的情况下，投资于任何地区、任何发行人、任何品种的证券，从而完全根据投资组合需要进行分散化管理，降低银行整体风险。

（三）现金资产

现金资产是指商业银行持有的库存现金，以及与现金等同的可以随时用于支付的银行资产。一般包括以下几类。

1. 库存现金

库存现金的主要作用是银行用来应付客户提现和银行本身的日常零星开支。随着电子支付系统的发展，库存现金在银行总资产中所占的比重越来越小。

2. 在中央银行的存款

商业银行在中央银行的存款是指商业银行存放在中央银行的资金，即存款准备金。在中央银行的存款由两部分构成：法定存款准备金和超额存款准备金。

3. 存放同业及其他金融机构款项

这是指商业银行存放在其他银行和金融机构的存款。这部分款项的主要用途为在同业之间开展代理业务和结算收付，大多属于活期性质，可以随时支用。

现金资产是商业银行流动性最强的资产，持有一定数量的现金资产，主要目的在于满足银行经营过程中的流动性需要。由于现金资产基本上是一种无盈利或微利的资产，过多地持有这种资产，将会失去其他盈利机会，也就是说，银行持有现金资产会付出机会成本。除了机会成本外，银行持有库存现金还会面临保管费用和被盗风险。因此，商业银行现金资产管理的任务就是要在保持满足流动性需要的前提下，通过适当调节，保持现金资产的规模适度性和安全性。

三、商业银行的表外业务

商业银行除了承办常规的放款与证券投资业务外，还利用其自身在机构、资金、技术、信誉、信息等方面的优势，为客户提供广泛服务，并从中获取手续费。特别是20世纪七八十年代以来，由于直接金融市场的发展，商业银行的贷款业务有所萎缩，表外业务在银行中的地位变得日益重要，表外业务收入也逐渐成为商业银行收入的重要来源。

（一）表外业务的内涵

表外业务，是指商业银行从事的按照现行会计准则不计入资产负债表内，不形成现实资产负债，但有可能引起当期损益变动的业务。这类业务对银行的资产负债表没有直接影响，但与表内的资产、负债业务关系密切，并在一定条件下会转为表内资产、负债业务的经营活动，因此也称为或有资产和或有负债业务。当其业务或交易发生时，并不必然形成资产和负债，因此不在其资产负债表中反映。然而，这些或有事项在一定的条件下有可能转变为现实的资产或负债，从而可能未来在资产负债表中得到反映。例如，在《巴塞尔协议Ⅱ》中，或有资产和或有负债具有潜在的风险，应在银行财务报表的附注中予以揭示。

（二）表外业务与中间业务的比较

容易与表外业务概念混淆的是中间业务，中间业务是指商业银行从事的按会计准则不列入资产负债表，不影响其资产负债总额，但能带来收益，使损益表发生变动的经营活动。通常，银行不需动用自己的资金，而仅以中介的身份代客户办理各种委托事项，并从中收取手续费，也称无风险业务。因此，中间业务就是银行提供的金融服务性业务，包括结算业务、商业信用证业务、代收业务、代客买卖业务、信托业务、租赁业务、咨询和情报服务业务、电子计算机服务业务、代理融通业务、出租保管箱业务等。其中，结算业务是银行代客户清偿债权债务、收付款项的中间业务，是一项传统的、典型的中间业务。中间业务的特点是业务量大，风险小，收益稳定。

广义的表外业务泛指所有能给银行带来收入，而又不在资产负债表中反映的业务。即广义的表外业务，包括银行的金融服务业务和或有债权/债务业务。根据这一定义，中间业务也算表外业务。狭义的表外业务，也就是通常提及的表外业务，仅指或有资产和或有负债业务。表外业务与中间业务的关系如图5-1所示。

表外业务与中间业务的共同之处在于：①它们都属于收取手续费的业务，并且都不直接在资产负债表中反映出来；②二者存在一部分的重合。例如，商业信用证业务属于中间业务，是银行提供的一种结算业务。但是，从银行自身角度看，它又具有担保业务的性质。在这一业务中，银行以自身的信誉来为进出口商之间的交货、付款做担保，因此也属于表外业务。

广义表外业务 { 中间业务——金融服务性业务
狭义表外业务——或有资产和或有负债业务

图5-1　表外业务与中间业务的关系

表外业务与中间业务有一定的区别，主要表现在银行对它们所承担的风险是不同的。在中间业务中，银行一般处在中间人或服务人的地位，不承担任何资产/负债方面的风险。表外业务虽然不直接反映在资产、负债各方，即不直接形成资产负债表的内容，却是一种潜在的资产或负债。在一定条件下，表外业务可以转化为表内业务。因此，银行要承担一定的风险。

案 例

中国农业银行 G 分行和光大银行大力开展中间业务，增加低成本资金来源

之一：中国农业银行 G 分行营业部中间业务发展迅速

中国农业银行 G 分行营业部发展不走"单行道"，而是把传统的储蓄业务与代理、投资、咨询等中间业务结合起来，增加了低成本资金来源，形成新的效益增长点，取得了明显效果。

为了满足社会和公众对金融的需求，该营业部以金穗卡业务为重点，不断改进服务手段，进一步丰富金穗卡品牌系列。该营业部根据不同的客户群体，在个人金融服务领域进行积极探索，先后推出了代发工资的赣江卡、方便灵活的购物卡、代收代付的专用卡和集存取、转账、消费于一体的多功能信用卡。

这家营业部在积极发展金穗卡业务的同时，还努力拓展保管箱业务、代理保险业务、银行承兑汇票业务、咨询业务、贴现与再贴现业务，以及代理非金融机构的保管业务。据了解，这里保管箱开箱率超过 35%，2021 年该营业部中间业务收入占了全营业部业务收入的 9.8%。

之二：光大银行大力开拓中间业务

光大银行是一家新型的股份制商业银行，要适应金融服务需求的结构性变化，拓展发展空间，就不能再拘泥于传统模式，走扩大资产规模、扩大利差收入来源的老路，而必须开发新的服务品种。

光大银行自成立以来，一直坚持"不求最大，但求最好"的战略方针，以客户为中心，建立并实施资产负债比例管理、信贷风险管理、授权授信管理等制度措施，发展了主要分布在电力、交通、汽车、摩托车、烟草、大型零售百货等行业的基本客户群。

中间业务是一项操作难度很大的业务，光大银行借助其人才精干、消息灵通、制度健全、信誉良好、客户群优良等优势，依靠全行干部职工的共同努力，相继推出了客户经理制、客户终端、银行、代客理财与代理保险、评估咨询和代理国家政策性银行业务等品种，满足了客户的多种需求，探索出一条开拓中间业务的新路子，初步打开了工作新局面。

为配合政策性银行的工作，光大银行与国家开发银行、中国进出口银行一道推进委托代理业务的健康发展。光大银行在其分行所在地，主动与政府有关部门配合，寻找国家支持的重点项目，共同服务于国家建设项目，支持当地经济的发展。在代理政策性银行贷款管理过程中，光大银行建立了严密的管理措施，总行由行长亲自负责，组织了有信贷、计划和市场开发部等部门负责人参加的委托贷款管理领导小组；分行组织了以行长为组长，以信贷部、计划部、电脑部负责人和具备金融、法律及工程知识的客户经理为成员的项目管理实施领导小组；在项目管理的人员选择上，银行选派了精通金融、财务、法律等知识并且熟悉客户生产经营情况，具有管理大型企业或大型项目经验的客户经理具体负责项目管理，监督项目资金专款专用。

根据项目管理的需要，光大银行利用微机网络系统建立项目档案，随时监控项目资金账户的变化，并定期深入项目单位，检查项目工程进度，分析项目单位经营状况和变化趋势，及时向委托行汇报。对于检查中发现的问题，不仅及时向委托行反映，而且积极帮助企业提出针对性措施，配合委托行做好贷款风险的化解工作，最大限度地保障信贷资金的安全。

光大银行在代理业务过程中，始终坚持"信誉第一，质量第一，服务第一"的原则，把提高服务质量、加强对代理项目的监督管理作为代理业务的立足点，把代理业务当作自营业务来抓，与贷款项目单位建立密切的业务往来关系，使越来越多的项目单位了解、熟悉、认可了该行的各项工作，并保持了长期、持久的业务合作关系。

通过代理国家开发银行的项目，光大银行不仅增加了收益，而且培养和建立了新的客户关系，开拓了项目融资、本外币结算、财务顾问、评估咨询等连带业务，促进了各项业务的全面发展。

（资料来源：姜旭朝、于殿江，《商业银行经营管理案例评析》《中国农业银行G分行和光大银行大力开展中间业务，增加低成本资金来源》，2002年。）

（三）表外业务的主要种类

根据巴塞尔银行监管委员会的相关界定和一些西方国家银行业同业协会的建议，表外业务一般分为以下四大类：承诺类、金融担保类、贸易融资类和金融衍生工具类。

1. 承诺类

承诺类业务，是指商业银行承诺在未来某一时期内或者某一时间，按照约定条件向客户提供约定的信用业务的一类新型表外业务，如贷款承诺和票据发行便利等。

（1）贷款承诺。

贷款承诺，是指商业银行与客户达成的一种具有法律约束力的正式协议，银行承诺在未来某一时期或某一时间，按照约定条件提供贷款给借款人，并向借款人收取承诺费的一种授信业务。1993年12月，美国联邦储备系统理事会发布修订后的条例H。条例H认为，承诺是指任何致使一家银行承担以下义务的具有法律约束力的协定：①以贷款或租赁形式提供信用；②购买贷款、证券或其他资产；③参与一项贷款或租赁。此外，承诺还包括透支便利、循环信贷安排、住房权益和抵押信用额度以及其他类似交易。从形式上看，贷款承诺是承诺的重要构成内容，透支便利和循环信贷安排等都是其具体表现形式。银行根据贷款承诺金额，按一定比例向客户收取承诺费。即使在规定的期限内，客户并没有借用贷款，承诺费也照收不误。承诺费率一般为承诺额度的0.25%~0.75%。客户一旦贷款，就成为银行的贷款资产，成为表内业务，也要收取利息。

贷款承诺主要有备用贷款承诺和循环贷款承诺两种形式。前者是银行与客户签约，在合约期内，客户有权要求银行在合约规定的额度内提供贷款。贷款承诺的有效期从开出之日起到正式签订借款合同止，一般为 6 个月，最长不超过 1 年。后者是指在一个较长的合约期内，借款人在满足合约规定的条件下可以循环使用贷款额度，随借随还，还款后能再借，一般期限为 3~5 年。贷款承诺规定在有效期内，银行要按照约定的金额、利率等，随时准备满足客户借款需求，客户向银行支付承诺金额一定比例的费用。其特点是：①银行必须保证随时满足客户资金需求；②不借款也要收取承诺费，一般收取承诺额度的 0.25%~0.75%。

贷款承诺在信贷市场中扮演着重要的角色。在竞争性信贷市场上，贷款承诺的存在可以满足借款者未来不确定性信贷的需要，客户一旦获得银行的贷款承诺，未来获得可靠现金来源的可能性大大提高；对承诺方而言，贷款承诺可以使其尽早做出资金安排，并可以通过建立长期客户关系来最大化其信贷市场份额。此外，贷款承诺还可以解决信息不对称引发的风险并降低交易成本，从而提高金融市场的整体效率。

总之，贷款承诺是典型的含有期权性质的表外业务。相当于客户拥有一个看涨期权，当其需要资金融通，而此时市场利率高于贷款承诺中规定的利率时，客户就可以要求银行履行贷款承诺，对客户按事先商定的条件发放贷款；反之，则可以选择不要求银行履行贷款承诺。对于银行来说，贷款承诺在贷款被正式提取之前属于表外业务，一旦履行，该笔业务就转化为表内资产业务（贷款业务）。

（2）票据发行便利。

票据发行便利，又称票据发行融资安排，是商业银行与客户之间签订的具有法律约束力的中期循环融资保证协议。在协议期限（一般在 5~7 年）内，银行保证客户以自己的名义发行系列短期票据（一般是 3~6 个月），银行则负责包销或提供未售出部分的等额贷款。银行为这一承诺收取手续费。票据发行便利使借款人得到了直接从货币市场上筹得低成本资金的保证，并能按短期利率获得银行长期贷款的承诺。银行不但收取手续费，而且维持了与客户的良好关系。在该业务中，银行实际上充当了包销商的角色，从而产生了或有资产。

票据发行便利是 1981 年在欧洲货币市场上基于传统的欧洲银行信贷风险分散的要求而产生的一种金融创新工具。它具有如下优势：第一，融资成本低。由于其所发行的是短期票据，比直接的中期信贷的筹资成本要低。第二，借贷灵活性大。借款人可以较自由地选择提款方式、取用时间、期限和额度等，比中期信贷具有更大的灵活性。第三，流动性高。短期票据都有发达的二级市场，变现能力强。第四，风险分散。由于安排票据发行便利的机构或承包银行在正常情况下并不贷出足额货币，只是在借款人需要资金时提供机制把借款人发行的短期票据转售给其他投资者，保证借款人在约定时期内连续获得短期循环资金，这样就分散了风险，投资人或票据持有人只承担短期风险，而承购银行则承担中长期风险，这样就把原来由一家机构承担的风险转变为多家机构共同分担，对借款人、承包银行、票据持有人都有好处。

2. 金融担保类

金融担保是银行根据交易中一方的申请，为申请人向交易的另一方出具履约保证，承诺当申请人不能履约时，由银行按照约定履行债务或承担责任的行为。担保类业务虽不占用银行的资金，但形成银行的或有负债，银行为此要收取一定的费用。银行开办的担保类业务主要有商业信用证、备用信用证、银行保函及票据承兑等比较传统的表外业务。

（1）商业信用证。

商业信用证是在国际贸易中，银行应进口方的请求向出口方开立的在一定条件下保证付款的凭证，通常简称信用证。信用证既是客户的结算工具，又是开证银行的书面承诺付款文件，因而也属于银行担保类业务的传统品种。在国际贸易活动中，买卖双方可能互不信任：买方担心预付款后，卖方不按合同要求发货；卖方担心在发货或提交货运单据后买方不付款。因此需要银行作为买卖双方的保证人，代为收款交单，以银行信用代替商业信用。银行在这一活动中所使用的工具就是信用证。信用证是银行有条件保证付款的证书，为国际贸易活动中常见的结算方式。按照这种结算方式的一般规定，买方先将货款交存银行（开证保证金），由银行开立信用证，通知异地卖方开户银行转告卖方，卖方按合同和信用证规定的条款发货，在卖方所交单据（货运提单、发票、汇票等）与信用证完全相符的条件下，开证行代买方付款。

（2）备用信用证与银行保函。

备用信用证，是指开证行保证在开证申请人未能履行其应履行的义务时，受益人凭备用信用证的规定向开证行开具汇票，并随附开证申请人未履行义务的声明或证明文件，即可得到开证行偿付的一种担保信用证。备用信用证通常用作投标、还款、履约保证金的担保业务。在备用信用证下，如到时开证申请人履约无误，备用信用证就成为备而无用的结算方式。因此，备用信用证属于银行的表外业务。

备用信用证和商业信用证都是银行（开证行）应申请人的请求，向受益人开立的，在一定条件下凭规定的单据向受益人支付一定款项的书面凭证。所不同的是，规定的单据不同。备用信用证要求受益人提交的单据不是货运单据，而是受益人出具的关于申请人违约的声明或证明。

银行保函，又称银行保证书，是指银行（保证人）应申请人的请求，向第三人（受益人）开立的一种书面担保凭证，保证在申请人未能按双方协议履行其责任或义务时，由银行代其履行某种支付责任或经济赔偿责任。

备用信用证与银行保函都是银行因申请人的违约向受益人承担赔付的责任，都是一种银行信用。二者都具备一种担保功能，而且作为付款唯一依据的单据，都是受益人出具的违约声明或有关证明文件。二者存在的最大不同之处在于适用的国际惯例不同，备用信用证主要受《国际备用信用证惯例》制约，而国际商会制定的《见索即付保函统一规则》规定了独立银行保函的相关条款。

（3）票据承兑。

票据承兑是一种传统的银行担保业务，银行在汇票上签章，承诺在汇票到期日支付汇票金额的行为即承兑。汇票到期前或到期时，客户应将款项送交银行或由自己办理兑付。如若到期客户无力付款，则该承兑银行必须承担付款责任。由于票据的兑付一般无须银行投入自己的资金，而是用客户的资金办理，为此银行要向客户收取一定的手续费。

3. 贸易融资类

贸易融资类业务，是指服务于国际及国内贸易的短期资金融通业务，包括信用证、托收、汇款等业务项下的授信及融资业务等。因为贸易融资具有明显的自偿性特点，商业银行在审查并确定进口企业具有经营正常、下游客户稳定、销售回款有保障且周期短、货物变现能力强的特点后，就可提供商品质押融资业务，如打包放款、票据贴现、银行承兑汇票等。虽然银行提供了贷款，占用了资金，但由于拥有了商品质押保证，一旦销售货款到账，银行的贷款就可收回。因此，贸易融资业务被称为或有风险的表外业务。

不过，作为银行表外业务的贸易融资业务，更多的是指结构贸易融资业务。它是指商业银行创造性地运用传统和非传统的融资方式，根据国际贸易项目及项目社会环境的具体情况要求，将多种融资方式进行最佳组合，并使买卖双方获得全程的信息和信用风险管理服务，是一种集信息、财务、融资于一体的综合性金融工具。目前国际上常用的工具主要有出口信贷（包括买方信贷、卖方信贷）、银团贷款、银行保函、出口信用保险、福费廷、国际保理等。这类表外业务是中间业务与表外业务重合的部分，不同于其他中间业务，它们在某种情况下会给银行带来风险。

4. 金融衍生工具类

金融衍生工具包括远期合约、金融期货、互换、期权等。

（1）远期合约。

远期合约是指交易双方约定在未来某个特定时间以约定价格买卖约定数量的资产，包括利率远期合约和远期外汇合约。

（2）金融期货。

金融期货是指以金融工具或金融指标为标的的期货合约，如股票期货、股指期货。

（3）互换。

互换是指交易双方基于自己的比较利益，对各自的现金流量进行交换，一般分为利率互换和货币互换。

（4）期权。

期权是指期权的买方向卖方支付一笔权利金，获得一种权利，可于期权的存续期内或到期日当天，以执行价格与期权卖方进行约定数量的特定标的的交易。按标的资产类别不同，期权可分为股票指数期权、外汇期权、利率期权、债券期权等。

需要注意的是，金融衍生交易往往蕴含着巨大的风险，如果控制不当，不仅会给单个商业银行带来巨额损失，还会引起系统性金融风险。

📖 知识拓展

2022年11月发布的《商业银行表外业务风险管理办法》（银保监规〔2022〕20号）中，根据表外业务特征和法律关系，将表外业务分为担保承诺类、代理投融资服务类、中介服务类、其他类。

担保承诺类业务包括担保、承诺等按照约定承担偿付责任或提供信用服务的业务。担保类业务是指商业银行对第三方承担偿还责任的业务，包括但不限于银行承兑汇票、保函、信用证、信用风险仍由银行承担的销售与购买协议等。承诺类业务是指商业银行在未来某一日期按照事先约定的条件向客户提供约定的信用业务，包括但不限于贷款承诺等。

代理投融资服务类业务指商业银行根据客户委托，按照约定为客户提供投融资服务但不承担代偿责任、不承诺投资回报的表外业务，包括但不限于委托贷款、委托投资、代客理财、代理交易、代理发行和承销债券等。

中介服务类业务指商业银行根据客户委托，提供中介服务、收取手续费的业务，包括但不限于代理收付、代理代销、财务顾问、资产托管、各类保管业务等。

其他类表外业务是指上述业务种类之外的其他表外业务。

第三节 商业银行的信用创造

信用创造职能，这是商业银行区别于其他金融机构最显著的特征。首先，商业银行在吸收存款的基础上发放贷款；其次，在支票的流通和转账结算基础上，贷款可以转化为存款；再次，在存款不提取的情况下，商业银行的资金来源增加；最后，整个银行体系可以形成数倍于原始存款的派生存款。这就是银行的信用创造功能。

信用创造表明，当一个存款户向银行存入100元现金时，银行在交纳一定存款准备金后，就可以凭此向社会提供数百元的货币供给。为了理解这一原理，我们首先解释几个重要概念。

一、法定存款准备金和超额存款准备金

所谓存款准备金，是指金融机构为保证客户提取存款和资金结算需要而从存款中提取的保存在中央银行的存款和自我保存的现金。在现代金融制度下，金融机构的准备金分为两部分，一部分以现金的形式保存在自己的业务库，另一部分则以存款形式存储于央行，后者即为存款准备金。

存款准备金分为法定存款准备金和超额存款准备金两部分。央行在国家法律授权中规定金融机构必须将自己吸收的存款按照一定比率交存央行，这个比率就是法定存款准备金率，按这个比率交存央行的存款为法定存款准备金。而金融机构在央行存款超过法定存款准备金的部分为超额存款准备金，超额存款准备金与金融机构自身保有的库存现金，构成超额准备金（习惯上称为备付金）。超额准备金与存款总额的比例是超额准备金率（即备付率）。金融机构缴存的法定存款准备金，一般情况下是不准动用的。而超额准备金，金融机构可以自主动用，其保有金额也由金融机构自主决定。

举例来说，中央银行将法定存款准备金率定为7%，这意味着商业银行每吸收100元的存款，就必须拿出7元交给中央银行作为法定存款准备金。因此，法定存款准备金虽然是商业银行在中央银行的存款，但商业银行却不能自由支配和使用；相反，法定存款准备金虽然是中央银行的负债，但中央银行却拥有实际支配权和使用权。这样一来，中央银行就能通过制定法定存款准备金率来控制商业银行的可贷资金量，而这正是其三大货币政策之一的法定存款准备金率政策的精要之所在。

二、原始存款和派生存款

所谓原始存款，是指商业银行接受客户的现金和中央银行的支票所形成的存款，其中后者是通过中央银行增加对商业银行的再贴现（再贷款）、中央银行在金融市场上购入证券等途径注入商业银行体系的。原始存款不会增加货币供应量。

派生存款是相对于原始存款的一个概念，又称转账存款，是指由商业银行发放贷款、办理贴现或投资等业务活动吸收而来的存款。派生存款产生的过程，就是商业银行吸收存款、发放贷款、形成新的存款额，最终使银行体系存款总量增加的过程，它会增加货币供应量。

原始存款与派生存款是货币供给过程中的一对互动变量，二者既有联系又有区别。联系是：第一，原始存款数量变动是派生存款数量变动的唯一动因，派生存款数量变动要由原始存款数量增减来解释；第二，原始存款数量变动在先，派生存款数量变动在后，没有原始存款数量的张缩，便没有派生存款数量的增减。区别是：第一，原始存款由商业银行被动收受，派生存款则由商业银行主动创造；第二，原始存款能够充当商业银行的准备金，派生存款则不能；第三，原始存款的形成并不增加货币供应总量，派生存款的形成则要增加货币供应总量。

三、存款创造的条件

派生存款的创造必须具备两大基本条件。

（一）部分准备金制度

准备金的多少与派生存款量直接相关。银行提取的准备金占全部存款的比例称作存款准备金率。存款准备金率越高，提取的准备金越多，银行可用的资金就越少，派生存款量也相应减少；反之，存款准备金率越低，提取的准备金越少，银行可用资金就越多，派生存款量也相应增加。

（二）非现金结算制度

在现代信用制度下，银行向客户贷款是通过增加客户在银行存款账户的余额进行的，客户则通过签发支票来完成他的支付行为。因此，银行在增加贷款或投资的同时，也增加了存款额，即创造出了派生存款。如果客户以提取现金方式向银行取得贷款，就不会形成派生存款。

四、存款创造过程

假定客户甲将 10 000 元存款存入第一家商业银行 A 银行，第一家商业银行 A 银行先缴存 10 000 元的 20%，即 2 000 元的法定存款准备金，然后将其余的 8 000 元贷款给客户乙；客户乙以支票形式存入其开户行银行——第二家商业银行 B 银行，第二家商业银行 B 银行按 8 000 元的 20%，即 1 600 元缴存法定存款准备金，然后将其余的 6 400 元贷给客户丙。客户丙以支票形式存入其开户行银行——第三家商业银行 C 银行，第三家商业银行 C 银行缴存法定存款准备金，再贷放出去……以此类推，该笔原始存款的创造过程见表5-1。

表 5-1　原始存款的创造过程　　　　　　　　　　　　　　　　单位：元

银行	存款增加	法定存款准备金增加	贷款增加
第一家商业银行 A	10 000	2 000	8 000
第二家商业银行 B	8 000	1 600	6 400
第三家商业银行 C	6 400	1 280	5 120

续表

银行	存款增加	法定存款准备金增加	贷款增加
第四家商业银行 D	5 120	1 024	4 096
……	…	…	…
总计	50 000	10 000	40 000

若用 ΔD 代表存款货币的最大扩张额，ΔB 代表原始存款额，r 代表法定存款准备金率，则可用公式表示如下：

$$\Delta D = \Delta B \cdot \frac{1}{r}$$

将上例中的数字代入式中，可得 $\Delta D = 1 \times \frac{1}{20\%} = 5$（万元）

如果用 K 代表存款派生的倍数，则 $K = \frac{\Delta D}{\Delta B} = \frac{1}{r}$，即存款派生的倍数为法定存款准备率的倒数。这就是说，在商业银行经营活期存款业务并广泛实行支票流通的条件下，银行体系可以创造派生存款，但是，这种创造能力并不是无限的，或者说，经过派生后的银行存款总量与原始存款之间的倍数是有限的。因为，商业银行的原始存款可用于发放贷款的部分是有限的，它要受到必须上缴的法定准备金率的限制，该比率越高，存款派生的倍数越小。

五、商业银行存款创造的约束因素

实际上，除了上缴的法定准备金以外，银行往往还要自留必要的准备金（通常称为超额准备金），以应付客户提现的要求，这个比率越高，存款派生的倍数越小。另外，客户在取得贷款后，不一定全部以存款转账形式支用，往往有一部分要提取现金，被提取的部分显然没有形成派生存款，可视为存款派生过程中的现金漏损，现金漏损越多，派生存款越少。如果用 e 和 c 分别代表超额准备金率和现金漏损率，K 代表存款派生的倍数，那么，存款派生的倍数计算公式就该修改为 $K = \frac{1}{r+e+c}$。除了 r、e、c 这三个影响派生存款倍数值的因素之外，还有其他因素，如活期存款转为定期存款的比例对定期存款规定的法定准备率的大小，也会影响派生存款的多少。一般来说，存款期限越短，其货币性越强，规定的准备率就越高。因此，活期存款法定准备金率一般都高于定期存款法定准备金率。也有的国家只对活期存款规定应缴准备金的比率。这样，活期存款中有多大比例转为定期存期及定期存款法定准备率的高低，就成为影响派生存款倍数值的又一个因素。如果用 r_t 表示定期存款法定准备率，用 t 表示定期存款占活期存款的比例，那么，该影响因素就可表示为 $r_t \cdot t$，考虑该因素后的派生存款倍数值就可修正为：$K = \frac{1}{r+e+c+r_t \cdot t}$。如果进一步考虑市场因素，那么，社会对银行信贷资金的需求，也会在很大程度上制约银行存款派生的总量。需要提醒的是，商业银行创造存款货币的功能不能简单理解为单纯的信用扩张。当原始存款减少时，银行系统的存款总量也会呈倍数紧缩，其原理与扩张过程是一样的，只是方向相反而已。

第四节　商业银行的经营与管理

商业银行是一个营利性组织，与其他企业一样，它的目标是实现利润最大化。为实现这一目标，商业银行就必须实施有效的管理。

一、商业银行的经营管理原则

商业银行作为一个特殊的金融企业，具有一般企业的基本特征，即追求利润的最大化。商业银行合理的盈利水平，不仅是商业银行本身发展的内在动力，也是商业银行在竞争中立于不败之地的激励机制。尽管各国商业银行在制度上存在一定的差异，但是在业务经营上，各国商业银行通常都遵循盈利性、流动性和安全性原则。

（一）盈利性原则

盈利性原则是指商业银行作为一个经营企业，追求最大限度的盈利。盈利性既是评价商业银行经营水平的最核心指标，也是商业银行最终效益的体现。影响商业银行盈利性指标的因素主要有存贷款规模、资产结构、自有资金比例、资金自给率水平，以及资金管理体制和经营效率等。坚持贯彻盈利性原则对商业银行的业务经营有十分重要的意义。

第一，只有保持理想的盈利水平，商业银行才能充实资本和扩大经营规模，并以此增强银行经营实力，提高银行的竞争能力。

第二，只有保持理想的盈利水平，才能增强银行的信誉。银行有理想的盈利水平，说明银行经营管理有方，可以提高客户对银行的信任度，以吸收更多的存款，增加资金来源，抵御一定的经营风险。

第三，只有保持理想的盈利水平，才能保持和提高商业银行的竞争能力。当今的竞争是人才的竞争。银行盈利不断增加，才有条件利用高薪和优厚的福利待遇吸引更多的优秀人才。同时，只有保持丰厚的盈利水平，银行才有能力经常性地进行技术改造，更新设备，努力提高工作效率，增强竞争力。

第四，银行保持理想的盈利水平，不仅有利于银行本身的发展，还有利于银行宏观经济活动的进行。因为，商业银行旨在提高盈利的各项措施，最终不仅会反映到宏观的经济规模和速度、经济结构及经济效益上来，还会反映到市场利率总水平和物价总水平上来。

（二）流动性原则

流动性是指商业银行能够随时应付客户提现和满足客户借贷的能力。流动性有两层意思，即资产的流动性和负债的流动性。资产的流动性是指银行资产在不受损失的前提下随时变现的能力。负债的流动性是指银行能经常以合理的成本吸收各种存款和其他所需资金。一般情况下，我们所说的流动性是指前者，即资产的变现能力。银行要满足客户提取存款等方面的要求，银行在安排资金运用时，一方面要求使资产具有较高的流动性；另一方面必须力求负债业务结构合理，并保持较强的融资能力。

影响商业银行流动性的主要因素有客户的平均存款规模、资金的自给水平、清算资金的变化规律、贷款经营方针、银行资产质量及资金管理体制等。流动性是实现安全性和营利性的重要保证。作为特殊的金融企业，商业银行保持适当的流动性是非常必要的，因为：第一，作为资金来源的客户存款和银行的其他借入资金要求银行能够保证随时提取和按期归还，这主要靠流动性资产的变现能力。第二，企业、家庭和政府在不同时期产生的多种贷款需求，也需要及时扩大资金来源加以满足。第三，银行资金的运动不规则性和不确定性，需要资产的流动性和负债的流动性来保证。第四，在银行业激烈的竞争中，投资风险难以预料，经营目标不能保证完全实现，需要一定的流动性作为预防措施。因此，在银行的业务经营过程中，流动性非常重要。事实上，过高的资产流动性，会使银行失去盈利机会甚至出现亏损；过低的流动性，则可能导致银行出现信用危机、客户流失、资金来源丧失等情形，甚至会导致银行因为挤兑而倒闭。因此，作为商业银行，关键是要保持适度的流动性。这种"度"是商业银行业务经营的生命线，是商业银行成败的关键。而这种"度"既没有绝对的数量标准，又要在动态的管理中保持。这就要求银行经营管理者及时果断地把握时机和作出决策。当流动性不足时，要及时补充和提高；当流动性过高时，要尽快安排资金运用，提高资金的盈利能力。

（三）安全性原则

安全性原则是指银行的资产、收益、信誉及所有经营生存发展的条件免遭损失的可靠程度。安全性的反面就是风险性，商业银行安全性原则要求尽可能地避免和减少风险。影响商业银行安全性原则的主要因素有客户的平均贷款规模、贷款的平均期限、贷款方式、贷款对象的行业和地区分布及贷款管理体制等。商业银行坚持安全性原则的主要意义在于：

（1）风险是商业银行面临的永恒课题。银行业的经营活动可归纳为两个方面：一是对银行的债权人要按期还本付息；二是对银行的债务者要求按期还本付息。这种信用活动的可靠程度是银行经营活动的关键。在多大程度上被确认的可靠性，称为确定性。与此对应的是风险性，即不确定性。在银行经营活动中，出于不确定性等种种原因，存在着多种风险，如信用风险、市场风险、政治风险等，这些风险直接影响银行本息的按时收回，必然会削弱甚至丧失银行的清偿能力，危及银行本身的安全。所以，银行管理者在风险问题上必须严格遵循安全性原则，尽量避免风险、减少风险和分散风险。

（2）商业银行的资本结构决定其是否存在潜藏的危机。与一般工商企业经营不同，商业银行自有资本所占比重很小，远远不能满足资金的运用，因此主要依靠吸收客户存款或对外借款用于贷款或投资，所以负债经营成为商业银行的基本特点。若银行经营不善或发生亏损，就要冲销银行自有资本来弥补，倒闭的可能性是随时存在的。

（3）坚持稳定经营方针是商业银行开展业务所必需。首先，有助于减少资产的损失，增强预期收益的可靠性。不顾一切地追求利润最大化，其效果往往适得其反。事实上，只有在安全的前提下营运资产，才能增加收益。其次，只有坚持安全稳健运营的银行，才可以在公众中树立良好的形象。因为一家银行立足于世的关键就是银行的信誉，而信誉主要来自银行的安全，所以要维持公众的信心，稳定金融秩序，有赖于银行的安全经营。由此可见，安全性原则不仅是银行盈利的客观前提，也是银行生存和发展的基础；不仅是银行经营管理本身的要求，也是社会发展和安定的需要。

二、商业银行的经营管理理论

资产负债管理是商业银行管理银行业务的基本方法和手段，一般将银行为实现自身经营目标和方针而采取的种种管理方法统称为资产负债管理。西方商业银行在历史发展过程中依次经历了资产管理理论、负债管理理论、资产负债综合管理理论三个阶段。

（一）资产管理理论

资产管理理论产生于商业银行建立初期。一直到 20 世纪 60 年代，它都在银行管理领域中占据着统治地位。这种理论认为，由于银行资金的来源大多是吸收活期存款，提存的主动权在客户手中，银行管理起不了决定性作用；但是银行掌握着资金运用的主动权，于是银行侧重于资产管理，争取在资产上协调盈利性、流动性与安全性问题。随着经济环境的变化和银行业务的发展，资产管理理论的演进经历了三个阶段，即商业性贷款理论、转移理论和预期收入理论。

1. 商业性贷款理论

商业性贷款理论又称真实票据理论。这一理论认为，银行资金来源主要是吸收流动性很强的活期存款，银行经营的首要宗旨是满足客户兑现的要求，所以，商业银行必须保持资产的高度流动性，才能确保不会因为流动性不足而产生经营风险。商业银行的资产业务应主要集中于以真实票据为基础的短期自偿性贷款，以保持与资金来源高度流动性相适应的资产的高度流动性。短期自偿性贷款主要指的是短期的工商业流动资金贷款。

2. 转移理论

转移理论又称转换理论，这一理论认为，银行保持资产流动性的关键在于资产的变现能力，因而不必将资产业务局限于短期自偿性贷款上，也可以将资金的一部分投资于具有转让条件的证券上，将其作为银行资产的二级准备，在满足存款支付时，把证券迅速而无损地转让出去，兑换成现金，以保持银行资产的流动性。

3. 预期收入理论

预期收入理论是一种关于资产选择的理论，它在商业性贷款理论的基础上，进一步扩大了银行资产业务的选择范围。这一理论认为，贷款的偿还或证券的变现能力，取决于将来的收入，即预期收入。如果将来收入没有保证，即使是短期贷款也可能发生坏账或到期不能收回的风险；如果将来的收入有保证，即便是长期放款，仍可以按期收回，保证其流动性。只要预期收入有保证，商业银行不仅可以发放短期商业性贷款，还可以发放中长期贷款和非生产性消费贷款。

（二）负债管理理论

负债管理理论盛行于 20 世纪五六十年代的西方商业银行。负债管理理论在很大程度上缓解了商业银行流动性与盈利性的矛盾。负债管理理论认为，银行资金的流动性不仅可以通过强化资产管理获得，还可以通过灵活地调剂负债达到目的。商业银行保持资金的流动性无须经常保有大量的高流动性资产，可以通过发展主动型负债（如向外借款）的方式，扩大筹集资金的渠道和途径，满足多样化的资金需求。

负债管理理论是商业银行经营管理思想的创新，它变被动的存款观念为主动的借款观念，为银行找到了保持流动性的新方法。根据这一理论，商业银行的流动性不仅可以通过调整资产来保证，还可以通过调整负债来保证，变单一的资产调整为资产负债双向调整，从而减少银行持有的高流动性资产，最大限度地将资产投入高盈利的贷款中去。而且，商业银行根据资产的需要调整和组织负债，让负债适应和支持资产，也为银行扩大业务范围和规模提供了条件。

（三）资产负债综合管理理论

资产负债综合管理理论总结了资产管理理论和负债管理理论的优缺点，通过资产与负债结构的全面调整，实现商业银行流动性、安全性和盈利性管理目标的均衡发展。这一理论的产生是银行管理理论的一大突破，它为银行乃至整个金融业带来了稳定和发展，对完善和推动商业银行的现代化管理具有积极的作用。

资产负债管理理论的主要内容：①流动性问题。流动性问题是该理论首先要解决的核心问题，它要求从资产和负债两个方面去预测流动性问题，同时从这两个方面去寻找满足流动性需要的途径。②风险控制问题。在控制经营风险方面，明确规定自有资本比例，根据不同的经营环境制定各类资产的风险度标准和控制风险的方法，以资产收益率和资本收益率作为考察银行收益性的主要评估标准。③资产与负债的对称。调整各类资产和负债的搭配，使资产规模与负债规模、资产结构与负债结构、资产与负债的偿还期限相互对称和统一平衡，保持一定的对称关系。这种对称是一种原则和方向上的对称，而不是要求银行资产与负债逐笔对应。

三、商业银行的风险管理

（一）风险的类型

结合商业银行经营主要特征，按诱发风险的原因，巴塞尔银行监管委员会将商业银行面临的风险划分为信用风险、市场风险、操作风险、流动性风险、国家风险、声誉风险、法律风险和战略风险八大类。

1. 信用风险

它是指债务人或交易对手未能履行合同所规定的义务或信用质量发生变化，影响金融产品价值，从而给债务人或金融产品持有人造成经济损失的风险。

2. 市场风险

它是指由于市场价格（包括金融资产价格和商品价格）波动而导致商业银行表内、表外头寸遭受损失的风险。

3. 操作风险

它是指由于人为错误、技术缺陷、操作流程或不利的外部事件而造成损失的风险。

4. 流动性风险

它是指商业银行无法获得充足的资金或无法以合理的成本获得充足资金以应对资产增长或到期债务支付的风险。

按照产生原因分类，流动性风险可以分为融资流动性风险和市场流动性风险。融资流动性风险是指商业银行在不影响日常经营或财务状况的情况下，无法有效满足资金需求的风险；市场流动性风险是指由于市场深度不足或市场动荡，商业银行无法以合理的市场价格出售资产以获得资金的风险。

5. 国家风险

它指经济主体在与非本国居民进行国际贸易与金融往来时，由于他国经济、政治和社会等方面的变化而遭受损失的风险。

国家风险可分为社会风险、经济风险和政治风险。社会风险是指由于经济或非经济因素造成特定国家的社会不稳定，而使贷款商业银行不能把在该国的贷款汇回本国而遭受损失的风险。经济风险是指境外商业银行仅仅受特定国家的直接或间接经济因素的限制，而不能把在该国的贷款汇回本国而遭受损失的风险。政治风险是指商业银行受特定国家的政治因素限制，不能把在该国贷款汇回本国而遭受损失的风险。

6. 声誉风险

它是指由于社会评价降低而对商业银行造成损失的风险。良好的声誉是一家银行多年发展积累的重要资源，是银行的生存之本，是维护良好的投资者关系、客户关系及信贷关系等诸多重要关系的保证。良好的声誉风险管理对增强竞争优势，提升商业银行的盈利能力和实现长期战略目标起着不可忽视的作用。

7. 法律风险

它是指在金融交易中，因合同不健全、法律解释的差异及交易对象不具备正当的法律行为能力等法律方面的因素所形成的风险，包括因合同内容不充分、不适当而导致合同无法执行所造成的经济方面的风险。另外，法律风险有时也包括顺从风险，即由于遵守法律法规、行业习惯和公司制度而引发的经济方面的损失，如罚款、停业损失、业务改进费等。

8. 战略风险

它是指商业银行在追求短期商业目的和长期发展目的的系统化管理的过程中，由于采用不适当的未来发展规划和战略决策而可能威胁商业银行未来发展的潜在风险。这种风险主要来自四个方面：商业银行战略目标缺乏整体兼容性，为实现这些目标而制定的经营战略存在缺陷，为实现目标所需要的资源匮乏，以及整个战略实施过程的质量难以保证。

（二）风险管理的含义及本质、目标

1. 风险管理的含义及本质

风险管理是金融体系中的基本活动，也是金融体系配置风险的具体形式。从微观上看，风险管理是金融机构针对所面临的各种风险暴露而制定的一系列政策和采取的程序和措施的总和。从风险管理实施的步骤看，风险管理的内容包括风险识别、风险衡量、风险决策与实施、风险监控。风险管理的本质就是金融机构通过对其承担的风险进行科学合理定价，获得与其承担风险相匹配的风险补偿。风险管理本质上说就是对风险暴露的管理，对目标实现的管理，是一个防范损失、追求盈利的过程，从根本上说是把风险转化为实际盈利的过程。

2. 风险管理的目标

从某种意义上讲，商业银行就是经营风险的机构，承担和管理风险是其职责所在。从风险的定义出发，风险既有损失的可能，又有盈利的机会，因而对商业银行而言并不是承担的风险越低越好，不承担风险也意味着盈利机会的丧失。商业银行应根据风险的性质、自身的管理专长、资本金规模和管理风险的能力等因素，将风险分为目标风险和非目标风险，分别采取积极管理和主动规避等不同策略，达到既防范损失又把握盈利机会的目的，最终促进商业银行实现稳定的盈利。

课后练习

一、选择题

1. 商业银行经营的"三性"原则是指（　　）。

A. 安全性、充足性和效益性　　　　B. 安全性、流动性和盈利性

C. 充足性、流动性和趋利性　　　　D. 公益性、安全性和合法性

2. 我国商业银行的资金来源主要是（　　）。

A. 吸收存款　　　　　　　　　　　B. 预算拨款

C. 政府借款　　　　　　　　　　　D. 向国际金融机构借款

3. 商业银行最基本的职能是（　　）。

A. 信用中介　　　　B. 支付中介　　　　C. 货币创造　　　　D. 金融服务

二、简答题

1. 请简要概述商业银行的职能。

2. 请简要概述商业银行的负债业务。

3. 请简要概述商业银行的资产业务。

项目实训

【实训内容】

对我国商业银行开展的中间业务与表外业务进行评价分析

【实训目标】

通过对商业银行所开展中间业务与表外业务的调研，了解我国商业银行此类业务的开展情况及存在的问题；培养学生分析、解决问题的能力；培养学生资料查询、整理的能力。

【实训组织】

以学习小组为单位，选择两家及两家以上的商业银行，搜集其相关中间业务及表外业务的资料；对商业银行中间业务及表外业务的开展情况进行总结分析，说明拓展中间业务及表外业务的难点与对策。

【实训成果】

1. 考核和评价采用报告资料展示和学生讨论相结合的方式。

2. 评分采用学生和老师共同评价的方式。

学习目标

1. 理解中央银行产生的必要性
2. 了解中央银行的性质与组织结构
3. 掌握中央银行的职能
4. 理解中央银行资产负债表的结构与内容
5. 了解基础货币变动的因素

能力目标

1. 能够理解中央银行与政府的关系、中央银行的相对独立性
2. 能够认识中央银行在金融机构体系和整个经济中的地位和作用

情景导读

中国人民银行上海市分行：2023 年开出 1.4 亿元罚金，支付机构占比超八成

中国人民银行上海市分行通报了 2023 年度金融违法行为处罚情况。通报指出，2023年，中国人民银行上海市分行加大对违反金融法律法规行为的打击力度，依法严肃惩处负有责任的机构和人员，累计作出 30 项行政处罚决定，涉及 13 家机构和 17 名直接责任人，罚没款金额总计人民币 14 073.58 万元。其中，对机构的罚没款总金额为 13 943.83 万元，对直接责任人罚款总金额为 129.75 万元。

非银行支付机构为本年度行政处罚重点对象，涉及 9 家非银行支付机构，占被处罚机构的 69%。全部处罚中违反支付结算管理规定被处以罚款的金额最多，罚没款金额占比达到 82.8%。"双罚"的力度不减，85% 的案件同时对机构和直接责任人员给予处罚，直接责任人被处以罚款的单笔最大金额为 20 万元。

2023 年发现的金融违法行为主要包括：一是部分法律规范落实不到位，在打击治理电信网络诈骗、跨境赌博等领域，部分机构存在交易管理、风险控制和终端管理"宽松软"的情况；二是反洗钱高风险客户尽职调查措施不全面，存在信息收集不全面、风险分析不全面等问题，不能全面揭示客户风险；三是金融统计管理规定理解不准确，未切实掌握国家统计部门、金融管理部门的统计标准；四是存款准备金交存管理不细致，表现为对维持期周期的认识错误、准备金交存会计科目设置或映射错误等；五是金融信用信息基础数据库接入机构征信信息管理不规范，提供非依法公开的个人不良信息，未事先告知信息主体本人。

中国人民银行上海市分行同时向金融机构提出相关监管要求：一是对标对表，回溯自查。对标监管规定，结合通报内容，逐一对照核实，举一反三，排查同类业务，追溯制度机制、系统运行等问题根源。二是严守法律，全面落实。认真学习贯彻《中华人民共和国反电信网络诈骗法》等法律法规提出的新要求，进一步完善工作流程和系统改造，着力强化关键性制度规范的落实力度。三是强化管理，压实责任。金融机构高级管理人员应当加深履行人民银行监管规定义务的认识，通过建章立制明确责任，业务管理压实责任。

（资料来源：廖蒙，《北京商报》，《中国人民银行上海市分行：2023 年开出 1.4 亿元罚金，支付机构占比超八成》，2024 年 3 月 4 日。）

思考与讨论：中央银行的主要业务有哪些？它都对金融机构的哪些方面进行监管？

第一节　中央银行概述

在各种金融机构中，中央银行属于特殊的一类，虽然也被称为"银行"，但它并非商业银行那种意义上的"银行"，而是一个管理机构。尽管财经新闻几乎每天都有它的报道，但是我们没有人去那里办理过任何个人金融业务。中央银行的特殊性使其以维护整个国民经济的稳定和发展为经营目标。因为中央银行的行为会影响利率、信贷规模和货币供给，而这些变量不仅会影响金融市场，甚至还对于总产出和通货膨胀都有直接的影响。为了理解中央银行在金融体系和整个经济中的作用，我们必须了解中央银行是如何运作的，是谁控制着中央银行并决定了其行为。本章对中央银行的介绍，将为后面关于货币供给、货币政策等方面的讨论奠定基础。

一、中央银行产生的主要途径

中央银行机构的出现及相应中央银行制度的形成，并不是人为的主观臆造，而是一种历史发展的产物。通过对中央银行制度的历史考查可以发现，中央银行的产生是商品经济、货币信用制度及银行体系发展到一定阶段的必然结果。

（一）由商业银行演变而来

中央银行产生的第一条途径，是由资本实力雄厚、社会信誉卓著、与政府有特殊关系的大商业银行逐步发展演变而来。在演变过程中，政府根据客观需要，不断赋予这家大银行某些特权，从而使之逐步具备中央银行的某些性质，并最终发展成中央银行，如英国的中央银行——英格兰银行。成立于 1694 年的英格兰银行，是最早真正发挥现代中央银行各项职能的金融机构，被称为中央银行的鼻祖。

英格兰银行成立的最初目的是，为英国王室提供贷款及为政府筹措军费。因此，英格兰银行在成立时是一个较大的股份制银行，其实力和声誉高于其他银行，并且同政府有着特殊的关系。但它经营的仍是一般银行业务，如对一般客户提供贷款、存款及票据贴现等。

英格兰银行在成立之初，英国政府就给予其他商业银行所没有的一项特权，即允许英格兰银行成为第一家无发行保证却能发行银行券的商业银行。在以后的发展中，英格兰银行不断补充资本，同时降低对政府的放款利率，并以此为条件，促使英国国会通过法案，限制其他银行的货币发行权，从而强化了英格兰银行货币发行的特权地位。1844 年，英国国会通过《英格兰银行特许条例》（简称《比尔条例》），规定英格兰银行具有独立的货币发行权，从而强化了英格兰银行货币发行的特权地位。

19 世纪，英国的商业银行发生了多次银行危机，引起了社会的广泛关注。在 1875 年的银行危机中，英格兰银行采取行动帮助有困难的银行，开始充当最终贷款人的角色。而且，商业银行在资金短缺时一般向贴现行贴现，而贴现行在资金短缺时就直接向英格兰银行申请贷款。英格兰银行表面上是充当贴现行的最终贷款人，实际上间接地充当整个银行系统的最终贷款人。另外，英格兰银行无论是成立的初衷，还是在以后的业务中，都与政府有着千丝万缕的联系。当政府资金短缺时，英格兰银行马上进行资金融通，如直接对政府放款，代政府发行国库券和各种长期债券等。除此之外，英格兰银行还代理国库和全权管理国家金库。至此，英格兰银行实际上已演变为英国的中央银行。

1946 年 2 月，英国颁布《英格兰银行法》，将英格兰银行的全部股本收归国有。英格兰银行从此成为国有的中央银行，彻底改变了它自 1694 年以来尽管不断向政府贷款且与政府紧密合作，却一直保留的私营银行身份。该法案终止了英格兰银行在名义上的独立性，使其成为国家机器的一个组成部分。

除了英格兰银行以外，瑞典中央银行、法兰西银行等中央银行的前身也为一些实力强大、信誉良好的商业银行。这些银行通过借助政府的力量享有某些特权，逐步行使中央银行的职能，最终成为一国的中央银行。

（二）由政府出面通过法律规定直接组建

中央银行产生的另一条途径，是由政府出面通过法律规定直接组建一家银行作为一国的中央银行。例如，成立于 1913 年的美国联邦储备体系，是美国的中央银行。美国联邦储备体系的建立，标志着中央银行制度在世界范围的基本确立。美国联邦储备体系的成立经历了一个长期的摸索过程。此前，美国先后成立过美国第一银行和第二银行。这两家银行都具有一定的中央银行性质，但自身经营目标不明确，均在 20 年经营期满后被迫停业。

1908 年 5 月，美国国会建立了国家货币委员会，用以专门调查研究各国银行制度。1912 年决定建立既兼顾各州利益又能满足银行业集中管理需要的联邦储备制度。1913 年 12 月 23 日，美国国会通过了《联邦储备法》。根据该法规定，联邦储备银行的主要任务是提供一种有弹性的货币（也就是今天常说的"最后贷款人"），为商业票据提供再贴现，并对银行实施更有效的监管。联邦储备体系初步具有发行的银行、银行的银行和政府的银行的职能，使现代中央银行制度得以确立。

二、中央银行的产生与发展

中央银行的产生与发展，经历了一个漫长的历史阶段，它是伴随着资本主义银行业的发展而产生的。中央银行的产生与发展经历了三个阶段，即萌芽和建立阶段、普遍推广阶段、强化阶段。

（一）萌芽和建立阶段

中央银行的萌芽和建立阶段为 1656—1843 年。这一时期有代表性的中央银行是瑞典国家银行和英格兰银行。

最先具有中央银行名称的是瑞典中央银行。它原是 1656 年由私人创办的银行，后于 1668 年由政府出面改组为国家银行，对国会负责，但直到 1897 年才独占货币发行权，成为真正的中央银行。因此瑞典中央银行虽然在英格兰银行之前设立，但若以是否具有垄断发行权为标准，则其只能排在英格兰银行之后。

如前所述，成立于 1694 年的英格兰银行，是最早真正发挥现代中央银行各项职能的金融机构，被称为中央银行的鼻祖，标志着中央银行的诞生。在这一阶段成立的中央银行主要有法兰西银行（1800 年）、芬兰银行（1812 年）、荷兰银行（1814 年）、奥地利国民银行（1817 年）、挪威银行（1817 年）、丹麦银行（1818 年）等。

此阶段的中央银行具有以下特点。

（1）基于政府的需要而设立，如为政府筹措经费，发行货币，代理国库等。这时的中央银行还只是政府的银行和发行的银行，没有履行银行的银行和管理金融的银行的功能。

（2）兼营商业银行业务。在中央银行出现的初期，大商业银行演变为中央银行，履行中央银行的职责，但并没有放弃原来的商业银行业务。因此，这种机构同时身兼二职，既是中央银行，又是商业银行。

（3）多是私人股份银行或私人与政府合股银行。不论是由大商业银行演变而来的，还是由国家直接设立的，多是私人股份银行或私人与政府合股银行充当中央银行，政府只是部分参股。

（4）不具备完全调节与控制金融市场的能力。由于各方利益集团的博弈和技术的不足以及货币制度的不完善，早期的中央银行不具备完全调节与控制金融市场、干预和调节国民经济的能力，金融危机时有发生。

（二）普遍推广阶段

1844 年到第二次世界大战结束是中央银行的普遍推广阶段。如前所述，1844 年，英国国会通过《比尔条例》，规定英格兰银行具有独立的货币发行权，其他银行不得增发钞票，从而正式确立了英格兰银行中央银行的地位，由此奠定了现代中央银行组织的模式。其他国家纷纷仿效，如比利时国民银行（1850 年）、西班牙银行（1856 年）、俄罗斯银行（1860 年）、德国国家银行（1875 年）、日本银行（1882 年）等。到 1900 年，主要的西方国家都设立了中央银行。

这一时期成立的有代表性的中央银行当属成立于 1913 年的美国联邦储备体系。如果从 1656 年最早成立中央银行的瑞典中央银行算起，到 1913 年美国建立联邦储备体系为止，中央银行的创立经历了 257 年的曲折历程。当然，这一时期大量新设或改组的中央银行主要集中于 20 世纪 20 年代以后，这归因于布鲁塞尔国际金融会议。1920 年，布鲁塞尔国际金融会议决定：凡是还未成立中央银行的国家，应尽快成立中央银行，以改变第一次世界大战后期汇率和金融混乱的局面。1922 年，日内瓦国际会议又一次建议各国，尤其是新成立的国家尽快成立中央银行。

在国际联盟的帮助下，中央银行制度在世界各国得到迅速发展。这一时期成立的中央银行有澳大利亚联邦银行（1924 年）、希腊银行（1928 年）、土耳其中央银行（1934 年）、墨西哥中央银行（1932 年）、新西兰储备银行（1934 年）、加拿大银行（1935 年）、印度储备银行（1935 年）、阿根廷中央银行（1935 年）等。

20 世纪初到第二次世界大战结束是中央银行历史上发展最快的一个时期，这一时期的中央银行制度具有以下特点。

（1）大部分中央银行是依靠政府的力量成立的。与前一时期相比，这一时期的大部分中央银行不是由商业银行自然演进而成的，而是依靠政府的力量创建的，并且在较短时期内数量迅速增加。

（2）设立中央银行的区域扩大。不仅经济发达的欧洲国家普遍设立了中央银行，经济欠发达的美洲、亚洲和非洲等国家也纷纷设立了中央银行。设立中央银行成为全球性的普遍现象。

（3）中央银行管理金融的职能得到加强。由于该阶段发生了 20 世纪 30 年代大危机，大量金融机构的倒闭给社会经济造成巨大震荡和破坏，人们认识到金融机构和金融体系保持稳定的必要性，中央银行日益成为管理宏观金融的重要机构，中央银行的职能逐步扩展。

（三）强化阶段

从中央银行的发展历史来看，如果说萌芽和建立阶段是中央银行的自然演变时期，普遍推广阶段是政府力量推动中央银行迅速创建的时期，那么第二次世界大战以后至今，则是政府对中央银行控制加强和中央银行宏观经济调控职能进一步强化的时期。

第二次世界大战后，很多国家的经济陷入困境，为了重振经济，各国开始信奉凯恩斯的国家干预主义理论。中央银行作为国家银行的职能得以强化，各国纷纷利用中央银行干预和调节经济，中央银行由此得到重大发展。

与之相对应的是，政府对中央银行的控制也在加强，一些原来是私有股份制的中央银行被收归国有，中央银行的政府机构色彩浓厚起来。现代中央银行制度具有以下特点。

（1）专门行使中央银行职能。过去的中央银行一般都兼营部分商业银行业务。第二次世界大战后，这些中央银行逐步放弃商业银行业务，专门行使中央银行职能。新成立的中央银行则一开始就不办理商业银行业务。

（2）中央银行国有化。如英国、法国两国在第二次世界大战后，分别将英格兰银行和法兰西银行收归国有。目前只有少数国家的中央银行还有私人股份，如美国联邦储备体系，各会员银行可以按一定比例认购联邦储备银行的股份。

（3）干预和调节经济的功能得到加强。现代中央银行日益运用法定存款准备金、再贴现率和公开市场操作等政策工具对经济金融进行宏观调控。中央银行的货币政策日益成为重要的宏观经济政策组成部分。

（4）各国中央银行加强国际合作。第二次世界大战后，国际货币基金组织、世界银行、亚洲开发银行等国际性和区域性的金融组织成立了，绝大多数国家的中央银行都代表本国政府参加了这些国际金融组织，从而加强了各国中央银行之间的国际合作。

三、我国中央银行的产生与发展

（一）1948 年前的中央银行

中央银行在我国出现较晚，最早具有中央银行形态的是清朝的户部银行。户部银行于清光绪三十一年（1905 年）成立，是我国模仿西方国家中央银行建立的最早的中央银行。1908 年，清政府将户部银行改称为大清银行，赋予它经理国库及发行铸币等特权，但它并不是真正意义上的中央银行。第一，它不是银行的银行。当时的户部银行和后来的大清银行都经营大量商业银行业务，如拆息放款、收存款项、保管要物、票据贴现、买卖金银等。第二，它不是发行的银行。清末是中国银行业的初创时期，这段时期许多银行（不是所有银行），诸如大清银行、中国通商银行、交通银行等都有银行券的发行权，大清银行并未也不可能独占货币发行权。因此，只能说大清银行是一家有某些中央银行性质的国家银行。

1927 年，南京国民政府成立，制定了《中央银行条例》，并于 1928 年 11 月成立了中央银行，总部在上海。国民政府的中央银行完全效仿西方先进国家中央银行组建，在制度上符合国际中央银行惯例。该行享有发行纸币、经理国库、募集和经理内外债之特权。当然，该行成立之初，尚未完全独占货币发行权，当时具有货币发行权的还有中国银行、交通银行和中国农民银行等几家银行。1942 年 7 月 1 日，根据《钞票统一发行办法》，中国银行、交通银行和中国农民银行三家银行发行的钞票及准备金全部移交给中央银行，由中央银行独占货币发行权，同时由中央银行统一管理国家外汇。随着内战的爆发，国民政府的中央银行制度被彻底摧毁。

与此同时，中国共产党也开始了中央银行的实践。1931 年 11 月，在江西瑞金召开的"全国苏维埃第一次代表大会"上，通过决议成立"中华苏维埃共和国国家银行"（简称苏维埃国家银行），并发行货币。从土地革命到抗日战争时期，一直到中华人民共和国诞生前夕，人民政权被分割成彼此不能连接的区域。各根据地建立了相对独立、分散管理的根据地银行，并各自发行在本根据地内流通的货币。

（二）1948 年后的中央银行

中国人民银行成立至今，特别是改革开放以来，在体制、职能、地位、作用等方面，都发生了巨大而深刻的变革。

1. 中国人民银行的创建与国家银行体系的建立（1948—1952 年）

1948 年 12 月 1 日，中国人民银行在河北省石家庄市宣布成立。华北人民政府当天发出布告，由中国人民银行发行的人民币在华北、华东、西北三区的统一流通，所有公私款项收付及一切交易，均以人民币为本位货币。1949 年 2 月，中国人民银行从石家庄市迁入北平。1949 年 9 月，中国人民政治协商会议通过《中华人民共和国中央人民政府组织法》，把中国人民银行纳入政务院的直属单位系列，接受财政经济委员会指导，与财政部保持密切联系，赋予其国家银行职能，承担发行国家货币、经理国家金库、管理国家金融、稳定金融市场、支持经济恢复和国家重建的任务。

在国民经济恢复时期，中国人民银行在中央人民政府的统一领导下，着手建立统一的国家银行体系：一是建立独立统一的货币体系，使人民币成为境内流通的本位币，与各经济部门协同治理通货膨胀；二是迅速组建分支机构，形成国家银行体系，接管官僚资本银行，整顿私营金融业；三是实行金融管理，疏导游资，打击金银外币黑市，取消在华外商银行的特权，禁止外国货币流通，统一管理外汇；四是开展存款、放款、汇兑和外汇业务，促进城乡物资交流，为迎接经济建设做准备。到 1952 年时，中国人民银行作为中华人民共和国的中央银行，建立了全国垂直领导的组织机构体系；统一了人民币发行，逐步收兑了解放区发行的货币，全部清除并限期兑换了国民党政府发行的货币，很快使人民币成为全国统一的货币；对各类金融机构实行了统一管理。中国人民银行充分运用货币发行和货币政策，实行现金管理，开展"收存款、建金库、灵活调拨"，运用折实储蓄和存放款利率等手段调控市场货币供求，扭转了中华人民共和国成立初期金融市场混乱的状况，制止了国民党政府遗留下来的恶性通货膨胀。同时，按照"公私兼顾、劳资两利、城乡互助、内外交流"的政策，配合工商业的调整，灵活调度资金，支持了国营经济的快速成长，适度地增加了对私营经济和个体经济的贷款，同时便利了城乡物资交流，为人民币币值的稳定和国民经济的恢复与发展做出了重大贡献。

2. 计划经济体制时期的国家银行（1953—1978 年）

在计划经济体制中，自上而下的人民银行体制，成为国家吸收、动员、集中和分配信贷资金的基本手段。随着社会主义改造的加快，私营金融业被纳入公私合营银行轨道，形成了集中统一的金融体制，中国人民银行作为国家金融管理和货币发行的机构，既是管理金融的国家机关，又是全面经营银行业务的国家银行。

与高度集中的银行体制相适应，从 1953 年开始建立集中统一的综合信贷计划管理体制，即全国的信贷资金，不论是资金来源还是资金运用，都由中国人民银行总行统一掌握，实行"统存统贷"的管理办法。银行信贷计划被纳入国家经济计划，成为国家管理经济的重要手段。高度集中的国家银行体制，为大规模的经济建设进行全面的金融监督和服务。

中国人民银行担负着组织和调节货币流通的职能，统一经营各项信贷业务，在国家计划实施中具有综合反映和货币监督功能。银行对国有企业提供超定额流动资金贷款、季节性贷款和少量的大修理贷款，对城乡集体经济、个体经济和私营经济提供部分生产流动资金贷款，对农村中的贫困农民提供生产贷款、口粮贷款和其他生活贷款。这种长期资金归财政、短期资金归银行，无偿资金归财政、有偿资金归银行，定额资金归财政、超定额资金归银行的体制，一直延续到 1978 年，其间虽有几次变动，基本格局变化不大。

3. 从国家银行过渡到中央银行体制（1979—1992 年）

1979 年 1 月，为了加强对农村经济的扶植，我国恢复了中国农业银行。同年 3 月，为适应对外开放和国际金融业务发展的新形势，我国改革了中国银行的体制，使中国银行成为国家指定的外汇专业银行，同时设立了国家外汇管理局。之后，我国又恢复了国内保险业务，重新建立中国人民保险公司。各地还相继组建了信托投资公司和城市信用合作社，出现了金融机构多元化和金融业务多样化的局面。

日益发展的经济和金融机构的增加，迫切需要加强金融业的统一管理和综合协调，由中国人民银行来专门承担中央银行职责，成为完善金融体制、更好发展金融业的紧迫议题。1982 年 7 月，国务院批转中国人民银行的报告，进一步强调"中国人民银行是我国的中央银行，是国务院领导下统一管理全国金融的国家机关"，以此为起点开始了组建专门的中央银行体制的准备工作。

1983 年 9 月 17 日，国务院作出决定，由中国人民银行专门行使中央银行的职能，并具体规定了人民银行的 10 项职责。从 1984 年 1 月 1 日起，中国人民银行开始专门行使中央银行的职能，集中力量研究和实施全国金融的宏观决策，加强信贷总量的控制和金融机构的资金调节，以保持货币稳定；同时新设中国工商银行，将中国人民银行过去承担的工商信贷和储蓄业务由中国工商银行专业经营；中国人民银行分支行的业务实行垂直领导；设立中国人民银行理事会，作为协调决策机构；建立存款准备金制度和中央银行对专业银行的贷款制度，初步确定了中央银行制度的基本框架。

中国人民银行在专门行使中央银行职能的初期，随着全国经济体制改革深化和经济高速发展，为适应多种金融机构，多种融资渠道和多种信用工具不断涌现的需要，不断改革机制，搞活金融，发展金融市场，促进金融制度创新。中国人民银行努力探索和改进宏观调控的手段和方式，在改进计划调控手段的基础上，逐步运用利率、存款准备金率、中央银行贷款等手段来控制信贷和货币的供给，以求达到"宏观管住、微观搞活、稳中求活"的效果，在制止"信贷膨胀""经济过热"，促进经济结构调整的过程中，初步培育了运用货币政策调节经济的能力。

4. 逐步强化和完善现代中央银行制度（1993 年至今）

1993 年，按照国务院《关于金融体制改革的决定》，中国人民银行进一步强化金融调控、金融监管和金融服务职责，划转政策性业务和商业银行业务。

1995 年 3 月 18 日，全国人民代表大会通过《中华人民共和国中国人民银行法》，首次以国家立法形式确立了中国人民银行作为中央银行的地位。这标志着中央银行体制走向了法制化、规范化的轨道，是中央银行制度建设的重要里程碑。

1998 年，按照中央金融工作会议的部署，改革人民银行管理体制，撤销省级分行，设立跨省区分行，同时，成立人民银行系统党委，对党的关系实行垂直领导，干部垂直管理。

2003 年，按照党的十六届二中全会审议通过的《关于深化行政管理体制和机构改革的意见》和十届人大一次会议批准的国务院机构改革方案，将中国人民银行对银行、金融资产管理公司、信托投资公司及其他存款类金融机构的监管职能分离出来，并和中央金融工委的相关职能进行整合，成立中国银行业监督管理委员会。同年 9 月，中央机构编制委员会正式批准人民银行的"三定"调整意见。12 月 27 日，十届全国人民代表大会常务委员会第六次会议审议通过了《中华人民共和国中国人民银行法（修正案）》。

有关金融监管职责调整后，人民银行新的职能正式表述为："制定和执行货币政策、维护金融稳定、提供金融服务。"同时，明确界定："中国人民银行为国务院组成部门，是中华人民共和国的中央银行，是在国务院领导下制定和执行货币政策、维护金融稳定、提供金融服务的宏观调控部门。"这种职能的变化集中表现为"一个强化、一个转换和两个增加"。

"一个强化"，即强化与制定和执行货币政策有关的职能。中国人民银行要大力提高制定和执行货币政策的水平，灵活运用利率、汇率等各种货币政策工具实施宏观调控；加强对货币市场规则的研究和制定，加强对货币市场、外汇市场、黄金市场等金融市场的监督与监测，密切关注货币市场与房地产市场、证券市场、保险市场之间的关联渠道、有关政策和风险控制措施，疏通货币政策传导机制。

"一个转换"，即转换实施对金融业宏观调控和防范与化解系统性金融风险的方式。由过去主要是通过对金融机构的设立审批、业务审批、高级管理人员任职资格审查和监管指导等直接调控方式，转变为对金融业的整体风险、金融控股公司以及交叉性金融工具的风险进行监测和评估，防范和化解系统性金融风险，维护国家经济金融安全；转变为综合研究制定金融业的有关改革发展规划和对外开放战略，按照我国加入 WTO 的承诺，促进银行、证券、保险三大行业的协调发展和开放，提高我国金融业的国际竞争力，维护国家利益；转变为加强与外汇管理相配套的政策的研究与制定工作，防范国际资本流动的冲击。

"两个增加"，即增加反洗钱和管理信贷征信业两项职能。今后将由中国人民银行组织协调全国的反洗钱工作，指导、部署金融业反洗钱工作，承担反洗钱的资金监测职责，并参与有关的国际反洗钱合作；由中国人民银行管理信贷征信业，推动社会信用体系建设。

这些新的变化，进一步强化了中国人民银行作为我国的中央银行在实施金融宏观调控、保持币值稳定、促进经济可持续增长和防范化解系统性金融风险中的重要作用。随着社会主义市场经济体制的不断完善，中国人民银行作为中央银行在宏观调控体系中的作用更加突出。面对更加艰巨的任务和更加重大的责任，中央银行在履行新的职责过程中，视野要更广，思路要更宽，立足点要更高，特别是要大力强化与制定和执行货币政策有关的职能，不仅要加强对货币市场、外汇市场、黄金市场等金融市场的规范、监督与监测，还要从金融市场体系有机关联的角度，密切关注其他各类金融市场的运行情况和风险状况，综合、灵活运用利率、汇率等各种货币政策工具实施金融宏观调控。要从维护国家经济金融安全，实现和维护国家利益的高度，研究、规划关系到我国整个金融业改革、发展、稳定方面的重大战略问题。

第二节　中央银行制度

由于各国的社会制度、政治体制、经济发展水平、金融业务发达程度等千差万别，因而各国的中央银行制度也各有差异。本节将从以下几方面阐述中央银行制度。

一、中央银行的资本组成类型

按所有制形式，各国的中央银行可划分为以下五大类。

（一）全部资本归国家所有的中央银行

全部资本归国家所有是目前世界上大多数国家的中央银行所采用的所有制形式。这既包括中央银行直接由国家拨款设立，也包括国有化后的中央银行。这类中央银行包括英国、法国（英法两国是第二次世界大战后将私有的中央银行收归国有的）、德国、加拿大、澳大利亚、荷兰、挪威、印度等 50 多个国家的中央银行。中国人民银行也属于这种类型。

（二）国家资本与民间资本共同组建的中央银行

这类中央银行的资本由国家和民间资本共同持有，民间资本包括企业法人和自然人的股份，但国家资本大多在 50% 以上。而且，法律上一般都对非国家股份持有者的权利做了限定，如只允许有分取红利的权利而无经营决策权，因此中央银行的私人股份属于无投票权的优先股。属于这类的有日本、比利时、奥地利、墨西哥、土耳其等国的中央银行。

（三）全部股份由私人持有的中央银行

对于这类中央银行，国家不持有任何股份，全部资本为非国家所有，经政府授权行使中央银行职能，主要有美国、意大利和瑞士等少数国家。

例如，美国联邦储备体系由 12 家地区联邦储备银行、约 2 900 家会员银行、联邦储备理事会、联邦公开市场委员会和联邦咨询委员会组成。各家联邦储备银行都属于私营公用事业的股份机构，其股东便是该储备区内作为联邦储备体系会员的私人股份商业银行。这些私人股份商业银行购买自己所在储备区的联邦储备银行股份，但股息支付不得超过年率6%。虽然会员银行拥有联邦储备银行股份，但是它们并不享有所有权通常具有的任何好处：①它们对联邦储备银行的收益没有要求权，不论联邦储备银行收益如何，只能得到年率6%的股息；②它们对联邦储备体系如何使用它们的"财产"没有发言权；③会员银行对于董事中的每一个职位，通常只能"推选"一位候选人，这位候选人还常常是由联邦储备银行行长提名的（联邦储备银行行长又通常由理事会提名）。其结果是会员银行实质被排除在美联储的决策过程之外，没有任何实际的权力。

（四）无资本金的中央银行

这种类型的中央银行在建立之初没有资本金，而由国家授权行使中央银行的职能，中央银行运用的资金主要是各金融机构的存款和流通中的货币。目前，韩国的中央银行——韩国银行是唯一没有资本金的中央银行。1950 年，韩国银行成立时，原定注册资本为 15 亿韩元，全部由政府出资，但 1962 年《韩国银行法》的修改使韩国银行成为"无资本的特殊法人"。该银行每年的净利润按规定留存准备金之后，全部汇入政府的"总收入账户"，会计年度中如发生亏损，首先用提存的准备金弥补，不足部分由政府的支出账户划拨。

（五）资本为多国共有的中央银行

这种类型的中央银行是指其资本不为某一国家所独有，而是由主权独立的两国以上的国家所共有。这类中央银行主要是指跨国中央银行，比如由喀麦隆、乍得、刚果共和国、赤道几内亚、加蓬和中非共和国组成的中非货币联盟所设立的中非国家银行，以及欧洲中央银行等。

上述分析表明，从历史上来看，中央银行制度的形成和发展存在着从私有到国有的转化，也存在中央银行法律地位的转化，即从最初的特权商业银行发展到准国家机关，最终成为国家机关。英格兰银行从 1694 年成立时的特许，到 1844 年《英格兰银行特许条例》，再到 1946 年《英格兰银行法》的国有化，就是一个突出代表。

二、中央银行的类型

从组织结构上看，中央银行可划分为以下四种类型。

（一）单一式中央银行制度

单一式中央银行制度是最主要的，也是最典型的中央银行制度形式。它是指国家设立专门的中央银行机构，使之全面、纯粹地行使中央银行职能的制度。单一式中央银行制度又有如下两种具体情形。

1. 一元式中央银行制度

一元式中央银行制度，是指一国只设立一家统一的中央银行机构来行使中央银行的权力和履行中央银行的全部职能。它一般采用总分行制的形式，通常在首都设立总行，根据客观经济和宏观调控的需要在全国范围内设立若干分支机构。一元式中央银行制度的特点是权力集中、职能齐全，根据需要在全国各地建立分支机构。目前世界上绝大多数国家采用这种中央银行体制，中国人民银行便是如此。

2. 二元式中央银行制度

二元式中央银行制度，是指在一国国内设立中央和地方两级中央银行机构，中央级机构是最高权力或管理机构，地方级机构也有相应的独立权力，虽然要接受中央级机构的监督和管理，但两级机构分别行使各自的职权。这是一种联邦式的、具有相对独立性的两级中央银行制度，美国、原联邦德国等国家的中央银行皆属此类。

（二）复合中央银行制度

复合中央银行制度，是指在一国内不设立专门的中央银行机构，而是由一家大银行来扮演中央银行和商业银行两个角色，即"一身二任"。这种体制主要存在于改革前的苏联和东欧等国，我国在1983年以前也实行这种中央银行制度。

（三）跨国中央银行制度

跨国中央银行制度，是指由参加货币联盟的所有成员国联合组成的中央银行制度。第二次世界大战后，地域相邻的一些欠发达国家建立了货币联盟，并在联盟内成立参加国共同拥有的统一的中央银行。这种跨国的中央银行发行共同的货币，执行统一的金融政策。

（四）准中央银行制度

准中央银行制度，是指某些国家或地区只设立类似中央银行的机构，或由政府授权某个或某几个商业银行，行使部分中央银行职能的体制。例如，新加坡中央银行的职能由新加坡金融管理局和新加坡货币局两个法定机构共同承担。根据1970年9月2日通过的《新加坡金融管理局法》，新加坡金融管理局于1971年1月成立。作为新加坡事实上的中央银行，新加坡金融管理局的主要职能是制定和实施货币政策，监管金融业，为金融机构和政府提供各种服务等。根据《1967年货币法》成立的新加坡货币局享有在新加坡发行货币的独占权。新加坡货币局以100%的外汇资产（包括黄金、英镑或其他外汇）为保证发行新元。1972年6月英镑浮动后，新加坡将干预货币由英镑转为美元。

 知识拓展

中国人民银行上海总部

中国人民银行上海总部是中国人民银行的直属机构之一。它成立于2005年8月，作为总行的有机组成部分，在总行的领导和授权下开展工作，主要承担部分中央银行业务的具体操作职责，同时履行一定的管理职能。

中国人民银行上海总部的设立，是我国中央银行体制的一次自我完善，是更好地发挥中央银行在宏观调控中作用的重要制度安排。成立上海总部，主要是围绕金融市场和金融中心的建设来加强中央银行的调节职能和服务职能。中央银行在内的金融组织形式顺从客观规律，围绕金融市场的发展开展各项业务，围绕金融中心的建设改进各种功能，并为上海国际金融中心的建设注入新的活力。

中国人民银行上海总部的主要职责是：

（一）根据总行提出的操作目标，组织实施中央银行公开市场操作；承办在沪商业银行及票据专营机构再贴现业务等。

（二）管理银行间市场，跟踪金融市场发展，研究并引导金融产品的创新；分析市场工具对货币政策和金融稳定的影响；负责对区域性金融稳定和涉外金融安全的评估。

（三）负责有关金融市场数据的采集、汇总和分析；围绕货币政策操作、金融市场发展、金融中心建设等开展专题研究。

（四）负责有关区域金融交流与合作工作，承办有关国际金融业务。

（五）根据总行授权，代理境外央行类机构投资银行间债券市场。

（六）根据总行授权，负责开展跨境人民币业务监督管理等工作。

（七）根据总行授权，承担支付结算、反洗钱等的执法检查工作。

（八）根据总行委托，承担部分人民银行系统安全保卫工作。

（九）根据总行授权，承担有关市场主体受益所有人信息管理工作。

（十）根据总行委托，承担部分全国性法律事务、金融法律研究等工作。

（十一）负责上海总部的人事、党群、内审、纪检工作。

（十二）负责在上海的人民银行有关机构的管理及相关机构的协调管理工作。

（十三）承办总行交办的其他事项。

（资料来源：中国人民银行上海总部官网。）

第三节　中央银行的性质、特征与职能

一、中央银行的性质及特征

中央银行的性质是通过国家法律赋予中央银行的特有属性，这一属性可以表述为：中央银行是国家赋予其制定和执行货币政策，对国民经济进行宏观调控和管理监督的特殊金融机构。这一性质表明，中央银行既是特殊的金融机构，又是特殊的国家机关。

（一）中央银行是特殊的金融机构

中央银行的性质集中体现在中央银行是一个"特殊的金融机构"，具体表现如下。

1. 业务的特殊性

与商业银行相比，中央银行的业务特殊性体现在如下方面。①经营目的的特殊性。中央银行不以营利为目的，不能与商业银行和其他金融机构处于平等的地位，因此也不能开展平等的竞争。②经营对象的特殊性。中央银行不与普通的企业和个人进行业务往来，其业务对象仅限于商业银行、其他金融机构及政府等。③业务性质的特殊性。中央银行在业务经营过程中拥有某种特权，如中央银行享有发行货币的特权，这是商业银行所不能享有的权力。除此之外，它还肩负集中存款准备金、代理国库、管理国家黄金和外汇储备、维护支付清算系统的正常运行等特殊职能。

2. 地位的特殊性

中央银行就其所处的地位而言，处于一个国家金融体系的中心环节。它是全国货币金融的最高权力机构，也是全国信用制度的枢纽和金融最高管理当局。中央银行的地位非同一般，是国家货币政策的体现者，是国家干预经济生活的重要执行者，是政府在金融领域的代理人。它的宗旨是维持一国的货币和物价稳定，促进经济增长，保障充分就业和维持国际收支平衡。

（二） 中央银行是特殊的国家机关

作为国家管理金融业和调控宏观经济的重要部门，中央银行具有一定的国家机关性质，负有重要的公共责任。虽然国家赋予中央银行各种金融管理权，但它与一般的政府行政管理机构仍然存在明显不同。其特殊性表现如下。

1. 履行管理职能的手段不同

中央银行行使管理职能时，不是单凭行政权力行使其职能，而是通过经济和法律的手段，如信贷、利率、汇率、存款准备金、有关法律等，其中以经济手段为主，如调整基准利率和法定存款准备金率，在公开市场上买卖有价证券等。这些手段的运用具有银行业务操作的特征，与主要依靠行政手段进行管理的国家机关有明显不同。

2. 履行管理职能的方式不同

中央银行对宏观经济的调控是间接的、有弹性的，即通过货币政策工具操作，首先调节金融机构行为和金融市场的变量，再影响到企业和居民个人的投资与消费，从而影响整个宏观经济。其调控方式具有一定的弹性，也具有一定的时间差，即时滞。而一般的国家行政机关的行政决议可以迅速且直接地作用于各微观主体，如税率的调整缺乏弹性，政策效果呈现出刚性。

3. 履行管理职能时拥有一定的独立性

中央银行相对于政府具有相对的独立性，而一般的国家行政机关本身就是政府的组成部分之一。

由于中央银行是代表国家管理金融的政府机关，因而决定了其所具备的基本特征：第一，不以营利为目的；第二，不经营普通银行业务；第三，处于超然地位。

二、中央银行的职能

中央银行的职能是其性质的具体体现。中央银行的性质和宗旨决定了其有三项基本职能：发行的银行、银行的银行和政府的银行。

（一） 发行的银行

1. 发行的银行界定

所谓发行的银行，是指中央银行集中和垄断货币的发行权，成为全国唯一的现钞发行机构，这是中央银行的最本质特征。中央银行正是因为垄断了货币发行权，才相应地有了其他一些职能。由中央银行垄断货币发行权，是统一货币发行、稳定货币价值的基本保证。

这里必须明确一点，发行的银行所指的"货币发行"中的"货币"，通常专指银行券或现钞，而不包括存款形态的货币。目前世界上几乎所有国家的现钞都由中央银行发行，而对于辅币的铸造、发行，有些国家由中央银行管理，有些国家则由财政部负责，发行收入归财政。

作为发行的银行，中央银行需要承担两方面的责任：一是保持货币流通顺畅；二是有效控制货币发行量，稳定币值。中央银行垄断货币发行权，并不意味着中央银行可以任意决定货币发行量。在实行金本位制条件下，中央银行是依靠足额发行准备或部分发行准备来保证其发行银行券的可兑换性的。因而，中央银行必须集中足够的黄金储备。作为保证银行券发行与流通的物质基础，黄金储备数量成为银行券发行数量的重要制约因素。即使货币流通均转化为不可兑现的纸币流通，一国政府所提供的信用担保也足以保证一国货币的稳定。因此，此时的中央银行必须根据经济发展的需要来确定货币发行量，并有责任规范货币发行，以确保货币价值的稳定。如果滥用货币发行权，必然会引发通货膨胀、货币贬值，严重时中央银行所发行的现钞甚至形同废纸。因此，国家必须对中央银行的货币发行进行适当的控制。

2. 现钞发行程序

至于中央银行发行货币的程序，下面以我国的人民币发行为例说明。

人民币的具体发行是由中国人民银行设置的发行基金保管库（简称发行库）和商业银行的业务库之间划拨来办理的。所谓发行基金，是指人民银行保管的已印制好而尚未进入流通的人民币票券。发行库在中国人民银行总行设总库，下设分库、支库，在不设中国人民银行机构的县，发行库委托商业银行代理。各商业银行对外营业的基层行处设立业务库。业务库保存的人民币，是作为商业银行办理日常现金收付业务时的备用金。为避免业务库过多存放现金，通常由上级银行和同级中国人民银行为业务库核定库存限额。

现金发行的具体操作程序是：当商业银行基层行处现金不足时，可到当地中国人民银行在其存款账户余额内提取现金。于是，人民币从发行库转移到商业银行基层行处的业务库，这就意味着这部分人民币现钞进入了流通领域，这一过程被称为"出库"。当商业银行基层行处收入的现金超过其业务库库存限额时，超过的部分应自动送交中国人民银行。该部分人民币现钞进入发行库，意味着退出流通领域，这一过程被称为"入库"。总之，中央银行发行货币并不仅仅是印制新钞票并投入流通，还要负责现钞货币的整个动态流动过程。在现代经济社会中，现金货币的动态流通过程可以称为货币物流，具体来说指货币的印制、调拨、保管、投放、流通、回笼，反复流转，从新到旧，由整到残，直至最终退出流通并被销毁，以及与之相关的信息流等的整个物理性过程。

📖 案　例

2023 年数字人民币试点成绩单

综合来看，各地依托数字人民币支付即结算、无电无网交易等功能特性，大力推动场景建设，发挥政府引导作用，充分调动各市场主体参与积极性，加速数字人民币应用融入市民日常生活。

特色场景亮点纷呈

据中国人民银行浙江省分行披露，2023 年，浙江全省数字人民币钱包达到 3 526 万个，其中对公钱包 141 万个，个人钱包 3 385 万个。数字人民币交易笔数 1.83 亿笔，交易金额达到 6 478 亿元。公众使用数字人民币消费金额达 509 亿元。各试点地区以数字人民币形式开展促消费活动 26 场，向公众发放数字人民币消费金近 2 亿元。

同期，数字人民币受理商户数量达到 333 万个。浙江推进数字人民币与电子支付条码互通改造，2023 年全年新增数字人民币受理商户 200 万个。该地数字人民币特色场景亮点纷呈，更多便民服务应用迭代升级。据披露，财政统一公共支付平台 270 余种非税收缴全面支持使用数字人民币，在开学季开展数字人民币缴学费优惠活动。办税大厅新增数字人民币缴税渠道，全年以数字人民币形式缴税金额达 630 亿元。

另外，打造数字人民币养老应用场景，落地湖州医养机构"长寿卡"数字人民币硬钱包。推动杭州市体育培训机构率先试点接入数字人民币预付资金管理"元管家"应用，探索预付式消费资金管理新路径。

中国人民银行浙江省分行表示，2023 年，浙江省数字人民币试点扎实推进，顺利实现增量扩面、提质增效、创新升级的试点目标，数字人民币在杭州亚运会成功应用，全省数字人民币应用规模再上新台阶，更多便民惠企应用场景加速落地，数字人民币应用生态进一步丰富完善。

"从公布的数据来看，浙江在数字人民币领域取得了亮眼的成绩。"在资深分析师王某看来，试点地区拓展数字人民币应用场景有助于数字人民币的普及，能极大地推动其发展。

落地成效显著

此外，据江苏省人民政府官网披露数据，截至 2023 年年末，苏州全市累计开立个人钱包超 2 916 万个，开立对公钱包 194 万个，钱包活跃数较 2022 年有数倍提升；全年交易金额超 3 万亿元，占全省交易量的九成以上。

从特色应用场景来看，苏州市各板块、部门、金融机构结合自身业务特色，打造 50 个可复制、可推广的创新示范项目，加速推进数字人民币在各领域的应用，清算通上线数字人民币清结算服务，编写全国首个公积金领域数字人民币应用标准等行业标准，在全国范围内产生广泛影响。

据中国人民银行福建省分行披露数据，福建数字人民币试点成效显著，截至 2023 年 12 月末，累计开立数字人民币钱包 853.89 万个、交易（含兑换、转账、消费）笔数 8 531.98 万笔、金额 3 513.60 亿元，开通数字人民币支付商户门店有 44.28 万个，2023 年数字人民币交易额、商户门店数同比增长 27.56%、76.21%，并已实现通用类场景全覆盖。

另据济南市地方金融监督管理局披露，济南市创新推进数字人民币试点助力科创金融改革试验区建设。截至 2023 年 12 月末，该市累计开立数字人民币钱包 264.34 万个，其中个人钱包 228.82 万个，对公钱包 35.52 万个；累计交易 74.24 亿元，支持数字人民币结算商户门店累计达 34.7 万个。

中国人民银行河北省分行数据显示，截至 2023 年 11 月末，该省支持受理数字人民币的商户门店有 101.9 万个，较 2023 年年初增长 77%；累计消费 1 154 万笔、金额 75.2 亿元，分别较 2023 年年初增长 1.4 倍、16.2 倍；总交易 4 022 万笔，金额 520 亿元，分别较 2023 年年初增长 1.7 倍、3.8 倍。

王某表示，目前，数字人民币试点场景覆盖了生活缴费、餐饮服务、交通出行、购物消费、政务服务及金融服务等多个领域。各试点地区在覆盖"吃、住、行、游、购、娱"等民生消费领域的基础上，试点场景有所侧重并呈现因地制宜的特点。

另有相关人士对《证券日报》记者表示："当前，数字人民币促消费成为新常态，其正处于从'尝鲜'到'常用'、从'支付'到'智付'、从'产品'到'产业'的转变过程，各领域示范引领应用场景落地成效显著。预计未来各试点地区将会在扩大应用覆盖面、稳步提升用户活跃度、创新示范性等方面发力，进一步推动数字人民币应用从'量的积累'到'质的跃升'。"

（资料来源：李冰，《证券日报》，《多地发布2023年数字人民币试点成绩单 功能上新 场景拓展》，2024年3月14日。）

（二）银行的银行

银行的银行有以下几层意思：一是中央银行的业务对象是商业银行和其他金融机构及特定的政府部门；二是中央银行在与其业务对象之间的业务往来中仍表现出银行所固有的"存、放、汇"等业务特征；三是中央银行在为商业银行提供支持和服务的同时，也是商业银行的监督管理者。作为银行的银行，中央银行的职能具体体现在以下方面。

1. 集中存款准备金

按法律规定，商业银行和其他金融机构都要按法定比例向中央银行缴纳存款准备金。同时，商业银行出于流动性考虑，也会将一定比例的资金存放于中央银行构成超额存款准备金。因此，中央银行集中和保管的存款准备金，包括商业银行等金融机构的法定存款准备金和超额存款准备金。

中央银行集中保管存款准备金具有如下意义：第一，加强存款机构的清偿能力。如遇到金融机构资金周转困难，通过中央银行加以调剂，既能保障存款人的安全，又能防止银行发生挤兑而倒闭。第二，有利于中央银行控制商业银行的信贷规模和控制货币供应量。因为中央银行有权根据宏观调控的需要，变更、调整法定存款准备金率，使存款准备金制度成为一个重要的货币政策工具。第三，中央银行吸收超额准备金存款有利于为商业银行等金融机构办理资金清算。

2. 充当最后贷款人

最后贷款人，是指在商业银行发生资金困难而无法从其他银行或金融市场筹措时，中央银行对其提供资金支持。"最后贷款人"理论最早由桑顿于1802年提出，后由沃尔特·巴杰特于1873年进行了系统阐述。巴杰特主张当某家银行出现流动性不足时，中央银行有责任予以贷款支持，帮助其渡过难关，从而避免银行破产倒闭带来巨大的负面效应。

最后贷款人可以发挥以下作用：一是支持陷入资金周转困难的商业银行及其他金融机构，以免银行挤兑风潮扩大，最终导致整个银行业崩溃；二是通过为商业银行办理短期资金融通，调节信用规模和货币供给量，传递和实施宏观调控意图。中央银行对商业银行和其他金融机构办理再贴现和再抵押贷款的融资业务时，执行的就是最后贷款人的职能。

3. 组织全国票据清算中心

中央银行为各商业银行及其他金融机构相互间应收应付的票据进行清算，就是履行了最后清算人的职能。商业银行及其他金融机构在中央银行开立账户，并在中央银行拥有存款（超额存款准备金账户）。这样，它们收付的票据就可以通过其在中央银行的存款账户划拨款项，办理结算。中央银行将结算轧差直接增减各银行的准备金，从而清算彼此之间的债权债务关系。此时，中央银行充当了全国票据清算中心的角色。

中央银行参与组织管理全国清算，首先，加快了资金周转速度，减少了资金在结算中的占有时间和清算费用，提高了清算效率；其次，解决了非集中清算带来的问题，如不安全及在途资金占用过多等；最后，有利于中央银行及时掌握各商业银行的头寸状况，便于中央银行行使金融监管的职能。目前，大多数国家的中央银行已成为全国资金的清算中心。例如，《中华人民共和国中国人民银行法》明确规定，中国人民银行有履行"维护支付、清算系统的正常运行"的职责，"应当组织或者协助组织银行业金融机构相互之间的清算系统，协调银行业金融机构相互之间的清算事项，提供清算服务"。

（三）政府的银行

所谓政府的银行，也称国家的银行，是指中央银行代表国家从事金融活动，对一国政府提供金融服务，贯彻执行国家货币政策，实施金融监管，其具体表现如下。

1. 代理国库收支

中央银行代理经办政府的财政预算收支，政府的收入和支出都通过财政部门在中央银行系统内开设的各种账户来进行。其具体包括按国家预算要求代收国库库款，按财政支付命令拨付财政支出，向财政部门反映预算收支执行情况，经办其他有关国库事务等。

2. 代理政府债券的发行

一国政府为调剂政府收支或弥补政府开支不足而发行政府债券时，通常由中央银行来代理政府债券的发行，并代办债券到期时的还本付息等事宜。

3. 为政府提供信用

中央银行作为国家的银行，在国家财政入不敷出时，一般负有提供信贷支持的义务。这种信贷支持主要有两种方式：一是直接向政府提供放款或透支，二是购买政府债券。第一种方式通常用以解决财政收支的暂时性不平衡，因而是短期融资，这种信贷对货币流通总的影响一般不大。但在财政赤字长期化的情况下，政府如果利用中央银行的信用弥补自己的支出，就会破坏货币发行的独立性，威胁到货币币值的稳定。因而，许多国家限制财政向中央银行的无限制借款。对于第二种方式，又有两种情况：一是直接在一级市场上购买政府债券，中央银行所支付的资金就成为财政收入，等同于直接向政府融资。因此，一些国家的中央银行法禁止中央银行以直接的方式购买政府债券。例如，《中华人民共和国中国人民银行法》第二十九条明确规定："中国人民银行不得对政府财政透支，不得直接认购、包销国债和其他政府债券。"二是间接在二级市场上购买，即公开市场操作，资金间接流向财政。公开市场操作已成为各国中央银行积极采用的一项重要货币政策工具。

4. 充当政府的金融代理人，代办各种金融事务

作为国家的银行，中央银行充当政府金融代理人的内涵是多方面的：保管和管理国家黄金外汇储备；制定和执行货币政策，调节货币供给量，实施宏观金融的监督和管理；代表政府参加国际金融组织和国际金融活动；对金融业实施监管等。

第四节　中央银行的主要业务

与普通商业银行的资产与负债结构不同，中央银行凭借其业务的特殊性，在金融体系中扮演着核心角色。中央银行通过其自身的业务操作，来调节商业银行及其他金融机构的资产负债状况，从而实现对宏观金融的调控。支付清算业务也是中央银行不可或缺的一项关键业务，它确保了金融交易的高效、安全与顺畅进行，进一步强化了中央银行在维护金融稳定和促进经济发展中的基石作用。中央银行的主要业务共同构成了其宏观调控和金融服务的综合体系。

一、中央银行的资产负债表业务

中央银行资产负债表是中央银行全部业务活动的综合会计记录。中央银行通过自身的业务操作来调节商业银行的资产、负债和社会货币总量。因此，在介绍中央银行的具体业务之前，我们有必要先了解中央银行的资产负债表结构，各国中央银行资产负债表结构可能稍有不同，以我国中央银行资产负债表为例，如图6-1所示。

项目 Item
国外资产 Foreign Assets
外汇 Foreign Exchange
货币黄金 Monetary Gold
其他国外资产 Other Foreign Assets
对政府债权 Claims on Government
其中：中央政府 Of which：Central Government
对其他存款性公司债权 Claims on Other Depository Corporations
对其他金融性公司债权 Claims on Other Financial Corporations
对非金融性部门债权 Claims on Non-financial Sector
其他资产 Other Assets
总资产 Total Assets
储备货币 Reserve Money
货币发行 Currency Issue
金融性公司存款 Deposits of Financial Corporations
其他存款性公司存款 Deposits of Other Depository Corporations
其他金融性公司存款 Deposits of Other Financial Corporations
非金融机构存款 Deposits of Non-financial Institutions
不计入储备货币的金融性公司存款 Deposits of Financial Corporations Excluded from Reserve Money
发行债券 Bond Issue
国外负债 Foreign Liabilities
政府存款 Deposits of Government
自有资金 Own Capital
其他负债 Other Liabilities
总负债 Total Liabilities

图6-1　中央银行（货币当局）资产负债明细

（来源：中国人民银行官网）

与一般经济体先有资金来源（负债或资本）业务，然后才会发生相应的资产业务迥然不同，中央银行的资产负债表业务的逻辑是先有资产业务，然后才会发生负债业务。

（一）资产项目

从资产方来看，如果以国内和国外资产划界的话，那么中央银行的资产就可以分为国外净资产（主要是国际储备部分）和国内资产（中央银行向国内机构提供融资）两大类。所谓国外净资产，就是本国中央银行对外资产与对外负债的差额，即对非居民净债权。对外资产主要是一国中央银行持有的国际储备，包括货币黄金和特别提款权、外汇储备和在IMF的头寸等。对外负债主要是本国中央银行对非居民的负债，如外国政府机构和金融机构在本国中央银行的负债。

国内资产包括中央银行对各级政府、金融机构和其他部门提供的资金。具体来说，对政府债权就是指中央银行对各级政府提供的融资，包括透支、贷款及购买的政府债券等。中央银行对其他存款性公司、其他金融性公司的债权，主要是中央银行对这类机构提供的再贷款及票据贴现。

因此，资产业务是中央银行发挥自身职能的重要手段。中央银行的资产业务主要包括贷款业务、再贴现业务、证券买卖业务及黄金外汇储备业务等。

（二）负债项目

负债方的各项既可以按部门来划分，也可以按是否属于基础货币（也就是储备货币）的口径来划分。这里主要从后一角度来讨论。

中央银行最关键的负债项目是储备货币，又称高能货币、基础货币，是中央银行为广义货币和信贷扩张提供支持的负债。作为经济中货币总量的基础，储备货币具体包括货币发行和其他存款性金融公司（商业银行）的准备金存款。

所谓货币发行，就是中央银行发行的货币最终流通到全社会其他部门甚至流通到海外。就封闭经济而言，中央银行发行的货币最终在两大类机构手中：一类是国内企业和居民持有的现钞，又称"流通中现金"；另一类是其他存款性公司持有的现钞，又称"库存现金"，这部分现钞在有的国家又被视为超额存款准备金的一部分。两者的主要差异为前者计入货币供应量，后者则不计入货币供应量。

对其他存款性金融公司的存款即准备金存款，包括中央银行要求商业银行必须持有的准备金，即法定准备金，以及银行自愿持有的超过法定准备金的部分，即超额准备金两项内容。例如，中央银行要求存款类金融机构每吸收100元存款，必须将其中的一部分（比如10%）以准备金形式持有，这一比例（10%）被称为法定准备金率。超额准备金是预防存款流出的保障措施，持有这些超额准备金的成本是其机会成本，即把这些超额准备金贷放出去所能获得的利率和作为准备金获得的利率之差。

因此，基础货币（base money，通常用 B 表示），通常是指流通中的通货（C）和银行体系准备金存款（R）之和，即 $B=C+R$。基础货币实际上是中央银行对社会大众的负债总额，由于可以支撑数倍的货币供给额，故称为高能货币或强力货币。

其他金融性公司存款这一项主要反映的是证券公司、信托投资公司等非存款性金融机构在中央银行的存款，不是基础货币的一部分。中央银行负债中还有一项重要内容是政府存款，即（各级）政府将其存款存放在中央银行形成的款项。

除了发行无利息的现钞之外，有的中央银行还会发行附利息的证券，并且在其负债方的占比较大。如 2003 年以来，中国人民银行发行的各种期限的中央银行票据。

（三）中央银行对基础货币的控制

中央银行资产负债表的资产方主要是国外净资产、对政府债权和对其他存款性公司债权，负债方主要是流通中现金和准备金存款，即基础货币。因此，我们得到简化的中央银行资产负债表，如表 6-1 所示。

表 6-1　简化的中央银行资产负债表

资　产	负债及资本
国外净资产	基础货币
对政府债权：中央政府	流通中现金
对其他存款性公司债权	准备金存款

如前所述，中央银行是由资产项目引起负债项目发生变化的，而中央银行的主要职能是通过控制基础货币规模，进而调控货币供应量，那么，中央银行的资产业务如何引起基础货币的变动呢？根据表 6-1，基础货币的变动主要来自三方面的资产业务变化：国外净资产、对政府债权及对其他存款性公司债权。具体反映在，中央银行通过在公开市场上买卖外汇资产、政府债券及银行贴现贷款的方式对基础货币进行控制。

1. 央行买入外汇资产对基础货币的影响

如果中央银行在外汇市场上向商业银行买入外汇资产，这一交易的结果是，资产方"国外净资产"增加，负债方"准备金存款"也相应增加，如表 6-2 所示。

表 6-2　中央银行买入外汇资产在其资产负债表中的体现

资　产	负债及资本
国外净资产 ┄┄┄┄ 增加	基础货币
对政府债权：中央政府	流通中现金　　增加
对其他存款性公司债权	准备金存款

由于准备金存款增加，即基础货币增加，这部分基础货币再经由商业银行的信贷投放派生出大量的支票存款和现金货币，从而引起货币供应量的增加。这就是货币投放的外汇占款渠道。外汇占款，是指本国中央银行通过收购外汇资产而相应投放的本国货币。外汇占款统计在货币当局资产负债表国外净资产项下的外汇资产，其变动对负债方基础货币的投放产生影响。

1994 年汇率并轨后，外汇市场供求关系改变，由原来的供不应求转变为供过于求，我国外汇占款大量增加，外汇占款成为我国基础货币投放的主渠道，引起了社会有关层面的关注。但是，自 2004 年人民币汇率形成机制进一步完善后，中央银行外汇占款在基础货币的投放中呈现逐年下降趋势。

2. 央行在银行间债券市场买入国债对基础货币的影响

当中央银行在银行间债券市场买入有价证券时，其交易对手是金融机构，买卖的标的一般是国债。所以，在中央银行资产负债表中，资产方"对政府债权：中央政府"增加，负债方"准备金存款"增加，因此基础货币增加，如表 6-3 所示。

表6-3　中央银行在银行间债券市场买入国债在其资产负债表中的体现

资　产		负债及资本	
国外净资产	增加	基础货币	
对政府债权：中央政府		流通中现金	增加
对其他存款性公司债权		准备金存款	

3. 央行对商业银行贴现贷款对基础货币的影响

中央银行对其他存款性公司债权主要通过向银行提供再贷款或再贴现来体现。当中央银行对商业银行进行再贴现或再贷款时，其资产方"对其他存款性公司债权"增加，而负债方"准备金存款"增加，即基础货币发生变动，如表6-4所示。

表6-4　中央银行对商业银行的再贴现或再贷款在其资产负债表中的体现

资　产		负债及资本	
国外净资产		基础货币	
对政府债权：中央政府	增加	流通中现金	增加
对其他存款性公司债权		准备金存款	

综合以上分析可以看出，中央银行可以通过资产项目影响负债项目的变动。从理论上讲，中央银行资产负债表具有无限扩大的可能性。但是，中央银行作为一国货币金融管理者，会根据经济发展的客观需要而有序进行资产业务。

（四）中央银行的资本金项目

最后一项是中央银行的资本金项目。根据出资者的不同，中央银行的所有者就有不同的类型。当前中央银行的资本金主要有政府出资、地方政府或国有部门出资、私人部门出资和成员国中央银行出资四种情形。当然，纵观世界各国，不论中央银行采取何种出资形式，出资者对于中央银行货币政策的制定与执行都无权干预。这也使中央银行的出资者及出资形式不像货币政策的变化那样引人注目。这是中央银行与一般企业的显著不同。

二、中央银行的支付清算业务

清算是每一笔经济业务及其对应资金运动的终结，中央银行通过其支付清算系统，实现金融机构之间债权债务的清偿及资金的顺利转移，对于加速资金的周转，提高资金配置效率有重要意义。中央银行的支付清算是其最常见的业务活动。

（一）支付清算体系的构成

支付清算体系，是指一个国家或地区对于金融机构及社会经济活动产生的债权债务关系进行清偿的系统。这个系统包括清算机构、支付系统及支付清算制度等。

1. 清算机构

清算机构，是指提供资金清算服务的中介机构。在不同国家，清算机构具有不同的组织形式，如票据交换所、清算中心、清算协会等。清算机构大都实行会员制度，会员缴纳会费并遵守清算机构的规章制度。大部分国家的中央银行是作为清算机构的成员直接参与支付清算业务的，也有少部分国家的中央银行不直接加入清算机构，而通过实行监督、审计等方式为金融机构提供清算服务。

2. 支付系统

支付系统，是指由提供支付清算业务的中间机构和实现支付指令传送及资金清算的专业技术手段共同组成，用以实现债权债务清偿和资金转移的一种金融安排。中央银行在支付系统中通常负责监督管理，控制支付系统所面临的各类风险。一些国家由中央银行直接拥有并经营大额支付系统，从而保证货币政策的有效传导和金融体系的健康运转。

目前较重要的几个支付系统有环球银行金融电信协会（SWIFT）、纽约清算所银行同业支付系统（CHIPS）、泛欧实时全额自动清算系统2（TARGET 2）、中国现代化支付系统（CNAPS）。

3. 支付清算制度

支付清算制度，是指对清算业务的规章制度、操作管理、实施范围、实施标准的规定和安排。中央银行一般综合本国经济运转情况，协同相关部门制定符合本国国情的支付清算制度。由于很多国家金融机构同业间业务发展较为迅速，业务量较大，因此一些中央银行还制定了同业清算制度，用以保证同业市场的健康运转。

（二）支付清算体系的运作

中央银行为实现支付清算体系的运转，通常会设立中央清算中心和地方分中心。金融机构在中央银行开立存款或清算账户后，金融机构之间的债权债务关系便通过其在中央银行开立的账户进行借贷记录和资金划转。支付清算服务通常包括四个内容：票据交换和清算、异地跨行清算、证券和金融衍生工具交易清算、跨国清算。

1. 票据交换和清算

票据交换是支付清算服务最基本的手段之一，在有些国家由中央银行负责管理，而在有些国家则交由私营的清算机构组织运行，但最终都要通过各金融机构或清算机构在中央银行开立的账户完成。票据交换的具体运作流程是：银行在收到客户提交的票据后，根据相应的票据交换方式，将代收的票据交付付款行，并取回其他银行代收的以己方为付款行的票据，从而进行债权债务的抵销和资金的清偿。

2. 异地跨行清算

异地跨行清算的业务运行原理为：付款人向其开户行发出支付通知；开户行向当地中央银行地方分支机构发出支付指令；中央银行将资金从该银行账户中扣除，并向汇入银行所在地中央银行分支机构发出向汇入银行支付的指令；汇入银行所在地中央银行地方分支机构在收到指令之后，向汇入银行发出通知；最后由汇入银行告知收款人。

3. 证券和金融衍生工具交易清算

鉴于证券和金融衍生工具具有交易数量大、不确定因素多、风险较大等特点，很多国家为证券和金融衍生工具交易设立了专门的清算服务系统。有些国家的中央银行也直接参与到支付清算活动中，以更好地监督管理清算业务。例如，美国的政府证券交易主要通过美联储 Fedwire 簿记证券系统完成资金的最后清算。

4. 跨国清算

跨国清算服务具有全局性和涉外性，又涉及不同国家的币种、不同的支付清算安排，需要借助跨国支付系统及银行往来账户实现跨国银行间清算。欧美大银行于 1973 年开发了 SWIFT 系统。目前该系统已经成为各国普遍使用的跨国支付清算系统，保证了国家间资金的正常流转和债权债务的及时清偿，促进了各国间经济业务的发展。

（三）我国支付清算体系的构成

1. 票据交换系统

票据交换系统是我国支付清算体系的重要组成部分。从行政区划上看，我国票据交换所有两种：地市内的票据交换所和跨地市的区域性票据交换所。其中，地市内票据交换所有 1 918 个，区域性票据交换所有 18 个。通常将地市内的票据清算称为"同城清算"，跨地市的清算称为"异地清算"。

2. 全国电子联行系统

全国电子联行系统是中国人民银行处理异地清算业务的行间处理系统。全国电子联行系统通过中国人民银行联合各商业银行设立的国家金融清算总中心和在各地设立的资金清算分中心运行。各商业银行受理异地汇划业务后，汇出、汇入资金由中国人民银行当即清算。其运行流程为：受理异地业务的商业银行中，发出汇划业务的为汇出行，收到汇划业务的为汇入行。汇出行向中国人民银行当地分行（发报行）提交支付指令（电子报文），发报行借记汇出行账户后，支付信息经卫星小站传送至全国清算中心，如汇出行账户余额不足，则支付指令必须排队等待。全国清算中心按中国人民银行收报行将支付指令清分后，经卫星链路发送到相应的中国人民银行收报行，由其贷记汇入行账户，并以生成的电子报文通知汇入行。

3. 电子资金汇兑系统

电子资金汇兑系统是商业银行系统内的电子支付系统。目前我国商业银行均由电子资金汇兑系统取代原来的手工操作。

4. 银行卡支付系统

银行卡支付系统由银行卡跨行支付系统及发卡行内银行卡支付系统组成，专门处理银行卡跨行的信息转接和交易清算业务，由中国银联建设和运营，具有借记卡和信用卡、密码方式和签名方式共享等特点。2004 年银行卡跨行支付系统成功接入中国人民银行大额实时支付系统，实现了银行卡跨行支付的实时清算。

5. 中国现代化支付系统

中国现代化支付系统（CNAPS）项目的总体设计始于 1991 年，1996 年 11 月进入工程实施阶段并正式启动。2002 年 10 月 8 日，该系统正式在中国人民银行清算总中心上线运行。中国现代化支付系统是世界银行技术援助贷款项目，主要提供跨行、跨地区的金融支付清算服务，能有效支持公开市场操作、债券交易、同业拆借、外汇交易等金融市场的资金清算，并将银行卡信息交换系统、同城票据交换所等其他系统的资金清算统一纳入支付系统处理，是中国人民银行发挥中央银行作为最终清算者和金融市场监督管理者的职能作用的金融交易和信息管理决策系统。

中国现代化支付系统由大额实时支付系统和小额批量系统两个系统组成。大额实时支付系统实行逐笔实时处理支付指令，全额清算资金，旨在为各银行和广大企事业单位及金融市场提供快速、安全、可靠的支付清算服务。小额批量支付系统实行批量发送支付指令，轧差净额清算资金，旨在为社会提供低成本、大业务量的支付清算服务，支撑各种支付业务，满足社会各种经济活动的需求。在物理结构上，中国现代化支付系统建有两级处理中心，即国家处理中心（NPC）和城市处理中心（CCPC）。国家处理中心分别与各城市处理中心相连，其通信网络采用专用网络，以地面通信为主，卫星通信备份。中国现代化支付系统至今已升级为第二付，即 CNAPS2，并且是中国支付系统的核心。

为了解决第一代 CNAPS 系统存在的不足，以及满足未来社会对支付清算等服务的需要，2009 年央行开始了第二代 CNAPS 系统（CNAPS2）的建设。该系统包含清算账户管理系统、公共控制系统、大额支付系统、小额支付系统、网上跨行清算系统（超级网行）、支付管理信息系统、支票影像交互系统。与 CNAPS 相比，CNAPS2 更加便捷与安全。

案　例

我国中央银行票据走向国际金融市场

中央银行票据，是中央银行为调节商业银行超额准备金而向商业银行发行的短期债务凭证，其实质是中央银行债券。中国人民银行通过中国人民银行债券发行系统发行央行票据，其发行的对象是公开市场操作一级交易商。目前公开市场操作一级交易商有 51 家，其成员包括商业银行、证券公司等。

2015 年 12 月 20 日，中国人民银行在伦敦发行了 50 亿元人民币 1 年期央行票据。这意味着央行首次试水离岸债券。离岸债券是指借款人在本国境外市场发行的以本国货币为面值的债券。离岸人民币债券就是在中国大陆以外地区发行的以人民币计价的债券。发行获得了成功，人民币国际化进程中也迎来了又一里程碑事件。

课后练习

一、选择题

1. 下列中央银行的业务和服务中，体现其"银行的银行"职能的是（　　）。

A. 发行货币　　　　　　　　　　　B. 对政府提供信贷

C. 代理国库　　　　　　　　　　　D. 集中保管商业银行存款准备金

2. 中央银行证券买卖业务的主要对象是（　　）。

A. 国库券和国债　　　　　　　　　B. 股票

C. 公司债券　　　　　　　　　　　D. 金融债券

3. 我国的中央银行是（　　）。

A. 中国银行　　　　　　　　　　　B. 中国工商银行

C. 中国人民银行　　　　　　　　　D. 国家金融监督管理总局

二、简答题

1. 如何理解"中央银行是特殊的金融机构"？

2. 请简要概述中央银行资产负债表的构成内容及特点。

3. 中央银行的资产业务如何引起基础货币的变动？

4. 请简要概述中央银行支付清算服务的主要内容。

项目实训

【实训内容】

中央银行的资金清算业务

【实训目标】

通过中央银行资金清算过程的模拟，对该业务有具体的感观认识，便于加强对该业务的理解。培养分析、解决问题的能力；培养资料查询、整理的能力。

【实训组织】

以学习小组为单位，确定中央银行组和商业银行的总行组、分行组，进行同城票据交换清算过程的设计及具体模拟，异地跨行清算过程的设计及具体模拟；各组总结同城、异地跨行清算的特点，分析其过程；教师总结中央银行资金清算的过程及作用。

【实训成果】

1. 考核和评价采用报告资料展示和学生讨论相结合的方式。

2. 评分采用学生和老师共同评价的方式。

第七章 非银行金融机构

学习目标

1. 理解非银行金融机构和商业银行的区别
2. 分析非银行金融机构的类别和主要业务
3. 掌握保险公司的概念、特点、分类、职能以及保险经营的原则
4. 理解投资银行和商业银行的区别

能力目标

1. 理解非银行金融机构的基本概念和类型
2. 掌握非银行金融机构的主要业务
3. 了解非银行金融机构的风险管理
4. 分析非银行金融机构的监管体系

情景导读

　　若干年前，有几个年轻大学生立志建设现代化农业，目标是成立农作物基因库公司。其自筹资金远不能满足设备和厂房的建设，于是他们就联系当地乡镇政府。乡镇政府很支持他们的创举，把他们的项目引荐给了中国农业银行。尽管乡镇政府表示将投入部分资金，但中国农业银行认为贷款风险大，还是婉言谢绝了。于是他们和乡镇政府为了发展这个农业的好项目一起到上级市政府寻求帮助，市政府科技部门对项目进行了认证，市政府介绍了政策性金融机构给予他们贷款支持。在贷款过程中，他们不仅需要办理抵押和保险，而且并非所有设备都能使用贷款资金，遇到了不少金融问题。在这个时候，有投资经纪人主动联系他们，帮助办理相关手续，条件是在适当的时候对他们的公司进行权益投资。

　　于是，这几个年轻人签订了相关的协议，还加深了对金融的认识："在经济建设过程中，不是所有资金问题都由商业银行来解决，我们所面临的问题实质上是一系列的专门金融机构服务问题。也就是说，这是在投融资的问题上如何通过不同的金融机构来实现效率

最优的问题。"

案例思考：他们需要借助哪些金融机构呢？这些金融机构有什么特点呢？下面的内容将会告诉我们答案。

第一节　政策性金融机构

政策性金融机构是指那些由政府或政府机构发起、出资创立、参股或保证，在特定的业务领域内从事政策性投融资活动，以贯彻和配合政府的社会经济政策或意图的金融机构。

一、政策性银行

政策性银行是指专门从事政策性金融活动，支持政府发展经济，促进社会全面进步，配合宏观经济调控的金融机构。其经营目标是实现政府的政策目标，资金主要来自国家预算拨款，在国内发行金融债券和发行国外债券等，资金运用以中长期贷款为主，贷款重点是政府产业政策、社会经济发展计划中重点扶植的项目。

（一）国家开发银行

国家开发银行于 1994 年 3 月 17 日被批准成立，同年 7 月 1 日正式开业。初始注册资本为 500 亿元人民币，由财政部拨付，直属国务院领导，是中国三家政策性银行中资产规模最大的。

国家开发银行重点向国家基础设施、基础产业和支柱产业（"两基一支"）的大中型基本建设和技术改造等政策性项目及配套工程的建设发放政策性贷款，具体包括制约经济发展的"瓶颈"项目、直接关系增强综合国力的支柱产业中的重大项目、重大高新技术在经济领域中运用的项目、跨地区的重大政策项目等。

自 1998 年以来，国家开发银行主动推行市场化改革，以市场化方式办政策性银行。2008 年 12 月 16 日，国家开发银行股份有限公司在北京成立，注册资本为 3 000 亿元，财政部和中央汇金投资有限责任公司分别出资 1 539.08 亿元和 1 460.92 亿元，分别持有国家开发银行股份有限公司 51.3% 和 48.7% 的股权。它是第一家由政策性银行转型而来的商业银行，标志着中国政策性银行改革取得重大进展，截至 2019 年年末，国家开发银行资产总额为 16.5 万亿元，发放贷款及垫款净额为 11.7 万亿元，不良贷款率为 0.95%，负债总额为 15.1 万亿元，全年实现净利润 1 185 亿元，资本充足率为 11.71%。发债是国家开发银行最主要的融资来源，其已发行债务证券余额为 9.7 万亿元，占总负债的 64.43%。国家开发银行是全球最大的开发性金融机构，中国最大的中长期信贷银行和债券银行，旗下拥有国开金融、国开证券、国银租赁、中非基金和国开发展基金等子公司。

（二）中国进出口银行

中国进出口银行于 1994 年 4 月 26 日被批准成立，同年 7 月 1 日正式开业，是直属国务院领导的、政府全资拥有的国家政策性银行，初始注册资本金为 50 亿元。

中国进出口银行的主要职责是贯彻执行国家产业政策、外经贸政策、金融政策和外交政策，为扩大我国机电产品、成套设备和高新技术产品出口，推动有比较优势的企业开展对外承包工程和境外投资，促进对外关系发展和国际经贸合作，提供政策性金融支持。2014 年，中国进出口银行在香港成功发行 70 亿元人民币债券，成为内地首家使用"香港金管局央行统筹配售窗口"向外国央行、主权基金和地区货币管理当局定向配售人民币债券的金融机构，并首次实现中国进出口银行债券在香港联交所上市交易。

截至 2023 年，中国进出口银行实现营业收入 233.08 亿元，同比下降 26.04%，其中汇兑损失 109.6 亿元。实现归属于股东的净利润 87.99 亿元，同比增长 9.01%。中国进出口银行资产总额达 6.39 万亿元，增长 7.62%。本外币贷款余额达 5.52 万亿元，较上年年末增长 5.5%。2023 年中国进出口银行全年累计发行人民币债券约 1.48 万亿元，累计发行量突破 11 万亿元关口。

（三）中国农业发展银行

中国农业发展银行于 1994 年 4 月 19 日被批准成立，同年 11 月 18 日正式开业，初始注册资本金为 200 亿元。

中国农业发展银行主要通过向中国人民银行借款和向境内金融机构发债等方式筹措农业政策性信贷资金，承担国家规定的农业政策性金融业务，代理财政性支农资金的拨付，为农业和农村经济发展服务，确保收购资金封闭运行。

中国农业发展银行的主要业务通常包括：办理肉类、食糖、烟叶、羊毛、化肥等专项储备贷款；办理农、林、牧、副、渔业产业化龙头企业和粮、棉、油加工企业贷款；办理粮食、棉花、油料种子贷款；办理粮食仓储设施及棉花企业技术设备改造贷款；办理农业小企业贷款和农业科技贷款；办理农村基础设施建设贷款。同时，支持农村各种网络、能源、环境、技术服务、流通体系建设，以及相关的外汇、债券、代理财政、代理保险和其他批准的银行业务。

2023 年，中国农业发展银行的资产总额达 10 万亿元，全年累放贷款 2.78 万亿元，年末贷款余额 8.79 万亿元，政策性贷款占比高达 94.12%，不良贷款率为 0.3%。

二、金融资产管理公司

金融资产管理公司是经国务院决定设立的收购国有独资商业银行不良贷款，管理和处置因收购国有独资商业银行不良贷款形成的资产的国有独资非银行金融机构。金融资产管理公司以最大限度保全资产、减少损失为主要经营目标，依法独立承担民事责任。

我国目前有五家金融资产管理公司，其中早期设立的四家为中国华融资产管理公司、中国长城资产管理公司、中国东方资产管理公司、中国信达资产管理公司，分别接收从中国工商银行，中国农业银行、中国银行、中国建设银行剥离出来的不良资产。之后，这四家公司相继改制为股份有限公司。第五家金融资产管理公司为中国银河资产管理有限责任公司，是经国务院同意、国家金融监督管理总局（原银保监会）批准成立的全国性金融资产管理公司，注册地在北京，注册资本 100 亿元人民币，于 2021 年 1 月正式对外营业。

20 世纪 90 年代末，中国经济正处于转轨时期，商业银行大量不良资产的积累原因非常复杂，且银行业资产集中在四家国有商业银行，分散处置难以达到预期效果，严重影响了国有商业银行和国有企业建立适应社会主义市场经济的运行机制。因此成立金融资产管理公司对不良资产进行集中处置成为一种现实选择。1999 年 4 月 20 日，中国信达资产管理公司正式成立，随后中国东方资产管理公司、中国长城资产管理公司和中国华融资产管理公司也陆续于当年 10 月 15 日、18 日和 19 日挂牌营业。各公司注册资金均由财政部全额拨入，证券业务接受中国证监会的监管。这四家金融资产管理公司处置不良资产的方式主要包括依法清收、以物抵债、债务重组、债权转股权、打包出售、资产证券化、信托处置和破产清算等。

（一）中国长城资产管理股份有限公司

中国长城资产管理股份有限公司成立于 2016 年 12 月，注册资本为 512.3 亿元，由中华人民共和国财政部、全国社会保障基金理事会和中国人寿保险（集团）公司共同发起设立。该公司前身是中国长城资产管理公司。目前，中国长城资产服务网络遍及全国 30 个省、自治区、直辖市和香港特别行政区，设有 32 家分公司，旗下拥有长城华西银行、长城国瑞证券、长生人寿保险、长城新盛信托、长城金融租赁、长城投资基金、长城国际控股、长城国富置业 8 家控股公司，致力于为客户提供包括不良资产经营、资产管理、银行、证券、保险、信托、租赁、投资等在内的全方位的综合金融服务。

（二）中国东方资产管理股份有限公司

中国东方资产管理股份有限公司成立于 2016 年 9 月，是由中华人民共和国财政部和全国社保基金理事会共同发起设立的中央金融企业。该公司前身为中国东方资产管理公司。截至 2022 年年末，中国东方集团合并总资产为 12 478.86 亿元，较 2021 年年末增长了 3.49%。在全国共设 26 家分公司，业务涵盖不良资产经营、保险、银行、证券、基金、信托、信用评级和海外业务等。下辖中华联合保险集团股份有限公司、大连银行股份有限公司、东兴证券股份有限公司、中国东方资产管理（国际）控股有限公司、上海东兴投资控股发展有限公司、东方富兴（北京）资产管理有限公司、东方金诚国际信用评估有限公司、大业信托有限责任公司等 10 家一类子公司，员工总数有 5 万多人。

（三）中国中信金融资产管理股份有限公司

中国中信金融资产管理股份有限公司前身为中国华融资产管理公司。中国华融资产管理公司成立于 1999 年 11 月 1 日，是为应对亚洲金融危机，化解金融风险，促进国有银行改革和国有企业脱困而成立的四大国有金融资产管理公司之一。2012 年 9 月 28 日，中国华融资产管理公司整体改制为股份有限公司。2015 年 10 月 30 日，公司在香港联交所主板上市。2022 年 3 月，公司党委划转至中国中信集团有限公司党委管理。2024 年 1 月，公司更名为中国中信金融资产管理股份有限公司。目前，公司主要股东包括中国中信集团有限公司、财政部、中保融信私募基金有限公司、中国人寿保险（集团）公司等。公司的主要业务包括不良资产经营业务、金融服务业务，以及资产管理和投资业务，其中不良资产经营是公司的核心业务，涵盖问题资产处置、问题项目盘活、问题企业重组、危机机构救助四大业务功能。截至 2024 年 6 月末，公司合并资产总额10 553.42亿元。上半年公司实现归母净利润 53.32 亿元。目前，公司设有 33 家分公司，服务网络遍及全国 30 个省、自治区、直辖市和香港、澳门特别行政区，旗下拥有融德公司、实业公司、国际公司、汇通资产等子公司。

（四）中国信达资产管理股份有限公司

中国信达资产管理股份有限公司前身为中国信达资产管理公司，2010 年 6 月，整体改制为股份有限公司。2013 年 12 月 12 日，中国信达资产管理股份有限公司在香港联合交易所主板上市，成为首家登陆国际资本市场的中国金融资产管理公司。中国信达设有 33 家分公司，旗下拥有从事不良资产经营和金融服务业务的平台子公司南洋商业银行、信达证券、金谷信托、信达金融租赁、信达香港、信达投资、中润发展等。集团员工有约 1.4 万名。截至 2023 年年末，中国信达总资产达人民币 1.59 万亿元，归属公司股东权益达 1 928.29 亿元。中国信达资产管理股份有限公司在 2023 年实现了收入总额约 761.68 亿元，全年实现归属本公司股东净利润 58.21 亿元。

三、国家投资机构

（一）中国建银投资有限责任公司

2004 年 9 月 17 日，中国建银投资有限责任公司（简称中国建投）成立，初始注册资本为 206.922 5 亿元。

中国建银投资有限责任公司以建立国内领先的大型金融投资集团为发展目标，在完成国家赋予的金融企业重组和资产处置等任务的基础上，规范经营，不断创新，通过股权投资和资本运作，扩大公司规模，打造全方位的金融服务品牌，培育核心竞争力，逐步发展成为一家现代金融投资集团公司。目前中国建投是一家以股权投资、产业经营为核心业务的综合性投资集团，主要业务涵盖投资、金融、不动产、科技咨询等领域，旗下拥有建投投资、建投资本、建投信托、申万宏源证券、国泰基金、建投租赁、建投控股、建投嘉昱、投资咨询、建投科技、建投传媒等成员企业。

（二）中国投资有限责任公司

经国务院批准，中国投资有限责任公司（简称中投公司）于 2007 年 9 月 29 日在北京成立。中投公司是依据《中华人民共和国公司法》设立的国有独资公司，是全球最大的主权财富基金之一。作为国家主权财富基金，其宗旨是实现国家外汇资金多元化投资，在可接受风险范围内实现股东权益最大化，以服务于国家宏观经济发展和深化金融体制改革的需要。

中投国际有限责任公司（简称中投国际公司）、中央汇金投资有限责任公司（简称中央汇金公司）和中投海外直接投资有限责任公司（简称中投海外）是中投公司下设的三个完全独立的子公司。中投国际公司专门负责开展境外投资和管理业务。中央汇金公司的主要业务是根据国家金融体制改革的需要，依法对国有重点金融机构进行股权投资，并按照公司治理原则开展股权管理。中投海外专注于开展直接投资和多（双）边基金管理。

（三）中央汇金投资有限责任公司

中央汇金投资有限责任公司（简称中央汇金公司）系国有独资公司。该公司于 2003 年 12 月 16 日成立，注册资本全部源于国家外汇储备。

公司的主要职责是国务院授权的股权投资，代表国家行使对所出资的重点金融企业的出资人权利和义务，确保国有股权的保值和增值，以及国务院规定的其他职责。中央汇金公司不开展其他任何商业性经营活动，不干预其控股的国有重点金融企业的日常经营活动。中央汇金公司控股参股的金融机构包括国家开发银行、中国工商银行股份有限公司、中国银行股份有限公司、中国建设银行股份有限公司、中国光大集团股份公司、中国再保险（集团）股份有限公司、中国建银投资有限责任公司、中国银河金融控股有限责任公司、国泰君安投资管理股份有限公司等。

> **名词解释**
> 股权投资通常是长期（至少一年）持有一个公司的股票或长期投资一个公司，以期达到控制被投资单位，或对被投资单位施加重大影响，或与被投资单位建立密切关系以分散经营风险的目的。

第二节　保险公司

随着科学技术突飞猛进的发展，企业经营活动的范围越来越广，个人和家庭的生活日益丰富多彩。然而无论是企业还是个人，都可能会遭遇由一些不确定因素带来的意外风险和意外伤害。意外的不幸事件不但会造成经济损失、精神伤害，还会给社会各方面造成不同程度的影响，甚至影响企事业单位的正常生产经营和个人的正常生活。保险公司正是针对这一问题设立的集中管理风险、替人排忧解难的专业机构。

一、保险公司的概念和特征

（一）保险公司的概念

保险公司是依法设立的专门从事保险业务的公司。它通过向投保人收取保险费，建立保险基金，向社会提供保险保障，并以此获得相应的利润。

（二）保险公司的特征

保险公司作为法人企业，必然具有一般企业的特征，包括以营利为目的、依法经营、独立承担经济责任等。但保险公司毕竟不是一般的普通企业，它以风险为经营对象，提供保障以获得利润。因此，它有不同于一般企业的特征，主要表现为：

1. 保险公司的经营对象是风险

与其他企业想方设法转移、回避风险不同，保险公司本身就是以风险为经营对象的。保险公司的经营过程本质上既是风险集中的过程，又是风险分散的过程。保险公司的经营活动是将众多的投保人或被保险人的风险转嫁给保险公司。而当保险责任范围内的损失出现时，保险公司通过让全体投保人或被保险人承担损失，或由其他保险公司或再保险公司承担部分损失，来实现保险的经济补偿或经济给付。而损失的发生及损失的大小具有不确定性和偶然性，由此决定了保险公司经营本身的风险性。

2. 保险公司经营活动成果的核算具有特殊性

与一般商品成本不同，保险经营成本具有未来性，即保险公司经营的预期成本是在历史支出的平均成本基础上，通过预期的分析得到的。保险公司经营的实际成本则和实际的保险风险一样，发生在未来。未来总是充满了不确定性，这使保险公司经营的预期成本与实际成本在绝大多数情况下并不相符，因此，保险公司在成本核算上必将面临精确性与偶然性问题。另外，一般工商企业计算利润的方法为销售商品收入减去成本和税金，而保险公司则不同，其经营利润的核算，除了要从保险费收入中减去保险赔款、经营费用和税金外，还要减去保险公司各项准备金和其他未来的责任准备金。

3. 保险公司的经营活动具有广泛的社会影响

一般来说，保险公司承保的风险范围之宽、经营的险种之多、涉及的被保险人之广，是其他一般企业无法相比的。一旦保险公司无力偿付或者经营陷入困境，将影响到广大被保险人的切身利益乃至整个社会的安定。

二、保险公司的分类

从不同的角度我们可以对保险公司的种类进行不同的划分。按照经营目的的不同，保险公司可分为商业性保险公司和非商业运作的政策性保险公司；按照所承担风险的类型不同，保险公司可分为人寿与健康保险公司、财产与责任保险公司；按照被保险人的不同，保险公司可分为原保险公司和再保险公司。下面我们简单介绍一下人寿与健康保险公司、财产与责任保险公司和再保险公司。

（一）人寿与健康保险公司

人寿与健康保险公司为广大消费者提供各种保险产品，如定期寿险、终身寿险、万能寿险、变额万能寿险、医疗费用保险、伤残收入保险、年金保险、团体人寿和健康保险与退休计划等。上述产品的功能主要体现在以下三个方面：一是使客户在失去健康或生命之时获得一定的经济补偿，这是人寿与健康产品最重要的功能；二是帮助客户为未来进行储蓄；三是帮助人们投资。

（二）财产与责任保险公司

财产与责任保险公司主要为消费者提供海上保险、货物运输保险、火灾保险、运输工具保险、工程保险、农业保险、各类责任保险等产品。上述产品的主要功能是帮助投保人转移风险，减少损失。

（三）再保险公司

再保险公司是经营再保险业务的商业组织机构。再保险是与原保险相对应的概念。原保险是指保险人在所承保的保险事故发生时对被保险人或受益人进行赔偿或者给付的行为，又称直接保险。再保险是指原保险人为避免或减轻其在原保险中所承担的保险责任，将其所承保的风险的一部分转移给其他保险人的一种行为。

三、保险公司的主要职能

保险公司的主要职能包括以下几个方面：

（一）经济补偿职能

经济补偿职能是保险公司的基本职能，也是保险公司产生的最初动因。保险公司通过承保业务集中承担被保险人的风险，在出险时履行赔付责任，实现保险的经济补偿职能。保险公司通过扩大承保面或再保险把风险分散出去，在被保险人和保险人之间实现风险分担。保险公司的这种集散风险的过程就是实现经济补偿职能的过程。

（二）运营保险基金职能

运营保险基金职能是保险公司实现其经济补偿职能的重要保障。保险公司可以将累积的暂时不需要赔付或给付的保险基金用于短期贷款或投资于流动性强的资产，还可以将一部分资金用于中长期投资。这样，既可以把部分闲置资金转化为生产性资金，满足社会对资金的需要，又可以实现资金的增值，为降低保险费率和扩大保险需求创造条件。

（三）防灾防损职能

保险公司是风险的集中承担者，但它并不是被动地接受风险，而是主动地识别、防范风险，以降低风险出现的概率和减少损失。

四、保险经营的原则

保险经营的原则是指保险公司从事保险经济活动的行为准则。正如我们前面提到的，保险公司具有不同于一般企业的自身特性，因此，相应地，保险公司在运营过程中也需要遵循一些特殊原则，这些原则与保险公司独特的经营对象——风险直接相关。

（一）风险大量原则

风险大量原则是指保险人在可保风险的范围内，应根据自己的承保能力，争取承保尽可能多的风险和标的。风险大量原则是保险经营的首要原则，这是因为：

第一，保险的经营过程实际上就是风险管理过程，而风险的发生具有偶然性、不确定性，保险人只有承保尽可能多的保险标的，才能建立雄厚的保险基金，以保证保险经济补偿职能的履行。

第二，保险经营是以大数法则为基础的，只有承保大量的保险标的，才能使风险发生的实际情形更接近预先计算的风险损失概率，从而确保保险经营的稳定性。

第三，扩大承保数量是保险企业提高经济效益的一个重要途径。因为承保标的越多，保险费收入就越多，单位营业费用就越低。

根据风险大量原则，保险企业应积极拓展保险业务，在维持、巩固原有业务的同时，不断发展新的客户，扩大承保数量，拓宽承保领域，实现保险业务的规模经营。

（二）风险选择原则

为了保证保险经营的稳定性，保险人在承保时不仅需要签订大量的以可保风险和标的为内容的保险合同，还需要对所承保的风险加以选择。风险选择原则要求保险人应充分认识、准确评价承保标的的风险种类、风险程度及投保金额恰当与否，从而决定是否接受投保。保险人对风险的选择表现在两方面：一是尽量选择同质风险的标的承保。在现实生活中，保险标的千差万别，风险的性质各异，其发生频率和损失程度各不相同，为了保证保险经营的稳定性，保险人在承保时对所保风险必须有所选择，尽量使同一类业务在风险性质上做到基本一致。只有这样，才能满足大数法则的要求，使估算的损失概率趋于可靠和稳定。二是淘汰那些超出可保风险条件或范围的保险标的。其中，保险公司需要重点甄别的一种风险是投保人的逆向选择。所谓逆向选择，就是指那些有较大风险的投保人试图以平均的保险费率购买保险。可以说，风险选择原则否定的是保险人无条件承保的盲目性，强调的是保险人对投保意愿的主动选择，使集中于保险保障之下的风险单位不断地趋于均质，有利于承保质量的提高。保险人选择风险的方式有事先风险选择和事后风险选择两种。事先风险选择是指保险人在承保前决定是否接受投保；事后风险选择是指保险人对保险标的的风险超出核保标准的保险合同作出淘汰的选择。

（三）风险分散原则

风险分散原则是指由多个保险人或被保险人共同分担某一风险责任，避免风险过于集中。保险人在承保了大量的风险后，如果所承保的风险在某个时期或某个区域过于集中，一旦发生较大的风险事故，保险企业可能需要支出巨额赔款，导致保险企业偿付能力不足，从而损害被保险人的利益，也威胁自身的生存与发展。因此，保险人除了对风险进行有选择的承保外，还要遵循风险分散的原则，尽可能分散风险，以确保保险经营的稳定性。保险人对风险的分散一般采用核保时的风险分散和承保后的风险分散两种手段。核保时的风险分散主要表现在保险人对风险的控制方面，即保险人对将承保的风险责任要适当加以控制，包括控制保险金额、规定免赔额（率）、实行比例承保等。承保后的风险分散以再保险和共同保险为主要手段。

五、保险公司的基本业务运作

在现代保险经营中，保险公司的经营活动主要包括保险产品开发、保险展业、承保、保险防灾防损、保险理赔和保险投资等环节。下面我们就对保险公司的这些基本业务活动逐一进行介绍。

（一）保险产品开发

1. 保险产品开发的含义

保险产品开发又叫新险种开发。保险公司要想保持在市场竞争中的优势地位，就必须不断地开发新险种。新险种是一个相当广泛的概念，是指整体险种或其中的一部分有所创新或改革，能够给保险购买者带来新的利益和效用的险种。新险种不一定是完全创新的险种，但必须是对原有险种进行了变革或变异的险种，即新险种要体现出与原有险种的显著差异或本质上的不同。

2. 保险产品的开发策略

从保险市场的发展趋势来看，下列保险产品的开发策略越来越受到人们的重视。
（1）保险费率个别化。
（2）扩大保险合同的自主性。
（3）开发强化生存保障性年金保险。
（4）引进实物给付方式。
（5）人寿保险产品金融化。
（6）加强与社会保险和企业福利制度的合作。

（二）保险展业

1. 保险展业的概念和必要性

保险展业又称推销保单，在很多国家也称保险招揽，是保险公司引导具有同类风险的单位和个人购买保险的行为。它是保险经营活动的起点。

保险展业对保险经营具有重要意义，主要有以下几个方面的原因：

（1）大数法则需要保险经营具有承保风险的大量性。保险公司只有大量招揽业务，才有可能使损失在众多的被保险人之间进行分摊，才能有效发挥大数法则的作用，达到集合风险、分散风险并实现保险保障的目的。

（2）保险商品的特殊性决定了保险销售的特殊性。人们往往不了解周围的风险，或者总是存在侥幸心理，对风险及其后果的畏惧和对保险的需求是在风险事故发生之后产生的，而保险人所要求的保险合同的订立必须在风险事故发生之前。由此可见，人们对保险的心理消费需求时间滞后于保险经营所要求的时间。因此，保险人必须大力进行保险展业。

（3）保险公司大量招揽业务，可以增加保费收入，积累雄厚的保险基金，在保险市场上增强竞争力。

2. 保险展业的主要内容

作为保险公司，在进行保险展业时应该从以下几个方面开展工作：

（1）树立保险产品及公司形象。

（2）帮助准客户分析自己所面临的风险及保险需求。

（3）帮助准客户估算投保费用和制订具体的保险计划。

（4）收集反馈信息。

3. 保险展业方式

保险展业方式主要有直接展业和间接展业两种。

（1）直接展业。直接展业又称直销制，是指保险公司业务部门的专职业务人员直接向准客户推销保险，招揽保险业务。这种展业方式的优点是保险业务的质量较高，缺点是受保险公司机构和业务人员数量的限制，保险业务开展的范围较窄，数量有限。此外，采用这种方式支出的成本较高。

（2）间接展业。间接展业亦称中介制，是由保险公司利用保险专职业务人员以外的个人和单位，代为招揽保险业务。间接展业的优点是：范围广，招揽的业务量大，费用较少，成本低。其不足之处是由于中介的素质参差不齐，业务质量会受到一定的影响。

在保险业发展的初期，保险公司大都采用直接展业方式。但是随着保险业的发展，保险公司仅仅依靠自己的业务人员和分支机构进行保险展业远远不够，也不经济。因此，在现代保险市场上，保险公司在依靠自身业务人员进行直接展业的同时，也更广泛地利用保险中介进行间接展业。

保险公司在选择展业渠道时需要考虑的最重要因素是，能否以最小的代价最有效地将保险产品推销出去。因此，保险公司在评价保险展业渠道并作出决策时，要考虑保险险种、市场需求、企业自身条件等因素。

（三）承保

承保是指保险人与投保人对保险合同的内容协商一致，并签订保险合同的过程，它包括核保、签单、收费和建卡等程序，而核保是承保工作的重要组成部分和关键环节。

1. 保险核保的主要内容

核保又称风险选择，是指保险人对投保人提出的投保申请进行评估，决定是否接受这一风险，并在接受风险的情况下，依据风险的大小确定保险费率的过程。核保的目的在于通过评估和划分准客户反映的风险程度，将保险公司的实际风险事故发生率维持在精算预计的范围以内，从而规避风险，保证保险公司的稳健经营。因此，在保险经营中，核保是非常重要的环节，承保人通过核保对不同风险程度的标的或人群进行分类，按不同标准进行承保并制定保险费率。另外，在保险经营中经常会发生逆向选择现象，为了保证保险业务经营的稳定性，保险人必须进行核保，核保的具体内容包括以下几个方面：

（1）审核投保申请。对投保申请主要审核投保人的资格、保险标的等内容。

审核投保人的资格，主要是审核投保人是否具备完全行为能力以及对保险标的，是否具有保险利益。只有同时具备上述两个条件，保险合同才具有法律效力。

审核保险标的，即对照投保单或其他资料核查保险标的的情况，如财产的使用性质、结构性能、所处环境、防灾设施、安全管理等。

（2）控制承保风险。在核保时，保险公司主要通过控制逆向选择、承保责任范围、保险金额及人为风险来对承保风险进行控制。

（3）审核保险费率。审核保险费率是指根据事先制定的保险费率标准，按照保险标的的风险状况，使用与之相适应的保险费率。保险费率是保险产品的价格，与风险程度密切相关。风险程度高，保险人就应收取较高的保险费率；反之，则应收取较低的保险费率。

2. 承保的程序

保险公司的承保程序主要包括以下几个步骤：

（1）填写投保单。

（2）审核验险。

（3）接受业务。

（4）缮制单证。

（四）保险防灾防损

防灾防损是保险经营过程中不容忽视的重要环节。实施防灾防损，维护人民的生命和财产安全，减少社会财富损失，既是提高保险企业经济效益和社会效益的重要途径，又是强化社会风险管理和安全体系的必要措施。

1. 保险防灾防损的含义

保险防灾防损简称保险防灾，是指保险人与被保险人对所承保的保险标的采取措施，减少或消除产生风险的因素，防止或减少灾害事故所造成的损失，从而降低保险成本、增加经济效益的一种经营活动。

2. 保险防灾防损的内容

保险公司在防灾防损方面可以开展以下工作：

（1）加强同各防灾部门的联系与合作。

（2）开展防灾防损的宣传教育。

（3）进行防灾检查，及时处理灾害因素和事故隐患。

（4）参与抢险救灾。

（5）提取防灾费用，建立防灾基金。

（6）开展灾情调查，积累灾情资料。

（五）保险理赔

1. 保险理赔的含义

保险理赔是指保险人在保险标的发生风险事故后对被保险人提出的索赔请求进行处理的行为。保险理赔无论是对参加保险的人还是对保险公司都是一项至关重要的工作。理赔的实现既是被保险人取得保障、享受保险权益的具体反映，也是保险人履行其保险责任的重要环节。

2. 保险理赔的原则

保险理赔是一项涉及面广、情况复杂的工作。为了更好地贯彻保险经营方针，提高理赔工作质量，保险理赔必须遵循以下原则：

（1）重合同、守信用。

（2）实事求是。

（3）主动、迅速、准确、合理。

3. 保险理赔的程序

保险理赔的程序一般为：

（1）接受损失通知。

（2）进行损失调查。

（3）处理损失物资。

（4）审核保险责任。

（5）赔偿给付保险金。

（六）保险投资

1. 保险投资的含义

保险投资也称保险资金运用，是指保险公司将自有资本金和保险准备金，通过法律允许的各种渠道进行投资以获取投资收益的经营活动。在此，保险公司是保险投资的主体，保险资金则构成保险投资活动的客体。通过保险投资，保险公司可以获取盈利性收益，从而扩大承保的偿付能力，增强经营实力。

2. 保险投资的资金来源

保险公司在经营过程中形成的闲置的保险基金是保险投资的必要条件，保险基金的规模决定了保险投资的规模。一般来说，保险基金中的70%可用于投资。随着保险基金的增加，保险投资规模也会相应扩大。

保险投资的资金来源从总体上说主要包括以下几个方面：

（1）自有资本金。保险公司的自有资本金也称开业资本金或备用资金。各国政府一般会对保险公司的开业资本金规定一个最低限额。根据我国的现行法律，我国保险公司的实收货币资本金不得低于2亿元人民币。

保险资本金属于备用资金，当发生特大自然灾害，各种准备金不足以支付时，保险公司可动用保险资本金来承担给付责任。但在正常情况下，保险公司的保险资本金除按规定上缴部分保证金外，绝大部分处于闲置状态，从而成为保险投资的重要来源。

（2）非寿险责任准备金。非寿险责任准备金包括保费准备金、赔款准备金和总准备金三大部分。保费准备金又称未到期责任准备金，是指在每个会计年度决算时，保险公司对于保险责任尚未期满的保单，将属于未到期责任部分的保险费提存出来而形成的责任准备金。赔款准备金是指在会计年度末保险公司进行决算时，为本会计年度末之前发生的应付而未付的保险赔付所提存的准备金。总准备金是指保险公司为满足年度超常赔付、巨额损失赔付及巨灾损失赔付的需要而提取的责任准备金。

（3）寿险责任准备金。寿险责任准备金是指保险人把投保人历年缴纳的纯保费和利息收入积累起来，作为将来保险给付和退保给付的责任准备金。

（4）储金。储金是一种返还性保险资金。投保人以存入资金的利息充交保费。在保险期间，若发生保险事故，保险公司给予赔付；若未发生保险事故，则到期偿还本金。在此期间，这笔存入的资金就可作为一项可运用资金，即储金。

（5）其他资金。其他资金是指除上述资金之外的其他可运用资金。这部分资金通常包括保留盈余、结算中形成的短期负债等。

企业债券、借入资金、信托资金和其他融资资金等都是在经营中为某些目的而有偿借入的，也是一种补充资金来源，但在投资运用时要受到期限和收益率的约束。

3. 保险投资的形式

保险投资应根据资金来源的不同性质、用途和结构，在遵循资金运用安全性、盈利性和流动性原则的基础上，合理选择投资对象和投资结构。一般而言，可供保险公司选择的保险投资形式主要有以下几种：

（1）银行存款。

（2）债券。

（3）股票。

（4）不动产投资。

（5）贷款。

案　例

2023 年下半年医保改革热点扫描

2023 年 7 月 1 日，新一轮医保目录调整工作正式启动。医保目录谈判药配备情况如何？新一批国家组织药品集采有哪些看点？……国家医保局于 9 月 22 日召开 2023 年下半年例行新闻发布会，对当前医保改革热点进行回应。

BT8 谈判药为患者减负超千亿元，新一批药品耗材降价"在路上"。

覆盖罕见病用药、肿瘤用药、抗感染用药等治疗领域，2022 年版国家医保药品目录中协议期内医保谈判药达到 346 种。

"截至 2023 年 8 月底，协议期内谈判药品在全国 23.4 万家定点医药机构配备。"国家医保局医药服务管理司司长黄心宇介绍，其中新增的 91 个谈判药已在 5.5 万家定点医药机构配备。2023 年 3—8 月，通过降价和医保报销，协议期内谈判药累计为患者减负约 1 097 亿元。

"共有 388 个药品通过初步形式审查，包括 224 个目录外药品、164 个目录内药品。"黄心宇在发布会上介绍，预计此次目录调整结果将于 12 月初公布，从 2024 年 1 月 1 日起执行最新版目录。

日前，最新一批的国家组织药品集采正式启动。国家医保局医药价格和招标采购司副司长王国栋介绍，新一批国家组织药品集采拟纳入 40 余个品种，覆盖高血压、糖尿病、肿瘤、抗感染、胃肠道疾病、心脑血管疾病等多个领域，目前正开展报量工作。

此外，新一批国家组织高值医用耗材集采同步推进，拟纳入人工晶体和运动医学两大类医用耗材。

"第八批国家组织药品集采中选结果已于 2023 年 7 月在全国落地实施。"王国栋说。第三批国家组织高值医用耗材集采中选结果也已经于 2023 年 5 月在全国落地，覆盖 5 种骨科脊柱类耗材，患者目前已经能够用上集采降价后的中选产品。

据介绍，2023 年 4 月底至 5 月初，各地已全部落地口腔种植专项治理措施，种植牙整体费用从平均 1.5 万元降到六七千元。

普通内诊统筹报销更便捷，切实减轻群众护理负担

目前，5 个医疗服务价格改革试点城市在医疗服务价格总量调控、价格形成、动态调整等方面进行了系统探索，首轮调价方案已全部落地实施。

王国栋介绍，将健全医疗服务价格动态调整机制，重点向体现技术劳务价值的手术、中医医疗服务项目等倾斜，同时推动检查、检验等物耗为主的医疗服务价格下降。

为让群众更便捷地享受普通内诊统筹报销待遇，国家医保局推动报销定点零售药店内诊购药费用，提高居民医保内诊保障水平。国家医保局办公室副主任付超奇介绍，截至 2023 年 8 月，32.09 万家定点医疗机构开通了普通内诊统筹结算服务，25个省份的 14.14 万家定点零售药店开通了内诊统筹报销服务。

在推动基本医疗保险覆盖全民方面，国家医保局指导各地继续落实持居住证参保相关政策，使更多人员在就业地、常住地参保，同时不断完善筹资待遇机制。据介绍，城乡居民医保人均财政补助标准 2023 年已经上升到 640 元，中央财政城乡居民医保补助已经达到 3 840 亿元。

"有条件的地区可将居民医保年度新增筹资的一定比例用于加强内诊保障，让更多参保群众感受到实实在在的好处。"国家医保局规划财务和法规司副司长谢章澍说。

目前，长护险制度试点已经扩大至 49 个城市。付超奇介绍，截至 2023 年 6 月底，长护险参保人数约 1.7 亿，累计超 200 万人享受待遇，年人均减负约 1.4 万元。

"长护险制度切实减轻了失能人员家庭经济和事务负担。"付超奇说，接下来将加紧研究失能等级评估管理、服务机构管理、经办管理、长期照护师培训培养等方面的配套措施，妥善解决失能人员长期护理保障问题。

解决群众看病排队缴费难，守护好群众"看病钱""命钱"

作为打通医保领域全流程便民服务的一把"金钥匙"，由全国统一医保信息平台签发的身份标识"医保码"为不少群众解决了排队缴费难问题。

"通过医保码，参保群众不需要携带实体卡证，就可以完成挂号就诊、医保结算、检查取药等服务。"目前，医保码 60 岁以上激活用户已超 1.3 亿人，更多智能化适老服务正为老年人提供便利。

针对医保关系转移接续、异地就医备案等痛点堵点，国家医保局日前发布了 16项医保服务便民措施，为参保群众提供更便捷高效的医保服务。以简化办理材料为例，材料办理时限由原来 45 个工作日压缩为 15 个工作日，参保人可通过线上申请办理，不用再"两地跑"。

"截至 2023 年 8 月底，已有 56.68 万人次享受线上转移接续服务。"付超奇在发布会上说，现在已征集到 26 个省份的便民举措 144 条，正在整理并制定第二批医保服务便民措施实施方案。国家医保局基金监管司副司长顾荣介绍，2023 年上半年，全国医保部共检查定点医药机构 39 万家，追回医保相关资金 63.4 亿元。

（资料来源：彭韵佳、沐铁城，新华每日电讯，《新一轮医保药品目录调整工作正式启动》，2023 年 7 月 1 日。）

第三节　其他金融机构

一、投资银行

投资银行是最典型的投资性金融中介。我国并没有直接以"投资银行"命名的投资银行。一般认为，投资银行是在资本市场上为企业发行债券、股票，筹集长期资金提供中介服务的金融机构，主要从事证券承销、公司并购与资产重组、公司理财、基金管理等业务，其基本特征是综合经营资本市场业务。

广义的投资银行是指任何经营投资金融业务的金融机构，业务包括证券、国际海上保险以及不动产投资等几乎全部金融活动。狭义的投资银行仅限于从事一级市场证券承销和资本筹措、二级市场证券交易和经纪业务的金融机构。

尽管在名称上都冠有"银行"字样，但实质上商业银行与投资银行之间存在明显的差异，见表7-1。从市场定位上看，商业银行是货币市场的核心，投资银行是资本市场的核心；从服务功能上看，商业银行服务于间接融资，投资银行服务于直接融资；从业务内容上看，商业银行的业务重心是吸收存款和发放贷款，投资银行既不吸收各种存款，也不向企业发放贷款，其业务重心是证券承销、公司并购与资产重组；从收益来源上看，商业银行的收益主要源于存贷款利差，投资银行的收益主要源于证券承销、公司并购与资产重组业务中的手续费或佣金。

表7-1　商业银行与投资银行的比较

项目	商业银行	投资银行
本源业务	存贷款	证券承销、公司并购与资产重组存贷款
服务功能	间接融资，并侧重短期融资	直接融资，并侧重长期融资
收益来源	存贷款利差	手续费或佣金
经营方针	追求盈利性、安全性、流动性三者结合，坚持稳健原则	控制风险前提下更注重开拓
监管部门	中央银行	主要是证券管理机构
风险特征	一般情况下，存款人面临的风险较小，商业银行风险较大	一般情况下，投资人面临的风险较大，投资银行风险较小

投资银行的业务从广义上说，是指所有的资本市场业务，包括在一级市场上为融资者服务和在二级市场上充当证券买卖的经纪人和交易商。从狭义上说，投资银行的业务仅指传统的投资银行业务，即在一级市场上为融资者服务的业务。这里所指的投资银行业务主要是从广义上说的，包括对工商企业的股票和债券进行直接投资；提供中长期贷款；为工商企业代办发行或销售股票与债券，参与企业的创建、重组和并购业务；销售国内外的政府债券；提供投资和财务咨询服务等。

投资银行的营利业务主要有两方面：一是获利性业务，包括证券承销业务，自营和经纪业务，自有资金操作交易，财务工程，以及咨询、投资管理、风险基金等其他获利性业务；二是支援性业务，包括市场研究、清算服务、信息资讯服务等。

二、基金管理公司

基金管理公司，又称基金管理人，是指凭借专门的知识与经验，按照科学的投资组合原理进行投资决策，谋求所管理的基金资产不断增值，并使基金持有人获取尽可能多的收益的金融机构。

从广义上说，基金是机构投资者的统称，包括信托投资基金、单位信托基金、公积金、保险基金、退休基金、各种基金会的基金。现有证券市场上的基金包括封闭式基金和开放式基金，具有收益性功能和增值潜能。

基金包含资金和组织两个方面。从资金上讲，基金是用于特定目的并独立核算的资金。其中，既包括各国共有的养老保险基金、退休基金、救济基金、教育奖励基金等，也包括中国特有的财政专项基金、职工集体福利基金、能源交通重点建设基金、预算调节基金等。从组织上讲，基金是为特定目标而专门管理和运作资金的机构或组织。这种基金组织形式包括非法人机构、事业性法人机构和公司性法人机构。

我们经常说的金融机构基金一般是指证券投资基金和养老保险基金。

（一）证券投资基金

证券投资基金是一种间接的证券投资方式，基金管理公司通过发行基金单位，集中投资者的资金，由基金托管人（具有资格的银行）托管，由基金管理人管理和运用资金，从事股票、债券等金融工具投资，然后共担投资风险、分享收益。

符合这一概念的金融投资方式在不同地区称谓不同，如美国称为共同基金，英国称为单位信托基金，日本则称为证券投资信托基金等。

投资基金的参与主体包括基金发起人、基金托管人、基金管理人和基金份额持有人。证券投资基金的分类，按基金的组织形态可分为公司型基金和契约型基金，按交易方式可分为封闭式基金和开放式基金，按投资对象可分为股票基金、债券基金、期货基金、货币市场基金、对冲基金、基金中的基金（FOF）、指数基金及混合基金，按募集方式可分为公募基金和私募基金。

截至 2023 年 6 月，我国共有 144 家基金管理公司，管理基金产品总数达 10 980 只，基金总规模超 27.69 万亿元。管理基金资产净值排名前五的公司分别是易方达基金、天弘基金、广发基金、汇添富基金、南方基金。

（二）养老保险基金

养老保险基金，又称养老基金，是我国社会保障制度的一个非常重要的组成部分。就我国养老保险制度现状来看，它是在劳动者年老体弱丧失劳动能力时，为其提供基本生活保障的一种基金形式。

一般西方发达国家的养老基金由国家、企业和劳动者共同负担，由社会保险事业中心筹集并管理，是社会保障基金的一部分。养老基金通过发行基金股份或受益凭证，募集社会上的养老保险资金，委托专业基金管理机构用于产业投资、证券投资或其他项目的投资，以实现保值增值的目的。

从金融角度看，养老基金是以定期收取退休或养老储蓄的方式，向退休者提供退休收入或年金的金融机构。与保险公司一样，同属于契约性的储蓄机构。第二次世界大战后迅速发展起来的养老基金的资金运作主要是购买国债和银行储蓄。在 20 世纪 70 年代后期人口老龄化促使养老基金的运营面向股票和证券基金领域，依靠独立的投资经理人来管理和监督资金的运营。

1993—2014 年，由于养老金投资渠道狭窄，年均收益仅为 2% 左右。为了提高基本养老保险基金收益水平，实现基金保值增值，促进养老保险制度健康持续发展，我国于 2015 年 8 月 23 日出台了《基本养老保险基金投资管理办法》，为养老金提供了超过 20 种投资途径，除了传统的存银行、买国债，还可以拿出不超过资金总量的三成来购买股票、基金类产品，可以参与股指期货、国债期货交易，只能以套期保值为目的。养老基金实行中央集中运营、市场化投资运作，由省级政府将各地可投资的养老基金归集到省级社会保障专户，统一委托给国务院授权的养老基金管理机构进行投资运营，收益率有了明显提升。截至 2023 年年末，全国企业职工基本养老保险基金的累计结余已接近 6 万亿元。

> **名词解释**
> 共同基金，也称证券投资信托基金，是由信托公司依信托契约的形式发行受益凭证。这种基金主要投资于股票、期货、债券等有价证券，其主要是为小额财产所有者提供投资服务。

三、财务公司

财务公司是为企业技术改造、新产品开发及产品销售提供金融服务，以中长期金融业务为主的非银行机构。各国的名称不同，业务内容也有差异，但多数是商业银行的附属机构，主要吸收存款。中国的财务公司不是商业银行的附属机构，而是隶属于大型集团的非银行金融机构。

我国的财务公司是大型产业集团内部的投融资机构，由企业集团内部各成员单位入股，为本企业集团内部各企业筹资和融通资金，为促进其技术改造、新产品开发和产品销售提供中长期金融服务。财务公司的基本职能包括金融服务职能、资源配置职能和资本控制职能。

财务公司的业务范围包括：①吸收成员单位 3 个月以上的定期存款；②发行财务公司债券；③同业拆借；④对成员单位办理贷款及融资租；⑤办理集团成员单位产品的消费信贷、买方信贷及融资租赁；⑥办理成员单位商业汇票的承兑及贴现；⑦办理成员单位的委托贷款及委托投资；⑧有价证券、金融机构股权及成员单位股权投资；⑨承销成员单位的企业债券；⑩对成员单位办理财务顾问、信用见证及其他咨询代理业务；⑪对成员单位提供担保；⑫境外外汇借款；⑬经中国人民银行批准的其他业务。

在服务对象上，由于我国财务公司都是企业附属财务公司，因此一般都以母公司、股东单位为服务重点，同时也为其他企业和个人提供金融服务。

四、社区银行

社区银行（community bank）的概念来自西方金融发达国家，其中的"社区"并不是一个严格界定的地理概念，既可以指一个省、一个市或一个县，也可以指城市或乡村居民的聚居区域。凡是资产规模较小、主要为经营区域内中小企业和居民家庭服务的地方性小型商业银行都可称为社区银行。

美国的社区银行是由地方自主设立和运营、资产规模在 10 亿美元以下的独立的小商业银行及其他储蓄机构。与传统的大银行不同，社区银行主要从当地住户和企业吸收存款，并向当地住户、企业（特别是中小型企业）、农场主提供金融服务。

社区银行的优势和发展意义在于：①社区银行的目标客户群是中小型企业（特别是小企业）和社区居民；②社区银行的员工通常十分熟悉本地市场，具有信息优势；③社区银行主要将一个地区吸收的存款继续投入该地区，从而推动当地经济的发展，因此比大银行更能获得当地政府和居民的支持。

发展我国的社区银行具有促进经济、金融和社区协调发展的重要意义：①发展社区银行是完善银行体系的必要措施；②发展社区银行是缓解小微企业信贷难的有效措施；③发展社区银行是完善金融宏观调控的需要，有助于引导、规范民间借贷，促进其向正规金融转化；④发展社区银行还是建设社会主义和谐社会的需要，能扩大就业、扶助弱势群体。

2013 年我国多家商业银行积极筹建社区银行，社区银行在各大城市相继出现。为了规范社区银行的发展，2013 年 12 月银监会（含国家金融监督管理总局）发布了《中国银监会办公厅关于中小商业银行设立社区支行、小微支行有关事项的通知》，要求社区支行、小微支行必须持牌经营，进一步确认社区支行、小微支行的业务模式、风险管理、牌照范围等内容。自 2014 年以来，我国社区银行的发展驶入快车道，民生银行、兴业银行、平安银行、中信银行等全国性股份制商业银行以及部分城商行纷纷布局社区银行。据中国银行业协会统计，截至 2014 年年底，全国社区银行网点数量已经达到 8 435 个，其中小微网点 937 个，银行网点有效形成了覆盖城乡、服务多元、方便快捷的网点布局体系。但近些年，随着网上银行的发展，社区银行网点数有所下降。

五、小额贷款公司

小额贷款公司是指由自然人、企业法人与其他社会组织投资设立，不吸收公众存款，经营小额贷款业务的有限责任公司或股份有限公司。小额贷款公司是企业法人，有独立的法人财产，享有法人财产权，以全部财产对其债务承担民事责任。小额贷款公司股东依法享有获得资产收益、参与重大决策和选择管理者等权利，以其认缴的出资额或认购的股份为限对公司承担责任。小额贷款公司应执行国家金融方针和政策，在法律、法规规定的范围内开展业务，自主经营、自负盈亏、自我约束、自担风险，其合法的经营活动受法律保护，不受任何单位和个人干涉。截至 2023 年 12 月末，全国共有小额贷款公司 5 500 家，贷款余额 7 628.65 亿元。

六、消费金融公司

消费金融公司是指经银保监会（今国家金融监督管理总局）批准，在中华人民共和国境内设立的，不吸收公众存款，以小额、分散为原则，为中国境内居民个人提供以消费为目的的贷款的非银行金融机构，目前有 31 家。全国首家消费金融公司为北银消费金融有限公司，注册资金为 8.5 亿元人民币，为北京银行全资子公司。

七、汽车金融公司

汽车金融公司是指从事汽车消费信贷业务并提供相关汽车金融服务的专业机构，在国外已经有近百年的历史。通常汽车金融公司隶属于大的汽车工业集团。在我国汽车金融公司属于非银行金融机构，目前有 25 家，其业务范围参见《汽车金融公司管理办法》。

八、典当行

典当业是向抵押私人物品（不动产除外）的人提供资金周转的行业。一般按抵押品的实际价值打折扣借钱，并约期赎回。典当行，也称当铺，是专门发放质押贷款的非正规边缘性金融机构，是以货币借贷为主和商品销售为辅的市场中介组织。其日常经营活动不受政府的直接干预，不在中央银行监管序列之内，不由国家银行法律体系进行调整，但典当机构及典当行业必须服从相关法律（通常是各国或地区的典当专项法规）约束。

典当是一种融资方式，但典当行不从事存款、信用贷款、一般担保贷款和结算业务功能，处理物品受偿，充当商品供求双方的中介。纵观世界各地的典当历史，典当业的中介性表现在：①发挥资金融通功能，充当资金供求双方的中介；②发挥商业销售功能。货币经营为其主要内容，属于金融业范畴，是服务业的一个分支领域。

为规范典当行为，加强监督管理，促进典当业规范发展，我国于 2005 年出台了《典当管理办法》，规定典当行注册资本最低限额为 300 万元；从事房地产抵押典当业务的，注册资本最低限额为 500 万元；从事财产权利质押典当业务的，注册资本最低限额为 1 000 万元。2012 年 12 月，商务部制定了《典当行业监管规定》，以进一步完善典当业监管制度，提升典当业监管水平，切实保证典当业规范经营，防范行业风险，促进典当业健康有序发展。全国典当行业监督管理信息系统显示，截至 2022 年年末，全国共有典当企业 7 783 家，注册资本 946 亿元，资金来源方面，银行贷款约占典当行业资金来源的 30%，而民间借贷和投资者分别贡献了约 40% 和 30% 的资金。

九、在华外资金融机构

在我国境内设立的外资金融机构有如下两类：

（1）外资金融机构在华代表处。设立该机构是外资银行进入我国必须走的一个程序。其主要是进行工作洽谈、联络、咨询、服务等非营业性活动，不得开展任何直接营利的业务。

（2）外资金融机构在华设立的营业性分支机构和法人机构，包括外国独资银行、外国银行分行、合资银行、独资财务公司、合资财务公司等。其经营活动受中国有关外资金融机构的管理办法规范。

2006 年 11 月，国务院颁布《中华人民共和国外资银行管理条例》，取消对外资银行经营人民币业务的地域和客户限制，取消外资银行在华经营的非审慎性限制。在允许外资银行自主选择商业存在形式的前提下，鼓励机构网点多、存款业务规模较大并准备发展人民币零售业务的外资银行分行转制为在我国注册的法人银行。转制后有关监管要求与中资银行相同。2014 年 11 月修订颁布的《中华人民共和国外资银行管理条例》进一步放宽了外资银行的设立运营条件。2015 年 6 月，《中国银监会外资银行行政许可事项实施办法》对外资银行的设立、改制和关闭条件、业务范围等做了更加详细的规定，同时，证券业、保险业的对外开放的步伐也进一步加快。2019 年 9 月 30 日，《国务院关于修改〈中华人民共和国外资保险公司管理条例〉和〈中华人民共和国外资银行管理条例〉的决定》公布，此次修订旨在进一步扩大金融业对外开放，放宽外资银行和外资保险公司在中国的市场准入条件，促进银行业和保险业的健康发展。截至 2023 年年末，共有来自 52 个国家和地区的银行在华设立 41 家法人机构、116 家分行和 132 家代表处。

此外，合作金融机构在世界各国的金融体系中仍然占有重要地位，主要有农村信用合作社、城市信用合作社、农村资金互助社、邮政储蓄机构、储蓄信贷协会等，它们和证券交易所、期货交易所、货币经纪公司等金融中介共同构筑了金融体系。

课后练习

一、选择题

1. 下列选项中，（　　）不属于非银行金融机构的主要类型。

A. 保险公司　　　　　B. 证券公司　　　　　C. 中央银行　　　　　D. 信托公司

2. 在非银行金融机构中，专门从事证券承销、交易、自营及资产管理等业务的机构是（　　）。

A. 保险公司　　　　　B. 信托公司　　　　　C. 基金公司　　　　　D. 证券公司

3. 以下业务中，（　　）是非银行金融机构中的信托公司通常不直接涉及的。

A. 资产管理　　　　　B. 存款吸收　　　　　C. 信托贷款　　　　　D. 证券投资

4. 下列选项中，（　　）不是非银行金融机构对金融市场稳定性的影响。

A. 提供多样化的金融产品和服务，增加市场活跃度

B. 通过风险管理工具降低系统性风险

C. 可能引发金融创新和市场竞争加剧

D. 代替中央银行执行货币政策

二、简答题

1. 请简要概述非银行金融机构在金融体系中的作用。

2. 列举并解释三种不同类型的非银行金融机构及其主要功能。

3. 分析非银行金融机构与商业银行在金融服务上的主要区别。

第八章　货币供求及均衡

学习目标

1. 了解货币需求和供给的基本内容
2. 描述凯恩斯货币需求理论的三种动机
3. 明确影响货币乘数的因素
4. 了解货币供给完整模型

能力目标

1. 掌握商业银行存款乘数创造的原理
2. 掌握凯恩斯货币需求理论的发展
3. 掌握弗里德曼现代货币数量论的主要内容

情景导读

如何判断货币资金的松紧态势

在经历全球范围的疫情之后，2022 年我国的货币形势究竟是偏紧还是适当？国内研究者对这个问题有不同看法，分别从 GDP（国内生产总值）与货币供应量、物价与货币供应量两个角度、两对基本数据出发进行了分析。诚然，这两种分析思路均符合经济分析的常理。一方面，在实际 GDP 增长与经济学上严格定义的货币供应量增长之间，我国的 M_2 与 GDP 之比已经名列全球前茅，这确实很难说清楚我国 2022 年的通货还处于紧缩状态。另一方面，物价归根结底是货币现象，疫情之后物价长期低位徘徊甚至较长一段时期处于下跌态势，虽然 2023 年之后呈现稳定回升趋势，也确实很难说清楚我国 2022 年的通货不处于紧缩状态。因此，要真正理解反映实体经济活动的这些数据、比率，按常理分析是不够的，关键需要理解以下几方面因素。

首先，不能简单地以 M_2 与 GDP 的比较来判断通货是否紧缩。按照经济学一般原理，倘若我国经济增长已经处于潜在增长水平，那么一定的货币供应量自然可以说是适当的，也就不再有讨论的必要。尽管按照有些研究者的分析，3% 左右的真实 GDP 增长率还未达到中国目前的潜在产出增长水平，但只要我们回到经济学潜在产出的定义上，即要素充分就业，就可以看出我国2022年的经济增长是低于其潜在水平的。2022年我国经济的基本事实是，失业率高，劳动力闲置压力成为左右经济决策的重大难题；大量企业生产设备闲置或开工不足，物价频频出现跌势，连续四年积极的财政政策出现后劲乏力等，这一切说明，若简单地以货币供应量增长率高于经济增长率与消费物价增长率之和作为论证货币供应充足的依据，似乎是不够的。

其次，为什么较高的货币供应增长仍止不住物价的下跌势头？从一国经济的有效需求看，引起当前内需不足的原因有两种可能：或者是持有较多货币的经济单位的投资或消费意愿不足，或者是充当经济活动媒介的货币出现了普遍性匮乏。如果是后者，我们可以直接得出货币紧缩的结论（有研究者提出，当前的紧缩是供给因素引起的）。但倘若有效需求不足是由前者引起的呢？此时货币总量水平及其增长速度可能并不低（表现形式之一就是我国的 M_2/GDP 比值高）。因此单纯从全社会实体经济活动所对应的潜在货币购买力看，"货币"供给似乎是充足的。问题在于，我们在考虑如何缓解有效需求不足的问题时，真正关心的并不是有多少货币可能投入经济运行，而是有多少货币实际投入了经济运行。由于一定的货币供应量作用于物价、就业和经济增长之间，存在一系列的经济活动和联系，有总量和结构的诸多因素，因此现在就难以解释为什么在往日或者在常理看来已不少的货币供给仍止不住物价的跌势。

最后，必须看到在分析通货松紧形势时，特别是在通货紧缩作为主要危险倾向时，不能简单地分析货币供应量，要进一步分析在一定货币供应量前提下能够直接作用于实体经济的货币资金状况。

因为与 GDP 直接相关的更多的因素不是货币供应量，而是与银行体系中负债方货币供应量相对应的资产国内信贷总量。货币供应量定义的是某个时点全社会的现金和银行存款的总和，它只反映社会潜在购买能力（潜在需求）的大小，与全社会的实际购买能力只具有间接关系；相反，国内信贷总量揭示了一国有效需求的资金满足状况，而这种资金需求的背后才真正对应着现实的实体经济活动（投资与消费等）。在经济对外开放、证券市场取得一定发展的背景下，特别是在股票市场、金融市场得到发展又尚不成熟时期，分析货币供给的松紧态势，既要看货币供应量的变化状况，又不能简单地仅瞄着货币供应量与CDP 的相应增长速度，应结合分析国内信贷总量、物价、就业、境内外资金流动和资金价格等变化情况。

具体到我国来说，尽管许多实证研究表明，我们基本可以排除有效需求不足是由于通常意义上的货币普遍匮乏造成的，从而可确认持有较多货币的经济单位的投资或消费意愿不强是造成当前有效需求不足的主因。从经验数据的纵向比较分析看也可以看出，我国货币供应量的增长速度可能并不慢。但是，判断货币松紧的真实态势，要深入考察与实体经济相应的"货币"——国内信贷总量的变化情况，从这个意义上说，不仅当前的货币供给充足论是站不住脚的，而且货币供给不足的观点同样没有点出问题的实质，因为很可能实际情况不是宽泛意义上的货币供应偏紧，而是与国内企业相对应的"货币资金"紧了。

货币供求问题历来是货币金融理论的核心内容，也是一国货币政策选择的出发点。现代金融对货币需求和供给产生了很大影响，货币供求的机制、总量、结构及特性都发生了深刻的变化，反过来，货币需求和供给对金融运行和宏观调控影响更大。

第一节　货币需求

一、货币需求概述

货币需求是指在一定时间内，社会各经济主体为满足各种经济活动需要而应该保留或占有一定货币的动机或行为。货币需求发端于商品交换，随着商品经济以及信用的发展而发展。个人购买商品和服务，企业支付生产和流通费用，银行开展信用活动，社会进行各种方式的积累，政府调节经济，都需要货币这一价值量工具。在产品经济以及半货币化经济条件下，货币需求强度（货币在经济社会中的作用程度，以及社会经济主体对持有货币的要求程度）较低，而在市场经济条件下，货币需求强度较高。

货币需求理论就是研究在一定的时期内、一定经济条件下决定一国货币需求量的因素，以及这些因素和货币需求量之间的关系。出于不同的研究目的，人们往往从不同的角度研究货币需求，主要有如下几个方面。

（一）微观货币需求与宏观货币需求

微观货币需求，是指单个个体在一定时点上有意愿且有能力对货币的持有量。也就是说，微观经济主体（个人、家庭或企业）在既定的收入水平、利率水平和其他经济条件下，所形成的机会成本最少、收益最大时对货币的需求。宏观货币需求，是指一个社会或一个国家在一定时期，由于经济发展和商品流通所产生的对货币的需要。它是从宏观经济主体运行的角度进行界定的，讨论在一定的经济条件下（如资源约束、经济制度制约等），整个社会应有多少货币来执行交易媒介、支付手段和价值储藏等功能。两者的关系是，从数量意义上说，全部微观货币需求的总和即为相应的宏观货币需求。

（二）名义货币需求与实际货币需求

名义货币需求，是指经济主体在不考虑商品价格变动的情况下的货币意愿持有量。实际货币需求，是指经济主体在扣除物价因素的影响后所需要的货币量，它是用货币的实际购买力来衡量的。

两者的区别在于，实际货币需求剔除了通货膨胀或通货紧缩所引起的物价变动的影响。例如，某年物价上涨了4%，经济增长了8%，则名义货币需求增长了12%。如果按照不变价格计算，实际货币需求只增长了8%。在价格水平稳定的情况下，没有必要区分名义货币需求和实际货币需求，但是当价格水平经常变动且幅度较大时，区分这两种货币需求就显得非常有必要了。

货币需求的任务是回答两个最重要的问题，即哪些因素影响货币需求和如何测量货币需求。在这方面，不同的经济学流派给予了不同的解释。其中，著名的剑桥方程式、凯恩斯货币需求理论、弗里德曼货币需求理论，都是从微观角度分析货币需求的典型理论。剑桥方程式是从收入水平变动和微观主体持币比例来展开分析的；凯恩斯在货币需求函数中引入了利率这个影响微观主体货币需求的重要因素，对货币需求的研究更切合实际；弗里德曼则在前人的基础上，通过引入微观主体财富构成、持币机会成本等众多微观因素，使货币需求函数的表达式更为具体。

二、货币需求理论

货币需求理论主要研究影响货币需求量的因素、这些影响因素与货币需求量之间的关系、货币需求量变化的规律及货币需求的动机等内容。

（一）货币数量论的货币需求理论

美国经济学家欧文·费雪于 1911 年出版的《货币的购买力》一书是货币数量论的代表作。在该书中，费雪提出了著名的交易方程式，也被称为费雪方程式，表示为：

$$MV = PT$$

式中，M 为一定时期内流通货币的平均数量；V 为货币平均流通速度，即单位时间内货币的平均周转次数；P 为平均价格水平；T 为商品和服务的交易总量。交易方程式将产出销售值和用于交易的货币量联系起来。它表明在交易中发生的货币支付总额（MV）等于被交易的商品和服务总价值（PT）。

上式还可以表示为：

$$P = \frac{MV}{T}$$

假定在某一年份中，平均货币余额为 800 亿元，平均每元钱被花费了 10 次，那么这一年中发生的货币支付总额就是 8 000 亿元。显然，这 8 000 亿元也就是这一年内利用货币进行交易的商品和服务的总价值。反过来，如果某一年的交易总价值达到 8 000 亿元，并且都利用货币进行，而平均的货币余额又只有 800 亿元，则每一元货币的平均周转次数一定是 10 次。

费雪方程式没有考虑微观主体的动机对货币需求的影响，以马歇尔和庇古为代表的剑桥学派，在研究货币需求时，将其理解为人们愿意以货币形式持有的财富量，这与费雪方程式对货币需求的理解是不同的。每个人持有货币的多少，取决于多种因素，但在名义货币需求量与名义收入水平之间总是保持一个较为稳定的比例关系。因此有：

$$M_d = kPY$$

式中，M_d 为名义货币需求量；k 为以货币形式拥有的财富占名义总收入的比例；P 代表一般价格水平；Y 代表总收入。此式即为剑桥方程式。

费雪方程式和剑桥方程式存在以下三点差异。

（1）对货币需求分析的侧重点不同。费雪方程式强调货币交易媒介的功能，侧重于考察支撑社会商品和服务的交易量，需要多少货币；而剑桥方程式强调货币作为财富的持有形式。

（2）费雪方程式把货币需求和支出流量联系在一起，重视货币支出的数量和速度，侧重于货币流量分析；而剑桥方程式从用货币形式保有资产存量的角度考虑货币需求，重视存量占收入的比例。所以费雪方程式也被称为现金交易说，剑桥方程式则被称为现金余额说。

（3）两个方程式对货币需求的分析角度和所强调的货币需求决定因素有所不同。费雪方程式是对货币需求的宏观分析，而剑桥方程式则从微观角度进行分析。

（二）凯恩斯的货币需求函数

凯恩斯早期是马歇尔的学生、剑桥学派的一员，在 1936 年出版的《就业、利息和货币通论》一书中，他系统地提出了自己的货币需求理论，即流动性偏好理论（liquidity preference theory）。

由于师从马歇尔，凯恩斯的货币需求理论在某种程度上是剑桥货币需求理论合乎逻辑的发展。剑桥学派的货币数量论所提出的问题是人们为什么会持有货币。对这一问题的回答，直接导向了剑桥学派对人们持币的交易需求分析。但是，剑桥理论的缺陷是没有就此做出深入的分析。与剑桥的前辈不同，凯恩斯详细分析了人们持币的各种动机。

凯恩斯认为，人们之所以需要持有货币，是因为存在流动性偏好这种普遍的心理倾向。所谓流动性偏好，是指公众愿意用货币形式持有收入和财富的欲望与心理，这种愿望构成了他们对货币的需求。因此，凯恩斯的货币需求理论被称为流动性偏好理论。

那么，人们为什么偏好流动性，为什么愿意持有货币呢？凯恩斯认为，人们的货币需求源于以下三种动机：交易动机、预防动机和投机动机。

（1）交易动机（transactions motive），是指人们为了日常交易的方便，而在手头保留一部分货币；基于交易性动机而产生的货币需求就被称为货币的交易需求。它取决于收入的数量和收支的时距长短。这种交易支出具有确定性的特点，如每月的一些固定开支项目基本上是可以事先估计的。由于收支的时距在短期内相对稳定，因此这类支出显然受到收入水平的影响。以个人为例，收入越高，个人每月愿意付出的固定开支就越高。从而可以得出，交易动机下的货币需求是收入水平的增函数。这一点与费雪方程式和剑桥方程式相似。

（2）预防动机（precautionary motive），又称谨慎动机，是指人们需要保留一部分货币以备未曾预料的支付；这类货币需求就被称为货币的预防需求。凯恩斯认为，人们因预防动机而产生的货币需求，也与收入同方向变动。因为人们拥有的货币越多，预防意外事件的能力就越强。生活中经常会出现一些未曾预料到的、不确定的支出，其又包括两类事件：一是不好的意外事故，如失业、疾病等；二是意料之外的有利的购买机会，如没有料到的进货机会。这类动机下的货币需求数量同样在很大程度上受收入水平的影响。收入越高，人们越愿意多持有货币以预防上述两类事件的发生，因此预防动机下的货币需求也是收入的增函数。

（3）投机动机（speculative motive），是指人们根据对市场利率变化的预测，需要持有货币以便满足从中投机获利的动机；由此产生的货币需求被称为货币的投机需求。凯恩斯认为，投机动机下的货币需求是利率水平的减函数，即利率与投机动机下的货币需求呈反向变动关系。

得出这一结论的具体思路如下。首先，在凯恩斯的分析中，盈利性金融资产主要是指债券。凯恩斯假定货币的预期收益为零（活期存款不支付利息），而债券却有两类收益——利息和资本利得。利息收入显然取决于利率，资本利得是指债券的卖出价和买入价之间的差额，它也与利率有关。债券的价格和利率成反比，利率越高，债券的价格就越低，反之亦然。其次，凯恩斯假定人们可以两种形式来持有财富——货币和债券，而且要么持有债券，要么持有货币。同时，凯恩斯还假定，人们心目中都有一个正常的利率水平，即点预期利率水平。若当前利率水平偏离了点预期利率，则人们会预期它向点预期利率趋近。具体地，当金融市场利率高于这个点预期利率水平时，人们就会预期当前利率下降，从而预期债券价格上升，债券的资本利得会增加，因而会选择放弃货币而持有债券，货币需求下降。反之，当前利率低于这个点预期利率水平时，人们则会预期当前利率上升，从而预期债券价格下降，债券的资本利得会减少，甚至可能为负，从债券资产中获得的利息收入可能不足以补偿资本损失，因而会选择放弃债券而持有货币，货币需求上升。

因此，对货币的需求取决于当前利率水平与正常利率水平（点预期利率水平）的对比。考虑到正常利率水平既定，当前利率水平就成为关键因素。当前利率水平越高，预期它下降的可能性就越大，则货币需求越低；当前利率水平越低，预期它上升的可能性就越大，则货币需求越高。可见，利率与货币需求呈反向变动关系。

将上述结论归纳起来，就得到了凯恩斯的货币需求函数。应该注意的是，凯恩斯讨论的货币需求是实际货币需求（actual demand for money），而不是名义货币需求。他认为，人们在决定持有多少货币时，是根据这些货币能够购买到多少商品来决定的，而不仅仅看货币的面值是多少。人们的实际货币需求量是由实际收入水平 Y 和利率（这里的利率是名义利率，因为利息收入和资本利得都是和名义利率相关的）决定的。

凯恩斯把与实际收入水平呈正向关系的交易性货币需求和预防性货币需求归在一起，称为第 Ⅰ 类货币需求，用 M_1 表示。因为本质上预防动机也是交易动机，只不过其是针对未来不确定的交易机会而已。M_1 随收入水平的增加而增加。所以，二者都是收入水平的函数。即

$$M_1 = L_1(Y)$$

式中，L_1 代表第 Ⅰ 类货币需求与收入之间的函数关系。注意，这里的 M_1 不是狭义货币，而是指交易货币需求与预防货币需求之和。

凯恩斯将投机性货币需求称为第 Ⅱ 类货币需求，用 M_2 表示。M_2 随着利率的上升而减少，即

$$M_2 = L_2(r)$$

式中，L_2 代表利率与 M_2 之间的函数关系。

综合以上两个函数，就得到凯恩斯的货币需求总函数，即

$$\frac{M_d}{P} = M_1 + M_2 = L_1(Y) + L_2(r) = L(Y, r)$$

式中，等式左边 $\frac{M_d}{P}$ 为剔除了价格因素的实际货币需求余额，凯恩斯的货币需求总函数是收入水平的增函数，是利率水平的减函数。

把利率作为影响货币需求的重要因素是凯恩斯的一大贡献。在此之前的古典货币数量论，例如，现金交易说根本否认利率对货币需求的作用，现金余额说也只是提到利率对货币需求产生影响的可能性。只有凯恩斯明确地将货币需求对利率的敏感性，作为其宏观经济理论的重要支点。因为市场利率是经常变化的，货币需求是不稳定的，而古典货币数量论者认为货币需求量与其决定因素之间是一个稳定的函数关系。因此，凯恩斯认为，在有效需求不足的情况下，可以通过扩大货币供给量来降低利率，以刺激投资，增加就业，扩大产出，促进经济增长。

总之，凯恩斯货币需求理论与传统货币数量论有许多相似之处，也有不同之处。在费雪方程式和剑桥方程式中，人们持币的动机是满足交易之需，凯恩斯延续古典学派的思路，认为货币需求基本上由人们的交易水平决定。与古典经济学家一样，他也认为交易货币需求与收入成正比例。凯恩斯超越古典学派的地方是，他认为人们还会为了应对未来不确定性支出的需要而持有货币，并称为预防动机。货币的预防需求与收入成正比。同时，凯恩斯同意剑桥学派将货币作为财富储藏形式的观点，并将这种动机称为投机动机。他也同意剑桥学派认为的财富与收入是紧密相连的。因此，他认为货币的投机需求与收入是相关的。他的理论发展在于，利率对投机货币需求具有更重要的影响。

（三）弗里德曼的货币需求函数

美国经济学家米尔顿·弗里德曼（Milton Friedman）是现代货币数量论的代表人物。1956 年他发表了著作《货币数量学说——新解说》，标志着现代货币数量论的诞生。

1. 影响人们持有货币数量的因素

与以前的经济学家一样，弗里德曼继续探索人们持有货币的原因。与凯恩斯不同的是，弗里德曼不再具体分析持有货币的动机，而是笼统地认为影响其他资产需求的因素也必定影响货币需求。然后，弗里德曼将资产需求理论应用到货币需求分析中来。他认为，影响人们持有实际货币量的因素主要有以下几种。

（1）财富总额及其构成。

弗里德曼认为，财富总额是影响货币需求的重要因素，个人持有的货币量不会超过其总财富。但由于财富总额很难直接计算，因此他提出用恒久性收入来代替总财富。所谓恒久性收入，是指预期在未来年份中获得的平均收入。恒久性收入比较稳定，它不同于带有偶然性和临时性的当期收入。弗里德曼认为，当期收入极不稳定，对于货币需求影响更大的是恒久性收入。也就是说，人们是依据其恒久性收入做出相应支出安排，从而产生对货币的相应需求的。

在结构上，弗里德曼将财富分为人力财富和非人力财富。人力财富，是指个人在将来获得收入的能力；非人力财富，是指物质性财富，如房屋、生产资料、耐用消费品等。两种财富的最大区别是，人力财富不易变现。所以，如果人力财富在总财富中所占比例较大，出于谨慎动机的货币需求也就越大。由于人力财富不易计算，弗里德曼将非人力财富占总财富的比率作为影响货币需求的因素之一。显然，该比率与货币需求呈负相关关系。

（2）持有货币和其他资产的预期收益率。

弗里德曼所指的货币包括现金和存款。因此，持有货币的收益有三种情况：可以为零（现金），可以为正（存款），可以为负（通货膨胀下持有现金，或活期存款不付利息而收取服务费）。显然，货币需求量与持有货币的预期收入成正比。其他资产如债券、股票及不动产的收益率取决于市场利率和市场供求状况。在其他条件不变时，货币以外的其他资产的收益率越高，货币需求量就越小。弗里德曼认为，货币和其他资产的预期收益率不同，决定了这些财富之间存在着相互替代关系。

（3）影响货币需求的其他因素。

影响货币需求的其他因素（u）可能是随机出现的，如财富所有者的主观偏好及客观技术与制度等。

2. 弗里德曼的货币需求函数

弗里德曼在分析讨论上述三类因素的基础上，提出了他的货币需求函数：

$$\frac{M_d}{P} = f\left(Y_p, \ w, \ r_m, \ r_b, \ r_e, \ \frac{1}{P}\frac{dP}{dt}, \ u\right)$$

式中，Y_p 表示恒久性收入；w 表示非人力财富占总财富的比率；r_m 表示货币收益率；r_b 表示固定收益证券（如债券）的收益率；r_e 表示不定收益证券（如股票）的收益率；$\frac{1}{P}\frac{dP}{dt}$ 表示价格水平的预期变动率；u 表示其他随机因素。

在上述影响货币需求的因素中，Y_p、r_m 与货币需求呈正向关系；w、r_b、r_e、$\frac{1}{P}\frac{dP}{dt}$ 与货

币需求呈反向关系。

（四）弗里德曼货币需求理论与凯恩斯货币需求理论的比较

虽然弗里德曼的现代货币数量论与凯恩斯的货币需求理论都将货币视为一种资产，并从资产选择角度入手分析货币需求，但二者还是有明显的不同，主要表现在以下几方面。

1. 资产的范围不同

弗里德曼的资产概念要宽泛得多。凯恩斯所考虑的仅仅是货币与作为生息资产的债券之间的选择；而弗里德曼关注的资产除货币以外，还有股票、债券和实物资产。与凯恩斯不同，弗里德曼认为货币与实物是相互替代的。因此，他将实物资产的预期收益率作为影响货币需求的一个因素。这暗示着货币供给量的变化会直接影响社会总支出的变化。

2. 对货币预期收益率的看法不同

凯恩斯认为，货币的预期收益率为零；而弗里德曼把它当作一个会随着其他资产预期报酬率的变化而变化的量。例如，当市场利率上升引起其他资产预期收益率上升时，银行会提高存款利率以吸引更多的存款来发放贷款，从而导致货币的预期报酬率也随之上升。

3. 收入的内涵不同

凯恩斯货币需求函数中的收入是指实际收入水平；弗里德曼货币需求函数中的收入是指恒久收入水平，即一定时间内的平均收入水平。

4. 货币需求函数的稳定性不同

凯恩斯认为货币需求函数受利率波动的影响，因而是不稳定的，因为利率是受多种因素影响而经常上下波动的。弗里德曼认为，由于作为财富代表的恒久收入在长期内取决于真实生产因素的状况，其变动是相对稳定的。银行竞争使利率变化对货币需求的影响很小，货币需求对利率不敏感。因而，货币需求函数是稳定的，是可以预测的。

5. 影响货币需求的侧重点不同

凯恩斯的货币需求理论非常强调利率的主导作用，认为利率的变动会直接影响到就业和国民收入的变动，最终必然影响到货币需求量；弗里德曼则强调恒久收入对货币需求的重要性，认为利率对货币需求的影响是微不足道的。

6. 关于货币流通速度稳定与否的看法不同

凯恩斯的货币需求函数 $\frac{M_d}{P}=L(Y,r)$ 可以进行转换，即 $\frac{P}{M_d}=\frac{1}{L(Y,r)}$，进一步地，在市场均衡下有 $V=\frac{PY}{M_d}=\frac{Y}{L(Y,r)}$。因此，由于货币需求与利率是负相关关系，当利率 r 上升时，$L(Y,r)$ 下降，进而货币流通速度上升。利率是经常波动的，因此凯恩斯的货币需求理论认为，货币流通速度也是经常波动的。如前所述，弗里德曼货币需求理论隐含的货币流通速度公式是 $V=\frac{Y}{\frac{M_d}{P}}=\frac{Y}{L(Y_P)}$，由于 Y 与 Y_P 之间的关系通常是相对可预测的，所以 V 也是很好预测的。

总的来讲，弗里德曼的货币需求理论采用了与凯恩斯理论类似的方法，但没有对持有货币的动机进行深入分析。弗里德曼利用资产需求理论，说明货币需求是恒久性收入和各种替代资产相对于货币的预期回报率的函数。

第二节　货币供给

货币供给（money supply）分析，在剖析货币流通状态和货币政策决策中，是与货币需求理论相对应的另一个侧面。对于货币供给的研究，在古代，较其对货币需求的研究或许更为具体。那时，一个首要的问题是货币由谁供给：是由君王垄断，还是也允许私人参与货币金属的开采和钱币的铸造？现在，这个问题早就不存在了，但仍然有国家对货币供给如何控制和控制到何种程度的问题。

在金属货币流通时代，货币金属不足是经济生活中的主要矛盾之一。比如中国唐代中期的"钱荒"、南北宋的"钱荒"和明清之际的"银荒"，都曾对当时的经济生活有重大影响。在货币金属供给不足的背景下，中国出现过"交子"，出现过全国性流通的纸币。但真正突破金属货币供给不足桎梏的，是现代信用体系货币创造机制的形成和不断发展。一般来说，当今不愁无法解决货币供给不足的难题，但如何才能使货币供给符合经济发展的客观需要，成为仍在不断研究探讨的课题。甚至在经济不断发展的进程中，什么是货币的问题也不易回答。

货币供给，即一个国家流通中的货币总额，是该国家一定时点的除中央政府或财政部、中央银行或商业银行以外的非银行大众所持有的货币量。它是一个存量概念，而不是一个流量概念；它是一个时点的变量，而不是一个一定时期的变量。货币供给有狭义、广义之分。从狭义上说，它由流通中的纸币、铸币和活期存款构成，银行的活期存款是货币供给的一个重要组成部分。从广义上说，货币供给还包括商业银行的定期存款、储蓄和贷款协会及互助储蓄银行的存款，甚至还包括储蓄债券、大额存单、短期政府债券等现金流动资产。

一、名义货币供给与实际货币供给

（一）名义货币供给

名义货币供给，是指一国的货币当局即中央银行根据货币政策所需提供的货币量。这个量并不是完全以真实商品和服务表示的货币量，它包括由供给量引起价格变动的因素。因此，名义货币供给也就是以货币单位（如"元"）来表示的货币量，是现金和存款之和。在当代信用货币流通的条件下，流通中的通货都是由中央银行通过（主要是商业银行）贷款投放的基础货币，并通过商业银行对社会经济主体一系列的存贷款活动，扩大整个社会的名义货币供给。

名义货币供给可能高于也可能低于实际货币需求。按照货币数量论说法，商品的价格由实际货币需求与名义货币供给的比例决定。例如，实际需求货币为 100 亿千克棉花，名义货币供给量为 500 亿元，每千克棉花售价 5 元。如果实际需求货币的棉花增加到 125 亿千克，而名义货币供给量不变，那么，每千克棉花的价格就会降到 4 元，就是说货币升值 20%；再如，实际货币需求不变，而名义货币供给量增加至 600 亿元，则每千克棉花的价格上涨到 6 元，货币贬值 20%。它说明，商品价格的变动是由名义货币供给量决定的。

按照货币价值论的观点，商品的价格由商品的价值与货币代表的价值的比例决定。名义货币供给如果超过了实际货币需求，就会引起货币贬值。这样，由贬值的名义货币供给表现出的是物价上涨。反之，实际货币需求增加，如果名义货币供给不变，那么表现出来的是货币升值和物价下降。因此，货币当局的名义货币供给必须与实际货币需求大体相适应，以便促进经济协调发展。

（二）实际货币供给

实际货币供给是指与一般物价指数平减后所得的货币供给，也就是剔除物价上涨因素而表现出来的货币所能购买的商品和服务总额。用公式表示为：

$$实际货币供给 = \frac{M_s}{P_0}$$

式中，M_s 表示名义货币供给，P_0 表示平减后的一般物价指数。

上式表明一国在一定时期内的实际货币供给受名义货币供给与一般物价指数的综合影响。也就是说，一国的名义货币供给增加，可能引起实际货币供给的增加。同时，价格的变动也会导致实际货币供给的变化。但是，实际货币供给既然是剔除了物价变动因素后所能购买的商品和劳务总额，因此实际货币供给归根到底取决于实物形态的国民收入。为了保持实际货币供给与实际货币需求相适应或相平衡，实际货币供给应该与用实物形态表示的国民收入 Y 成一定比例关系，即与 kY 相等。用公式表示为：

$$\frac{M_s}{P_0} = kY$$

式中，k 代表国民收入中的货币形式持有的份额，Y 代表国民收入。

上式表明，实际货币供给必须与国民收入 Y 保持同步增长。如果 $\frac{M_s}{P_0} > kY$，说明货币供给大于实际货币需求，势必引起通货膨胀；反之，如果 $\frac{M_s}{P_0} < kY$，则会出现投资紧张，消费减少，失业人数增加，经济不景气。

二、货币供给的外生性和内生性

（一）货币供给的外生性

货币供给的外生性，是指货币供给量不受任何经济因素的制约和中央银行以外的经济部门左右，完全受中央银行控制，由中央银行根据政府的金融政策和经济形势变化的需要而供应货币。

凯恩斯是货币供给外生性或外生变量的主张者。他认为，货币供给是由中央银行控制的变量，其变化影响着经济运行，但自身却不受经济因素的影响或制约。他认为，即使在金属货币流通条件下，由于货币商品——金银的生产受自然力量的限制，私人企业对货币供应量的增加也无能为力，而在信用货币或纸币流通条件下，货币供给的控制权掌握在政府授权的中央银行手中，中央银行完全可以根据政府的金融政策和当前的经济形势提供货币和进行调控。货币主义的主要代表人物弗里德曼也是货币供给外生论者。他认为，决定货币供给的方程式中的三个主要因素：高能货币 H、存款准备比率 $\frac{D}{R}$ 和存款通货比率 $\frac{D}{C}$，虽然这三个因素分别取决于货币当局的行为、商业银行的行为和公众的行为，但中央银行能够直接决定高能货币，因此只要控制和变动高能货币，那么，存款准备比率与存款通货比率必然受到影响，从而决定货币量的变动，因此，货币供给属于外生性。

（二）货币供给的内生性

货币供给的内生性，是指货币供给难以由货币当局直接控制，而主要取决于整个金融体系，包括银行与非银行金融机构在内的社会经济各部门的共同活动。

关于货币供给是内生变量还是外生变量，在西方经济学家中有两种截然不同的观点。进入20世纪80年代以后，后凯恩斯主义者提出货币供应内生性的观点，其主要代表人物是詹姆斯·托宾。他们认为，货币当局虽然对货币供应有影响，但货币当局无法对货币的供给实行完全的控制。这是因为：

第一，在金融体系高度发达的当代，只要有贷款需求，银行就会提供贷款，由此相应创造出存款货币，导致货币供应量的增加。

第二，由于金融工具的创新层出不穷，即使中央银行只是部分地提供所需货币，通过金融创新也可以相对地扩大货币供应量。

第三，货币供给的三个变量，即高能货币 H，存款通货比率 $\dfrac{D}{C}$，存款准备比率 $\dfrac{D}{R}$，三者之间会发生交叉影响，特别是存款通货比率和存款准备比率的变动并不完全取决于金融当局，而往往随经济活动的发展而变动，所以，货币供给属于内生性，是内生变量。

三、货币供给的层次划分

在金属货币流通的条件下，开始人们只知道货真价实的货币本体——金银条块和金币银币是货币，后来又发现能保证支付的商业票据和银行票据（银行券）同样可以流通。金本位制崩溃之后，现代纸币（不兑现的银行券）打破了人们传统的货币观念，人们识别货币的准则发生了明显的变化，认为无论是金币、银币，还是纸币，只要能够充当商品交易的媒介，人们能普遍接受，它就是货币。按照这一准则，能够直接用于转账支付的银行存款（活期存款）的货币属性则毫无异议了。货币不光指现金，而且包括存款货币。

从20世纪中期开始，随着金融市场的不断完善，金融创新的日益发展，货币的范围不断扩大。例如，大额定期存单和可转让支付命令账户等的广泛使用，使一些银行定期存款和储蓄存款也变成了活期存款。这样，货币的范围迅速从现金、活期存款，扩大到大额定期存单、储蓄存款和定期存款，以及各种有价证券等范畴。可以预见，随着信用制度的不断发展，现代科学技术在银行的广泛应用，货币的范围还将进一步扩大。

虽然现金货币、存款货币和各种有价证券均属于货币范畴，随时都可以转化为现实的购买力，但绝不等于说现金、存款货币、有价证券的流动性相同、货币性一样。例如，现金和活期存款是直接的购买手段和支付手段，随时可形成现实的购买力，货币性或流动性最强。储蓄存款一般需转化为现金才能用于购买，定期存款到期才能用于支付，如果要提前支付，还要蒙受一定损失，因而流动性较差。票据、债券、股票等有价证券，要转化为现实购买力，必须在金融市场上出售之后，还原为现金或活期存款。

由于上述各种货币转化为现实购买力的能力不同，所以对商品流通和经济活动的影响有别。因此，有必要把这些货币形式进行科学的分类，以便中央银行分层次区别对待，提高宏观调控的计划性和科学性。

西方学者在长期研究中，一直主张把流动性原则作为划分货币层次的主要依据。所谓流动性是指某种金融资产转化为现金或现实购买力的能力。具有流动性的金融资产价格稳定，还原性强，可随时在金融市场上转让、出售。各个国家信用化程度不同，金融资产的种类也不尽相同。因而，各个国家把货币划分了几个层次，每个层次的货币内容不完全一样。下面介绍几种不同的划分方法。

（一）国际货币基金组织的划分

国际货币基金组织一般把货币划分为三个层次：

$M_0 = $ 流通于银行体系之外的现金；

$M_1 = M_0 + $ 活期存款（包括邮政汇划制度或国库接受的私人活期存款）；

$M_2 = M_1 + $储蓄存款+定期存款 +政府债券（包括国库券）。

（二）美国的划分

美国的货币层次划分，有自己的特点。

$M_1A = $现金+商业银行的活期存款；

$M_1B = M_1A + $所有存款机构的其他支付存款；

$M_2 = M_1B + $储蓄存款+所有存款机构的小额定期存款；

$M_3 = M_2 + $所有存款机构的大额定期存款+商业银行、储蓄贷款机构的定期存款协议；

$M_4 = M_3 + $其他流动资产（债券、保单，股票等）。

（三）我国的划分

我国对货币层次的研究起步较晚，但发展迅速。学者们在划分原则、具体划分方法上提出了不少有益的意见。

1. 划分货币层次的原则

普遍认为，划分货币层次要从我国的实际出发，不能盲目照搬西方国家的做法。要使我国货币层次划分具有实际意义，应遵循以下原则：

（1）划分货币层次应把金融资产的流动性作为基本标准；

（2）划分货币层次要考虑中央银行宏观调控的要求，应把列入中央银行账户的存款同商业银行吸收的存款区别开来；

（3）货币层次要能反映出经济情况的变化，要考虑货币层次与商品层次的对应关系，并在操作和运用上有可行性；

（4）宜粗不宜细。

2. 划分方法

我国中央银行根据《中国人民银行货币供应量统计和公布暂行办法》，目前划定的货币层次为：

$M_0 = $现金；

$M_1 = M_0 + $单位活期存款；

$M_2 = M_1 + $个人储蓄存款+单位定期存款；

$M_3 = M_2 + $商业票据+大额可转让定期存单

我国目前只测算和公布 M_0、M_1、M_2 的货币供应量，M_3 只测算不公布。

四、货币供给机制

货币供给理论的产生和发展要比货币需求理论晚得多。20 世纪 60 年代以后，随着货币主义的兴起和各国对货币政策的普遍重视，货币供给理论也开始迅速发展。由于银行存款是货币供给的最大组成部分，理解存款货币的创造机制成为理解货币供给机制的第一步。本内容在考虑第七章中央银行的基础货币投放以后，通过货币乘数得出货币供给的完整模型，从而勾画出货币供给的全过程。

（一）商业银行的存款货币创造

在整个金融体系中，商业银行与其他金融机构的显著区别在于，只有商业银行才能经营活期存款业务，并具有创造派生存款的能力，即银行吸收了一笔原始存款后，经过其资产业务，最终会创造出数倍于原始存款的存款。历史上，商业银行是唯一能够办理活期存款业务的金融机构，因而也只有商业银行具有货币创造的功能。金融管制放松后，一些其他的金融机构也被允许经营活期存款业务，但从规模和影响来看远不及商业银行，因此商业银行仍然是存款创造最重要的主体。

1. 存款货币创造的条件

存款的初始增加要引起多倍的存款创造，需要具备两个基本条件，即部分准备金制度和转账结算制度。

（1）部分准备金制度。部分准备金制度是相对于全额准备金制度而言的。部分准备金制度，是指商业银行吸收存款后，只需缴存部分资金作为存款准备金，其余资金可以贷出的制度。在部分准备金制度下，银行不用把所吸收的存款都作为准备金留在金库中或存入中央银行，进而为创造存款货币提供了可能。

（2）转账结算制度。转账结算制度是指不使用现金，而是通过银行将款项从付款单位（或个人）的银行账户直接划转到收款单位（或个人）的银行账户的资金结算方式。这里的"账"，指的是各单位在银行开立的存款账户（通常是活期存款账户）。银行接受客户委托代收代付，即从付款单位活期账户划出款项，转入收款单位活期账户，以此完成经济主体之间债权债务的清算或资金的调拨。由于转账结算不动用现金，所以又称为非现金结算或划拨清算。

在现代信用制度下，银行向客户贷款是通过增加客户在银行活期存款账户上的金额进行的，客户则通过签发支票来完成他的支付行为。因此，银行在增加贷款或投资的同时，也增加了存款额，即创造出了新的存款。如果客户以提取现金的方式向银行取得贷款，就不会形成派生存款。因此，转账结算制度使多倍的存款扩张成为可能。

2. 存款货币的多倍创造过程

在分析存款货币创造过程之前，我们首先定义原始存款和派生存款。

原始存款，是整个银行体系最初吸收的存款，具体是指银行吸收的现金存款或中央银行对商业银行提供再贷款、再贴现而形成的存款，是银行从事资产业务的基础。这部分存款不会引起货币供给总量的变化，仅仅是流通中的现金变成了银行的活期存款，银行活期存款的增加正好抵消了流通中现金的减少。原始存款对于银行体系而言，是现金的初次注入，是银行进行信用扩张的基础。

派生存款，是原始存款的对称，是指由商业银行发放贷款、办理贴现或投资等业务活动引申而来的存款。派生存款产生的过程，就是商业银行吸收存款，发放贷款，形成派生存款，最终导致银行体系存款总量增加的过程。

为了简单清晰地描述存款货币的多倍创造过程，下面举例说明。假定支票存款的法定准备金率为 10%，并且同时假定：第一，商业银行不持有任何超额存款准备金；第二，没有现金从银行系统中漏出；第三，没有从支票存款向定期存款或储蓄存款的转化。

假设 A 银行吸收了 10 000 元的活期存款，按照规定提取存款准备金 1 000 元，其余的 9 000 元贷款给客户甲。此时，A 银行的资产负债变动状况可用 T 型账户表示，如图 8-1 所示。

资产		负债	
存款准备金	+1 000 元	活期存款	+10 000 元
贷款	+9 000 元		

图 8-1 A 银行的资产负债变动状况

假定客户甲将这 9 000 元贷款存入其往来行 B 银行（也可以是 A 银行），B 银行按照规定提取 900 元法定存款准备金后，再将其余的 8 100 元贷款给客户乙。此时，B 银行的资产负债变动状况用 T 型账户表示，如图 8-2 所示。

资产		负债	
存款准备金	+900 元	活期存款	+9 000 元
贷款	+8 100 元		

图 8-2 B 银行的资产负债变动状况

假定客户乙再将这 8 100 元贷款存入其往来行 C 银行，C 银行按照规定提取 810 元法定存款准备金后，再将其余的 7 290 元贷款给客户丙。此时，C 银行的资产负债变动状况用 T 型账户表示，如图 8-3 所示。

资产		负债	
存款准备金	+810 元	活期存款	+8 100 元
贷款	+7 290 元		

图 8-3 C 银行的资产负债变动状况

此时，银行活期存款已经由最初 A 银行吸收的 10 000 元，加上 B 银行的 9 000 元派生存款，再加上 C 银行的 8 100 元派生存款，达到 27 100 元。但银行存款的增加远未停止，还会照此发展下去，直到存款总额达到 100 000 元为止，如表 8-1 所示。

表 8-1 存款货币的多倍创造过程　　　　　　　　　　　　　　　单位：元

商业银行	存款增加	贷款增加	派生存款增加	存款准备金增加
A	10 000	9 000	0	1 000
B	9 000	8 100	9 000	900
C	8 100	7 290	8 100	810
D	7 290	6 561	7 290	729
E	6 561	5 904.9	6 561	656.1
⋮	⋮	⋮	⋮	⋮
所有银行合计	100 000	90 000	90 000	10 000

如表 8-1 显示，各银行的支票存款额构成了一个无穷递减等比数列，即 10 000，10 000×（1-10%），10 000×（1-10%）^{2}，…，根据无穷递减等比数列的求和公式，可得出整个银行体系的存款总额：

$$10\ 000+10\ 000×（1-10\%）+10\ 000×（1-10\%）^2+10\ 000×（1-10\%）^3+…$$

$$=10\ 000×\frac{1}{1-（1-10\%）}$$

$$=10\ 000×\frac{1}{10\%}$$

$$=100\ 000（元）$$

其中，派生存款为 100 000-10 000＝90 000（元）

这表明，在 10% 的法定存款准备金率下，商业银行吸收 10 000 元原始存款后，经银行系统的资产业务，最终可以变成 100 000 元的存款，将原始存款放大 10 倍。这是由 10% 的法定存款准备金率所决定的。

以上是存款货币多倍创造的简单过程；与其倍数扩张过程相对称，派生存款紧缩也是成倍数缩减，即原理一样。

（二）货币乘数与货币供给模型

货币乘数是研究货币供应量问题的基础。在这里，我们通过分析货币供应变动与基础货币变动之间的关系，推导出货币乘数，并考察影响货币乘数的因素。

> **名词解释**
> 基础货币又被称为高能货币（high-powered money），是指流通于银行体系之外被社会公众持有的现金与商业银行体系持有的存款准备金（包括法定存款准备金和超额准备金）的总和。

1. 什么是货币乘数

货币供应量与基础货币之间通过货币乘数联系起来。货币乘数（money multiplier）是货币供应量对基础货币量的比率，表示货币供应量随基础货币的变动而变动。它是基础货币转化为货币供应量的倍数，用 m 表示货币乘数，M 表示货币供应量，B 表示基础货币，则

$$m=\frac{M}{B}$$

于是，货币供应量 M 与基础货币 B 之间的关系便为：

$$M=m×B$$

在一般情况下，货币乘数总是大于 1。因此，货币供应量成倍于基础货币，这个倍数就是货币乘数。正是出于这个原因，人们通常又将基础货币称为高能货币。

2. 影响货币乘数的因素分析

通过以上的讨论，我们知道决定货币供给量的变量主要是基础货币和货币乘数。中央银行能否对货币供应实施有效控制，就取决于它能否有效地影响基础货币和货币乘数的变动。

如上所述，我们知道，中央银行能对基础货币实施一定程度的控制，如通过公开市场业务和贴现政策改变基础货币的数额，而对于货币乘数的控制就没那么容易了。从前面的分析中我们知道，货币乘数的大小取决于下列五个因素：①支票存款的法定准备金率 r_d；②非交易存款的法定准备金率 r_t；③银行超额准备金率 e；④流通中现金与支票存款的比率，即漏现率 c；⑤非交易存款与支票存款的比率 t。在这五个因素中，由于前两个因素是由中央银行决定的，所以只要后三个因素保持足够的稳定，中央银行就可以通过调整支票存款及非交易存款的法定准备金率来控制货币乘数。再加上它对基础货币的控制，中央银行就可以把货币供应保持在所希望达到的水平。但事实是，中央银行对货币乘数进行控制要难得多，因为后三个因素实际上是经常变动的。其中，银行超额准备金率 e 取决于银行的行为，漏现率 c 及非交易存款与支票存款的比率 t 则取决于非银行公众的行为。因此，要想对整个货币供给过程有一个较为全面的了解，就必须对银行及非银行公众的行为加以分析。

3. 影响银行超额准备金率的因素

一家银行决定把一部分本来可以用于放贷或者购买证券的资金，作为超额准备金闲置在自己手中，显然是有其道理的。一个理智的银行家会比较这样做的成本和收益。当持有超额准备的成本上升时，我们可预计超额准备水平会下降；当持有超额准备的收益增大时，则超额准备金会上升。一般地，影响超额准备金的成本与收益的因素有三个：市场利息率、预期存款的流出量和预期存款流出的不确定性。

（1）市场利息率。银行持有超额准备的成本是其机会成本，即如果放贷或者持有证券而不持有超额准备所能获得的利息，也称市场利息。显然，市场利息率越高，银行持有超额准备金的损失就越大，因此银行超额准备金与市场利息率呈反向变动关系。

（2）预期存款的流出量。银行持有超额准备金的收益又是什么呢？那就是银行因持有超额准备金而避免的流动性不足造成的损失所获得的收益。因此，超额准备金率的高低又取决于以下两个因素：一是出现流动性不足的可能性大小；二是出现流动性不足时从其他渠道获得流动性的难易程度。而银行出现流动性不足的可能性，一般取决于银行预期存款的流出量及其不确定性。

（3）预期存款流出的不确定性。上面的分析已经告诉我们，银行出现流动性不足的可能性还取决于预期存款流出的不确定性（以 δ 表示）。如果银行的这种不确定性增加，银行将增加超额准备金以求安全。换言之，当 δ 提高时，银行对是否将承受预期存款流出的损失感到更不确定，因而要以超额准备金的形式求得更大的保险，来最大限度地减少风险。反之，预期存款流出的不确定性下降，银行对超额准备金的要求也会下降。超额准备金水平与预期存款流出的不确定程度呈正相关关系。

4. 非银行公众对流通中现金、支票存款和非交易存款的选择

非银行公众对流通中现金、支票存款和非交易存款的选择是一种典型的资产选择行为，也就是财富所有者选择以何种资产组合持有其财富的行为。它决定了影响货币乘数的另外两个重要参数——流通中现金与支票存款的比率 c 和非交易存款与支票存款的比率 t。

（1）影响流通中现金与支票存款比率的因素。

根据标准的资产选择理论，财富所有者对某种资产的需求，或者说以该种资产形式持有财富的愿望主要取决于以下因素。

①财富变动的效应。从财富总额看，非银行公众财富总额的增长会使流通中现金、支票存款的数额都增加。但是由于这两种资产的财富弹性是不同的，它们之间的比率将发生变化。随着财富总额的扩大，以现金形式持有资产将显得越来越不方便，而以支票存款的方式进行交易将变得更加有吸引力。因此，流通中现金与支票存款的比率将随着财富的增加而下降。各国经济发展的实际经验也证实了这一点，即流通中现金与支票存款的比率 c 与收入或财富呈负相关关系。

②预期收益率变动的效应。影响持有通货还是持有支票存款之决策的第二个因素，是支票存款预期收益率和通货及其他资产预期收益率的比较。持有现金的预期收益率为零，而持有支票存款不仅可以获得少量利息，还可以享受银行提供的某些服务。显然，支票存款利率提高，或银行对支票存款提供的服务增加，都会使现金与支票存款的比率下降。其他资产预期收益率的变化也可能影响到现金与支票存款的比率。这是因为，当其他资产预期收益率上升时，人们对现金和支票存款的需求都将减少，但是对两者需求的减少比例是不同的。一般认为，支票存款对其他资产预期收益率的变化可能较为敏感。也就是说，当其他资产预期收益率上升时，支票存款减少的比例较大。因此，现金与支票存款的比率将上升；反之，则下降。另外，从风险角度看，流通中现金是最安全的资产，支票存款则存在一定的风险，即银行的倒闭。当经济处于正常运转状态时，银行倒闭的风险比较小，人们可能感觉不到这种风险对自己的行为有什么影响。但是，当经济处于动荡时期时，这种风险有可能严重影响公众的行为。在 20 世纪 30 年代大危机期间的美国，大量银行的倒闭使公众对银行的信心产生严重的动摇，人们纷纷将存款从银行中提取出来，从而使流通中现金与支票存款的比率急剧上升。因此，银行风险会导致流通中现金与支票存款的比率大幅上升。

③流动性变动的效应。虽然现金和支票存款都可以充当交易媒介，都属于流动性最高的资产，但是在某些情况下，现金作为一种交易媒介仍有着支票存款所无法替代的好处。缺乏金融经验的人将更加不乐意从不相识的第三者那里接受支票。当公众具有较多的金融经验时，支票就更易被接受，并且支票存款的流动性会增大。因此，现金与支票存款的比率和公众的金融经验呈负相关关系。而当开立支票账户的银行规模较小，覆盖的地域范围有限时，支票的使用范围也可能受到限制。这就是说，非法活动和现金与支票存款比率之间存在着正向联系。

（2）影响非交易存款与支票存款比率的因素。

非交易存款与支票存款的比率 t，即定期存款比率，在狭义货币供给模型中，由于仅仅出现在货币乘数公式的分母中，因此 t 的变动必然引起货币乘数的反方向变动。其变动也主要取决于社会公众的资产选择行为。影响这种资产选择行为，从而影响比率 t 的因素主要有如下三个。

①定期存款利率。定期存款利率决定了持有定期存款所能取得的收益。在其他条件不变的情况下，定期存款利率上升，t 就上升；定期存款利率下降，则 t 就下降。

②其他金融资产收益率。其他金融资产收益率是人们持有定期存款的机会成本。因此，如果其他金融资产收益率提高，则 t 下降；若其他金融资产收益率下降，则 t 上升。

③收入或财富水平的变动。收入或财富水平的增加往往引起各种资产持有额同时增加，但各种资产的增加幅度却未必相同。就定期存款和活期存款两种资产而言，随着收入或财富的增加，定期存款的增加幅度一般大于活期存款的增加幅度。因此，收入或财富的

变动一般引起 t 的同方向变动。

综上所述，货币供给量是由中央银行、商业银行及社会公众这三个主体的行为共同决定的。在货币供给模型中，B、r_d、r_t 这三个因素基本上代表了中央银行的行为对货币供给的影响，e 则代表了商业银行的行为对货币供给的影响，t 和 c 则代表了社会公众行为对货币供给的影响。货币供给过程是上述三个参与者共同作用的结果。

第三节 货币供求均衡

一、货币均衡的含义

货币供给与货币需求基本相适应的货币流通状态称为货币均衡。以 M_d 表示货币需求量，M_s 表示货币供应量，货币均衡可用下式表示：

$$M_d = M_s$$

货币均衡是一个动态的过程，指在一定利率水平下的货币供给与货币需求之间相互作用所形成的一种状态。货币均衡的实现具有相对性，并不要求货币供应量与货币需求量完全相等。货币均衡的判断标志是商品市场上的物价稳定和金融市场上的利率稳定。

二、货币均衡的基本原理

（一）IS 曲线

IS 曲线上的点表示产品市场达到均衡的状态。产品市场的均衡即产品市场上总供给与总需求相等，在两部门经济中总需求与总供给相等表示为：$C+I=C+S$（C 为消费，I 为投资，S 为储蓄），要求资本的供求相等，即 $S=I$。储蓄构成资本的供给，投资构成资本的需求。由于储蓄是收入（产出）的增函数，投资是利率的减函数。所以，IS 曲线表示在不同的利率与收入组合下，经济均衡（$S=I$）点的轨迹。IS 曲线如图 8-4 所示。

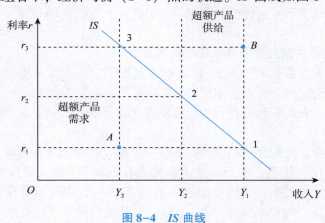

图 8-4　IS 曲线

对于给定的利率，IS 曲线表明为使产品市场达到均衡状态所必需的收入。如果经济活动位于 IS 曲线右边的区域，说明存在超额的产品供给。例如，在点 B，收入 Y_1 大于 IS 曲

线上的均衡收入 Y_3。超额的产品供给会导致收入下降到 IS 曲线上。如果经济活动处于 IS 曲线左边的区域，则说明存在超额的产品需求。例如，在点 A，收入 Y_3 低于 IS 曲线上的均衡收入 Y_1。超额的产品需求导致收入回升至 IS 曲线上。以上分析表明，收入有向满足经济均衡条件的 IS 曲线上各点靠近的趋势。

（二）LM 曲线与货币均衡

LM 曲线实际上是从货币的投机需求与利率的关系、货币的交易需求与收入的关系及货币需求与供给相等的关系中推导出来的。LM 曲线上的任意一点都代表一定利率与收入的组合，在这样的组合下，货币需求量 L 等于货币供应量 M，故 LM 曲线上的点表示货币市场达到均衡的状态。

货币均衡（货币市场的均衡）要求货币市场上货币的需求与供给相等，即 L = M。根据凯恩斯的流动性偏好理论，货币需求 L 取决于收入 Y 和利率 r，并且，货币需求与收入正相关，与利率负相关。所以，LM 曲线表示在不同的利率与收入组合下，货币均衡（L = M）点的轨迹。LM 曲线如图 8-5 所示。

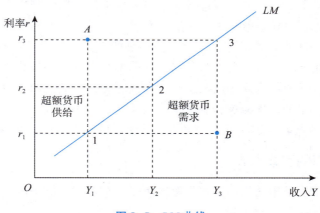

图 8-5　LM 曲线

对于给定的收入，LM 曲线表明为使货币市场达到均衡状态所必需的利率。如果经济活动处于 LM 曲线的左边区域，表示货币供应量大于货币需求量，存在过度的货币供应。例如，在点 A，收入为 Y_1，由于利率 r_3 超过均衡利率 r_1，所以人们持有的货币超过意愿持有量。为减少超额货币余额，他们将购买债券，那么债券价格上升，债券利率下降。反之，如果经济活动位于 LM 曲线的右边区域，说明存在超额货币需求。例如，在点 B，利率 r_1 低于均衡利率 r_3，人们的货币持有量低于意愿持有量。因此，他们将出售债券增持货币，从而降低了债券价格，提高了债券利率。以上分析表明，在市场的调节作用下，利率有向满足货币市场均衡条件的 LM 曲线上各点靠近的趋势。

如前所述，IS 曲线表示产品市场均衡，LM 曲线表示货币市场均衡。由于两大市场是同时存在的，并且都受利率和收入的影响，因此，可以把两条曲线放在同一直角坐标系内，两条曲线的交点 E 必然同时满足两个条件：I=S，L = M，即产品市场与货币市场同时达到均衡状态。IS-LM 曲线如图 8-6 所示：

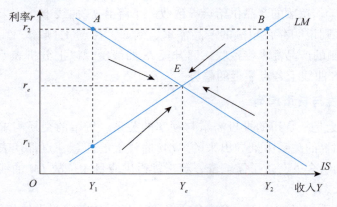

图8-6　*IS-LM* 曲线

在点 E 上，产品总供给等于总需求，货币供应量等于货币需求量。在其他任何点上，两个均衡条件至少有一个不满足，市场力量必然促使经济活动向共同均衡点点 E 靠近。例如点 A，点 A 虽然满足了产品市场均衡的条件，但利率高于均衡利率，故货币需求量小于货币供应量。由于人们货币持有量多于意愿持有量，所以，人们将购买债券，引起债券价格上涨，利率下降，这势必增加计划投资支出和总产出。于是经济活动沿着 IS 曲线向下移动，直至利率降至 r_e，收入升至 Y_e，经济处于均衡点点 E。再如点 B，点 B 表示货币需求量等于货币供应量，但收入高于均衡水平，存在超额的产品供给，会导致收入下降。收入的下降意味着对货币的需求减少，利率下降，于是，经济活动沿 LM 曲线下移，直到到达均衡点点 E 为止。点 E 决定了两个市场同时均衡时的利率水平与收入水平。

三、货币均衡的实现机制

市场经济条件下，货币均衡的实现主要取决于三个条件：健全的利率机制、发达的金融市场、有效的中央银行调节机制。

在市场机制作用下，利率不仅是反映货币供求是否均衡的重要信号，而且对货币供求具有明显的调节功能。因此，货币均衡可以通过利率机制的调节作用来实现。就货币供给而言，市场利率升高时，一方面，社会公众因持币机会成本加大而减少现金提取，这样会导致现金比率缩小，货币乘数增大，货币供给增加；另一方面，银行因贷款收益增加而减少超额存款准备来扩大贷款规模，这样会使超额存款准备金率下降，货币乘数变大，相应货币供给增加。所以，利率与货币供应量之间存在同方向变动关系。就货币需求来说，当市场利率升高时，人们的持币机会成本加大，必然导致人们对金融生息资产需求的增加及对货币需求的减少。所以利率同货币需求量之间存在反方向变动关系。

当货币市场上出现均衡利率水平时，货币供应量与货币需求量相等，货币均衡状态便得以实现。当市场均衡利率变化时，货币供应量与货币需求量也会随之变化，最终在新的均衡货币量上实现新的货币均衡。在完全市场经济条件下，货币均衡最主要的实现机制是利率机制。除利率机制之外，还需要有发达的金融市场及有效的中央银行调控机制。

课后练习

一、选择题

1. 在货币需求理论中，认为货币支付总额等于被交易的商品和服务的总价值，特别重视货币支出的数量和速度的理论是（　　）。

A. 现金余额说 　　　　　　　　　　　　B. 费雪方程式

C. 剑桥方程式 　　　　　　　　　　　　D. 凯恩斯的货币需求函数

2. 弗里德曼认为，货币政策的传导变量应为（　　）。

A. 基础货币 　　　　B. 超额准备 　　　　C. 货币供应量 　　　　D. 利率

3. 在货币供给的过程中，（　　）的作用最重要。

A. 中央银行 　　　　B. 存款机构 　　　　C. 储户 　　　　　　D. 信用社

二、思考题

1. 请简要概述凯恩斯关于货币需求动机的观点。

2. 比较凯恩斯和弗里德曼货币需求理论的异同。

3. 中央银行、银行系统和非银行公众的行为是如何决定货币乘数的？

第九章　通货膨胀和通货紧缩

 学习目标

1. 了解通货膨胀的成因与类型
2. 理解通货膨胀的经济效应
3. 描述通货紧缩的影响

能力目标

1. 掌握通货膨胀和通货紧缩的成因
2. 掌握通货膨胀与通货紧缩的治理

情景导读

通货膨胀持续恶化 土耳其央行宣布将基准利率提高至35%

土耳其中央银行于 2023 年 10 月 26 日宣布，将基准利率从 30% 上调 500 个基点至 35%。这是土耳其央行 6 月进入加息周期后连续第五次加息，加息后基准利率创 2003 年 10 月以来最高水平。

土耳其央行当天发表声明说，由于第三季度通胀率高于预期水平，土耳其货币政策委员会决定继续执行货币紧缩政策，以尽快遏制通胀预期。声明还说，基准利率将根据情况进行调整，以创造适宜的货币和金融环境，从而实现通胀率持续下行至 5% 的中期目标。

2022 年以来，土耳其通胀率一直维持高位运行，2022 年 10 月达 85.51%，2023 年 7 月、8 月和 9 月分别为 47.83%、58.94% 和 61.53%，通胀仍有上行趋势。

2021 年 9 月至 2023 年 2 月，土耳其央行多次降息，基准利率从 19% 降至 8.5%。2023 年 6 月，土耳其央行将基准利率上调 650 个基点至 15%，是自 2021 年 3 月以来首次加息。2023 年 9 月，土耳其央行将基准利率上调至 30%。

（资料来源：光明网，2023 年 10 月 27 日。）

通货膨胀（inflation）是一个世界性的问题。此前，它只存在于一些国家的非常时期。在西方，人们通常是把通货膨胀与现代经济生活联系在一起的。他们认为，在古代不存在纸币流通，货币流通中的问题主要是成色低、重量轻的劣质铸币所造成的混乱。但在中国，通货膨胀作为一个重大的经济问题却是相当古老的。早在10世纪末，我国就产生了最早的纸币，当时叫"交子"，此后还有"关子""会子"等纸币名称。纸币的大量流通始于南宋，当时官方发行的纸币叫"会子"。由于同时还有白银和铜钱流通，通过兑换，一般还能保值。后来大量发行，造成"物价益踊，楮益贱"的局面。"楮"是当时人们对纸币的称呼。元代是典型的纸币流通，先后发行过"中统元宝钞""至元通行宝钞""中统元宝交钞"。其间，大部分时间禁止金银私下买卖，禁止铜钱流通。除最初十余年外，纸币发行日益用于弥补财政赤字，于是出现了通货膨胀。例如，"至元通行宝钞"从其发行到废止先后69年，米价上涨60多倍。明代初实行"大明宝钞"的纸币制度，铜钱流通为辅。由于大量发钞，纸币迅速贬值，白银遂在经济生活中成为主要流通的货币金属，由此才结束了从南宋开始的纸币流通历史。如果深入研究通货膨胀理论，中国的这段历史还是值得探讨的。

第一节　通货膨胀及其治理

通货膨胀通常是指一般物价水平持续普遍的上涨。通货膨胀所指的物价水平上涨并非个别商品或劳务价格的上涨，而是指一般物价水平的普遍上涨，即全部商品和劳务的加权平均价格的上涨。在通货膨胀中，一般物价水平的上涨是一定时间内的持续上涨，而不是一次性的、暂时性的上涨。部分商品因季节或自然灾害等引起的物价水平上涨和经济萧条后恢复时期的商品价格正常上涨都不能叫作通货膨胀。通货膨胀所指的物价水平上涨必须超过一定的幅度，轻微的价格波动不是通货膨胀。这个幅度该如何界定，各国有不同的标准，一般来说，物价水平上涨的幅度在2%以内都不被叫作通货膨胀，有些观点则认为只有物价水平上涨幅度超过5%才叫作通货膨胀。

一、通货膨胀的类型

（一）爬行式、温和式、奔腾式和恶性通货膨胀

按通货膨胀的程度划分，通货膨胀分为爬行式通货膨胀、温和式通货膨胀、奔腾式通货膨胀和恶性通货膨胀四种。爬行式通货膨胀是指一般物价水平年平均上涨率范围在2%~3%，并且在经济生活中没有形成通货膨胀的预期。温和式通货膨胀是指一般物价水平年平均上涨率比爬行式通货膨胀高，但发展速度不是很快。奔腾式通货膨胀是指一般物价水平年平均上涨率在两位数以上，且发展速度很快。恶性通货膨胀又称超级通货膨胀，是指一般物价水平上涨特别猛烈，且呈加速趋势。此时，货币已完全丧失价值储藏功能，部分丧失了交易媒介功能，成为"烫手山芋"，持有者都设法尽快将其花出去。货币当局如不采取措施，货币制度将完全崩溃。

在 20 世纪 60 年代，发达工业国家的公众大多认为年率 6% 以上的通货膨胀就是难以忍受的了，可视为严重通货膨胀；如果年物价上涨率达到两位数，则可认为发生了恶性通货膨胀。20 世纪 70 年代，石油输出国组织垄断提价等因素所造成的世界范围的通货膨胀，使人们对恶性通货膨胀度量的标准，在看法上有了一定程度的改变。而进入 20 世纪八九十年代，无论是出于拉美债务危机，还是苏联、东欧的激进式改革，抑或是亚洲金融动荡等具体原因，相当一部分国家频频出现三位数以上的通货膨胀。在这种情况下，如何确定发展中国家通货膨胀状态的衡量标准，至今仍是一个没有解决的问题。一些经济学家只是对发达国家的通货膨胀上涨速度做了属性界说，比如把物价上涨年率为 2%～3% 的状态称为爬行通货膨胀，把每月物价上涨速度超过 50% 的状态称为恶性或极度通货膨胀，等等。

（二）需求拉上型通货膨胀、成本推进型通货膨胀、供求混合推进型和结构型通货膨胀

按通货膨胀的成因划分，通货膨胀分为需求拉上型通货膨胀、成本推进型通货膨胀、供求混合推进型通货膨胀和结构型通货膨胀。

1. 需求拉上型通货膨胀

需求拉上型通货膨胀说或需求拉动型通货膨胀说，是一种比较"古老"的思路。它用经济体系存在对商品和服务的过度需求来解释通货膨胀形成的机理。其基本要点是当总需求与总供给不平衡、处于供不应求状态时，过多的需求拉动价格水平上涨。由于在现实生活中，供给表现为市场上的商品和服务，需求则体现在用于购买和支付的货币上，所以对这种通货膨胀也有通俗的说法：过多的货币追求过少的商品。

进一步分析，能对物价水平产生需求拉动作用的有两个方面：实际因素和货币因素。对于实际因素，西方经济学主要分析其中的投资。如果利率、投资效益的状况有利于扩大投资，则投资需求增加。由于投资需求增加，总供给与总需求的均衡被打破，物价水平上升。从货币因素考察，需求拉动型通货膨胀可能通过两个途径产生：一是经济体系对货币的需求大大减少，即使在货币供给无增长的条件下，原有的货币存量也会相对过多；二是在货币需求量不变时，货币供给增加过快。大多数情况是货币供给增长过快。货币供给过多所造成的供不应求，与投资需求过多所造成的供不应求，它们的物价水平上涨效果是相同的，但抽象分析，两者也有区别。例如，投资需求过旺必然导致利率上升，而货币供给过多则必然造成利率下降。不过，这两者往往是结合在一起的：过旺的投资需求往往要求追加货币供给；增加货币供给的政策往往是为了刺激投资。

上面的分析是以总供给给定为假定前提的。如果投资的增加引起总供给同等规模的增加，物价水平可以不动；如果总供给不能以同等规模增加，物价水平上升较缓；如果引不起总供给增加，需求拉动将完全作用到物价上。需求拉上型通货膨胀可用图 9-1 加以说明。

在图 9-1 中，横轴 Y 代表总产出，纵轴 P 代表物价水平。社会总供给曲线 AS 可按社会的就业状况而分成 AB、BC 与 CS 及以上三个部分。

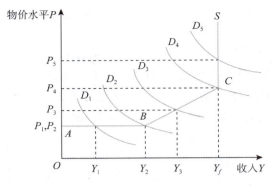

图 9-1 需求拉上型通货膨胀

（1）AB 部分的总供给曲线呈水平状态，这意味着供给弹性无限大。这是因为此时社会上存在大量的闲置资源或失业人群。当总需求从 D_1 增至 D_2 时，总产出从 Y_1 增至 Y_2，而物价并不上涨。

（2）BC 部分的总供给曲线表示社会逐渐接近充分就业，这意味着闲置资源已经很少，从而总供给的增加能力也相应较小。此时，在需求拉动之下的产出扩张将导致生产要素资源价格的上涨。因此，当总需求从 D_2 向 D_3、D_4 增长时，产出虽也增加，但增加幅度减缓，同时物价开始上涨。

（3）CS 及以上部分的总供给曲线表示社会的生产资源已经达到充分利用的状态，即不存在任何闲置的资源，Y_f 就是充分就业条件下的产出。这时的总供给曲线成为无弹性的曲线。在这种情况下，当总需求从 D_4 增加至 D_5 时，只会导致物价的上涨。

2. 成本推进型通货膨胀

20 世纪 70 年代后，西方发达国家普遍经历了高失业和高通胀并存的"滞胀"局面。即在经济远未达到充分就业时，一般物价水平就持续上涨，甚至在失业增加的同时，一般物价水平也上升，而需求拉上理论无法解释这种现象，于是许多经济学家转而从供给方面寻找通货膨胀的原因，提出了成本推进理论。

该理论认为，通货膨胀的根源并非总需求过度，而是由总供给方面生产成本上升引起的。在通常情况下，商品的价格是以生产成本为基础加上一定的利润构成的。因此，生产成本上升必然导致一般物价水平上升。

经济学家还进一步分析了促使生产成本上升的原因：一是工会力量对于提高工资的要求；二是垄断行业中的企业为追求利润制定的垄断价格。

（1）工资推进型通货膨胀。这种理论模型是以存在强大的工会组织，从而存在不完全竞争的劳动力市场为假定前提的。在完全竞争的劳动力市场条件下，工资率取决于劳动的供求，而当工资是由工会和雇主集体议定时，这种工资会高于完全竞争的工资。此外，由于工资的增长率超过劳动生产率，企业会因人力成本的增加而提高产品价格，以维持盈利水平。这就是由工资提高而引发的物价上涨。工资提高引起物价上涨，物价上涨又引起工资的提高，在西方经济学中称为工资—价格螺旋上升。需要注意的是，尽管货币工资率的提高有可能成为物价水平上涨的原因，但绝不能由此认为，任何货币工资率的提高都会导致工资推进型通货膨胀。如果货币工资率的增长没有超过边际劳动生产率的增长，那么工资推进型通货膨胀就不会发生。此外，即使货币工资率的增长超过了劳动生产率的增长，如果这种结果并不是由于工会发挥作用，而是由于市场对劳动力的过度需求，那么它也不是通货膨胀的推进原因，而原因是需求的拉动。

（2）利润推进型通货膨胀。成本推进型通货膨胀的另一成因是利润的推进。其前提条件是存在着商品和服务销售的不完全竞争市场。在完全竞争市场上，商品价格由供求双方共同决定，没有哪一方能任意操纵价格。但在垄断存在的条件下，卖主就有可能操纵价格，使价格的上涨速度超过成本支出的增加速度，以赚取垄断利润。如果这种行为的作用大到一定程度，就会形成利润推进型通货膨胀。

无论是工资推进型通货膨胀还是利润推进型通货膨胀，提出这类理论模型，目的都在于解释：在不存在需求拉动的情况下也会出现物价上涨。所以，总需求给定是假设前提。既然存在这样的前提，当物价水平上涨时，取得供求均衡的条件只能是实际产出的下降，相应的则必然是就业率的降低。因此，在这种条件下的均衡是非充分就业的均衡。成本推进型通货膨胀可用图9-2表示。

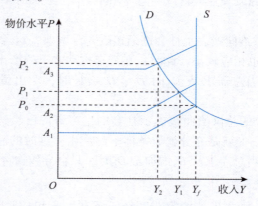

图9-2　成本推进型通货膨胀

在图9-2中，初始的社会总供给曲线为A_1S。在总需求不变的条件下，由于生产要素价格提高，生产成本上升，总供给曲线从A_1S上移至A_2S、A_3S。其结果是，由于生产成本提高，失业率上升、实际产出缩减。在产出由Y_f下降到Y_1、Y_2的同时，物价水平却由P_0上升到P_1、P_2。

成本推进型通货膨胀旨在说明在整个经济尚未达到充分就业条件下物价上涨的原因，这种理论也试图用来解释滞胀现象。

3. 供求混合推进型通货膨胀

供求混合推进型通货膨胀是将供求两个方面的因素综合起来，认为通货膨胀是由需求拉动和成本推进共同作用而引发的。这种观点认为，在现实经济社会中，通货膨胀的原因究竟是需求拉动还是成本推进很难分清，既有来自需求方面的因素，又有来自供给方面的因素，即所谓"拉中有推，推中有拉"。例如，通货膨胀可能从过度需求开始，但由于需求过度所引起的物价上涨会促使工会要求提高工资，因而转化为成本（工资）推进的因素。此外，通货膨胀也可能从成本方面开始，如迫于工会的压力而提高工资等。但是，如果不存在需求和货币收入的增加，这种通货膨胀过程是不可能持续下去的。因为工资上升会使失业增加或产出减少，结果将会使"成本推进"的通货膨胀过程终止。可见，"成本推进"只有加上"需求拉动"，才有可能产生一个持续性的通货膨胀。在现实经济中，这样的论点也得到论证：当非充分就业的均衡存在时，就业的难题往往会引出政府的需求扩张政策，以期缓解矛盾。这样，成本推进与需求拉动并存的供求混合型通货膨胀就会成为经济生活的现实。供求混合推进型通货膨胀可用图 9-3 表示。

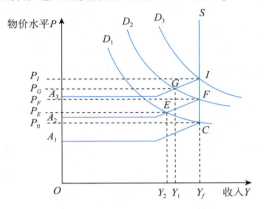

图 9-3　供求混合推进型通货膨胀

该图实际上是综合图 9-1 和图 9-2 的结果。由于需求拉动（即需求曲线从 D_1 上升至 D_2、D_3）和成本推进（即供给曲线从 A_1S 上升至 A_2S、A_3S）的共同作用，物价沿点 C、E、F、G、I 呈螺旋式上升。

关于通货膨胀的成因，还有其他多种理论剖析。例如，输入型通货膨胀（import of inflation）的理论着眼点有两方面：一是进口品价格的提高、费用的提高对国内物价水平的影响。对一个主要依靠对外贸易的经济体来说，这样的影响往往有决定性意义。二是通货膨胀通过汇率机制的国际传递。这方面的分析涉及不同的汇率制度——固定汇率制度和浮动汇率制度，是国际金融学科的专门研究对象。再如，结构性通货膨胀（structural inflation）理论从经济的部门结构（如部门之间劳动生产率存在明显差异）来分析即使总供给大体均衡，物价总水平也会持续上涨的机理。这涉及纯理论推导，需要专门讨论。

4. 结构性通货膨胀

一些经济学家认为，在没有需求拉上和成本推动的情况下，经济结构、部门结构的因素发生变化，也可能引起一般物价水平的上涨，这种通货膨胀被称为结构性通货膨胀。其基本观点是，由于不同国家的经济部门结构的某些特点，当一些产业和部门在需求方面或成本方面发生变动时，往往会通过部门之间在工资与价格方面相互看齐的过程而影响其他部门，从而导致一般物价水平上涨。

二、中国改革开放以来对通货膨胀成因的若干观点

自改革开放以后，物价水平进入持续上涨过程，有关通货膨胀的讨论一直很热烈，而自 1997 年下半年开始，物价水平持续疲软，直到 2003 年才走出低谷。在此期间，有关通货膨胀的讨论归于沉寂。2007 年 7 月，全国消费物价指数上涨 5.6%；紧接着，2008 年继续上涨 5.9%，创下自 1996 年 8 月以来的新高，全社会对通货膨胀的担心卷土重来，相关的讨论也再度活跃。在 2000—2023 年间，中国的年平均通货膨胀率约为 2%。尽管在某些时期，如 2008—2009 年，通货膨胀率有所上升，但总体上保持了稳定的通胀水平。所以，自经济体制改革后物价持续上涨的事实推动了对中国通货膨胀形成原因的探讨，并提出了

一些较有特色的假说。

（1）中国的需求拉上说。在中国，比较传统的是从需求拉动的角度分析通货膨胀的成因。较有代表性的思路曾有两种：一种是把货币供给增长过快归因于财政赤字过大，财政赤字又由投资，特别是基本建设投资过大引起。这种思路的形成是与改革开放前财政分配居于国民收入分配的核心地位相联系的。另一种是将通货膨胀直接归结为信用膨胀的结果。这种思路的形成是以改革开放后信贷分配货币资金的比重急剧增大为背景的。这两种思路的共同点是重视货币因素在通货膨胀形成中的直接作用；不同点是前者强调财政，后者强调信贷。但力求客观、综合地分析财政与信贷各自所起的不同作用及中国特定体制下两者的交错影响已是主流。例如，有这样一种典型的分析：财政对国有企业亏损应补未补而占压国有银行贷款的"信贷资金财政化"现象的大量存在，是直接导致信用膨胀产生、过多需求形成的重要原因之一。而将由需求拉动导致的通货膨胀归因于外汇收支长期双顺差、外汇占款大幅增长，从而货币供给增加过快引起了"流动性过剩"。

（2）中国的成本推动说。重视成本推动因素作用的，也有两种观点：一种观点重点强调工资因素的关键作用；另一种观点则强调应综合考虑原材料或资源类产品涨价对企业造成的成本超支压力和工资增长速度过快这两者的作用。关于工资因素在物价上涨中的决定性作用，人们是这样分析的：商品的出厂价提高迫使零售价提高，而出厂价提高的主要原因是工资成本（包括奖金在内）加大；工资成本加大源于企业职工的追求个人收入最大化行为；企业职工追求个人收入最大化的愿望之所以能变成现实，原因在于企业管理者与职工个人利益方面的同构性。该分析强调必须考虑原材料或资源类产品涨价因素的背景，是由于改革中为了改变原材料或资源类产品与制成品比价不合理的状况而前者的价格多次被调高。近些年来，资源类产品（如土地、原油等）价格的持续飙升能够清晰地说明通货膨胀的形成。

不论企业产品成本大幅增加的原因为何，也不论其是否合理，对于企业来说，用提高出厂价的办法来消化最为简便。当然，有可能实现提高出厂价是以市场需求较旺为必要条件的。

（3）结构说。中国的结构性通货膨胀说的基本论点是：在供给与需求总量平衡的前提下，如果某些关键产品的供求失衡，同样会引发通货膨胀。具体的分析是，初级产品的短线制约是结构性通货膨胀的主要促成因素。自从1978年价格计划管理逐步弱化以至基本放开以来，初级产品的价格变动主要受供求影响，而初级产品相对短缺更使其价格不断上涨。初级产品价格上涨形成的成本推动，导致后续产品价格上涨。比如粮食、肉类产品的持续涨价，就会直接或间接引发全面的价格水平上升。还有一种论证意见是，国家为了改变不合理的经济结构，企图对资源进行重新配置。为此，国家采取减税和增加货币供给等措施对这些部门进行投资并造成货币供给过多、需求过大。这可以称为结构性的需求拉动。

（4）体制说。一部分人倾向于从体制上寻找中国通货膨胀的原因。他们认为，由于破产和兼并机制不健全、产权关系不明晰等问题没有很好解决，投资效益很差甚至无效益，风险也由国家承担。与此同时，在企业半停产或停产时职工也照拿工资，或者即使企业产品无销路也能得到国家的贷款支持。这种国家与国有企业之间的关系必然导致有效供给的增加与有效需求的增加总是不成比例的，而需求的过度累积最终必然推动物价上涨。这种论证实际上是剖析需求拉动产生的原因。

（5）摩擦说。摩擦性的通货膨胀是指在现今特定的所有制关系和特定的经济运行机制下，计划者需要的经济结构与劳动者需要的经济结构不相适应所引起的经济摩擦造成的通货膨胀。具体地说，在公有制特别是国有制条件下所存在的积累与消费之间的矛盾，外在地表现为计划者追求高速经济增长和劳动者追求高水平消费之间的矛盾。国家追求高速经济增长往往引起货币超发，劳动者追求高消费往往引起消费需求膨胀和消费品价格上涨。这实际上是从体制角度说明需求拉动的起因。

（6）混合类型说。有人将中国的通货膨胀概括成混合型通货膨胀。他们认为，中国通货膨胀的形成机理是十分复杂的，应该将导致通货膨胀的因素分成三类，即体制性因素、政策性因素和一般因素。体制性因素不仅包括企业制度因素，还包括价格双轨制、银行信贷管理体制，以及体制改革进程中各种新体制间的配合难以马上磨合、衔接到位等因素。政策性因素是指宏观经济政策选择不当（如过松或过紧）对社会总供求均衡带来的不利影响。一般因素是指，即使排除体制和政策选择不当等因素的影响，单纯由于经济成长和经济发展等过程也存在足以引发物价总水平持续上涨的中性原因。例如，中国人均可耕地面积很小而人口众多且其增长率难以控制。在土地的农产品产出率一定的条件下，这就足以在一定时期后形成本国农副产品生产与需要之间的巨大差距。假若外向经济调剂能力有限，那么这种既非体制又非宏观政策的因素就足以形成对农产品及消费品价格上涨的巨大压力。

综上所述，中国学者关于通货膨胀形成机理的种种假说有一个共同点，就是紧密结合中国的实际，特别是实行改革开放政策后的经济运行实际。另外，大多数假说注意到了体制这个大背景的变化对物价持续上涨的影响和作用。在对通货膨胀的剖析中，有的着重于探索各方面的本质联系，即使情况已经变化，但其论断仍然有理论意义。有的由于情况变化，其论断已不适用于今天，但其揭示变化的思路和分析方法仍可给人以启发。当然，在有的论证中判定某些因素必然导致通货膨胀，而其中的一些因素今天依然存在却并无通货膨胀伴随，但这对于全面认识通货膨胀问题也有帮助。所以，自改革开放以来关于通货膨胀成因的剖析，其意义不在于具体论断，而在于铺下了进一步揭示中国通货膨胀乃至通货紧缩的复杂形成机理之路。

三、通货膨胀的治理对策

通货膨胀会对社会产生负面影响，如收入分配效应等。大部分人的收入以名义收入，即固定的货币量来衡量。通货膨胀发生时，实际收入降低，产生财富分配效应，即通货膨胀对实物资产和金融资产有不同影响，通货膨胀有利于债务人，而有损于债权人。因此，通货膨胀使生产性投资减少，不利于生产的长期稳定发展，并且破坏社会再生产的正常进行，导致生产过程紊乱。同时，通货膨胀打乱了正常的商品流通秩序。过高的通货膨胀会形成资产价格泡沫，诱发金融危机。

（一）抑制总需求的政策

通货膨胀的一个基本原因在于总需求超过了总供给，因此政府可以采取抑制总需求的政策来治理通货膨胀。抑制总需求的政策主要包括紧缩性财政政策和紧缩性货币政策。

1. 紧缩性财政政策

紧缩性财政政策直接从限制支出、减少需求等方面来减轻通货膨胀压力，概括地说就是增收节支、减少赤字。一般包括以下三项措施。①减少政府支出。减少政府支出一是削减购买性支出，包括政府投资、行政事业费等；二是削减转移性支出，包括各种福利支出、财政补贴等。减少政府支出可以尽量消除财政赤字，控制总需求的膨胀，消除通货膨胀隐患。②增加税收。增加税收可以直接减少企业和个人的收入，降低投资支出和消费支出，以抑制总需求膨胀。同时，增加税收还可以增加政府收入，减少因财政赤字引起的货币发行。③减少政府转移支付，减少社会福利开支，从而起到抑制个人收入增加的作用。

2. 紧缩性货币政策

通货膨胀是一种货币现象，货币供应量的无限制扩张是引起通货膨胀的重要原因。因此，可以采用紧缩性货币政策来减少社会需求，促使总需求与总供给趋向一致。紧缩性货币政策主要有以下四项措施。一是提高法定存款准备金率。中央银行提高法定存款准备金率，降低商业银行创造货币的能力，从而达到压缩信贷规模、削减投资支出、减少货币供应量的目的。二是提高再贷款利率、再贴现率。提高再贷款利率、再贴现率不仅可以抑制商业银行对中央银行的贷款需求，还可以增加商业银行借款成本，迫使商业银行提高贷款利率和贴现率，使企业因贷款成本增加而减少投资，货币供应量也随之减少。提高再贴现率还可以影响公众的预期，达到鼓励增加储蓄、减缓通货膨胀压力的作用。三是公开市场卖出业务。公开市场业务是中央银行经常使用的一种货币政策，是指中央银行在公开市场买卖债券以调节货币供应量和利率的一种政策工具。在通货膨胀时期，中央银行一般会在公开市场向商业银行等金融机构出售政府债券，回笼货币，从而达到紧缩信用、减少货币供应量的目的。四是直接提高利率。利率的提高会增加信贷资金的使用成本，降低借贷规模，从而达到减少货币供应量的目的。同时，利率的提高还可以增加储蓄存款，减轻通货膨胀压力。

（二）增加供给的政策

通货膨胀通常表现为与货币购买力相比的商品供给不足。因此，在抑制总需求的同时，可以积极运用刺激生产的方法增加供给来治理通货膨胀。倡导这种政策的学派被称为供给学派，这种政策主要包括减税、削减社会福利开支、适当增加货币供给、精简规章制度等。

（1）减税。减税是对某纳入征收对象进行扶持、鼓励或照顾，以减轻其税收负担的一种特殊规定。降低边际税率（指增加的收入中必须向政府纳税的部分所占的百分比），一方面，提高了人们的工作积极性，增加了劳动供给；另一方面，提高了储蓄和投资的积极性，增加了资本存量。因此，减税可同时降低失业率和增加产量，从而降低和消除由供给小于需求造成的通货膨胀。

（2）削减社会福利开支。削减社会福利开支是为了激发人们的竞争性和个人创造性，以促进生产发展，增加有效供给。

（3）适当增加货币供给。适当增加货币供给会降低利率，从而增加投资，增加产量，使价格水平下降，从而抑制通货膨胀。

（4）精简规章制度。精简规章制度就是给企业等微观经济主体松绑，减少政府对企业活动的限制，让企业在市场经济原则下更好地扩大商品和劳务供给。

（三）紧缩性收入政策

确切地说，收入政策应被称为工资-价格政策。紧缩性收入政策主要针对成本推进型通货膨胀，通过对工资和物价的上涨进行直接干预来遏制通货膨胀。从发达国家的经验来看，紧缩性收入政策主要包括工资-物价指导线、以税收为基础的收入政策、工资-价格管制及冻结等。

（1）工资–物价指导线。政府根据长期劳动生产率的平均增长率来确定工资和物价的增长限度，并要求各部门将工资、物价的增长限制在劳动生产率平均增长幅度内。工资–物价指导线是政府估计的货币收入的最大增长限度，每个部门的工资增长率均不得超过这个指导线。只有这样才能维持整个经济中每单位产量的劳动成本的稳定，预定的货币收入增长会使物价水平保持稳定。20世纪60年代美国政府相继实行这种政策，但是由于工资–物价指导线政策以自愿性为原则，仅能进行"说服"，而不能以法律强制实行，所以其实际效果并不理想。

（2）以税收为基础的收入政策。政府规定一个恰当的物价和工资增长率，然后运用税收的方式来惩罚物价和工资超过恰当增长率的企业和个人。如果工资和物价的增长保持在规定的幅度内，政府就以减少企业所得税和个人所得税作为奖励。这种形式的收入政策仅仅以最一般的形式被尝试过。例如，1977—1978年，英国工党政府曾经许诺，如果全国的工资适度增长，政府将降低所得税。澳大利亚也于1967—1968年实行过这一政策。

（3）工资–价格管制及冻结。政府颁布法令强行规定工资、物价的上涨幅度，甚至在某些时候暂时将工资和物价加以冻结。这种严厉的管制措施一般在战争时期较为常见，但当通货膨胀非常严重、难以应付时，和平时期的政府也可能采用这一政策。美国在1971—1974年就曾实行过工资–价格管制，特别是在1971年，还实行过3个月的工资–价格冻结。

（四）其他治理措施

为治理通货膨胀，一些国家还采取了收入指数化、币制改革等措施。

（1）收入指数化。鉴于通货膨胀现象具有普遍性，而遏制通货膨胀又如此困难，弗里德曼等许多经济学家提出了一种旨在与通货膨胀"和平共处"的适应性政策——收入指数化政策。收入指数化政策是指将工资、利息等各种名义收入部分或全部地与物价指数相联系，使其自动随物价指数的升降而升降。收入指数化政策是针对成本推进型通货膨胀而采取的一种治理通货膨胀的方法，它更大的作用在于降低通货膨胀在收入分配上的影响。

（2）币制改革。为治理通货膨胀而进行的币制改革，是指政府下令废除旧币，发行新币，变更钞票面值，对货币流通秩序采取一系列强硬的保障性措施等。进行币制改革的目的在于增强社会公众对本位币的信心，从而使银行信用得以恢复，存款增加，货币能够重新发挥正常的作用。它一般是针对恶性通货膨胀而采取的措施，当物价上涨已经显示出不可抑制的状态，货币制度和银行体系濒临崩溃时，政府会被迫进行币制改革。历史上，许多国家曾实行过这种改革，但这种措施对社会震动较大，须谨慎实行。

第二节　通货紧缩及其治理

一、通货紧缩的含义

通货紧缩是与通货膨胀完全相反的一种宏观经济现象，其含义是指一般物价水平的普遍持续下跌，表明单位货币所代表的商品价值在增加，货币在不断地升值。

由于引起通货紧缩的原因不同，通货紧缩有狭义与广义之分。狭义的通货紧缩是指由于货币供应量的减少或货币供应量的增幅滞后于生产的增幅，对商品和劳务的总需求小于总供给，从而出现一般物价水平的下降。此种通货紧缩出现时，市场银根趋紧，货币流通速度减缓，最终引起经济增长率下降。广义的通货紧缩除包括货币因素外，还包括许多非货币因素，如生产能力过剩、有效需求不足、资产泡沫破坏、新技术的普及和市场开放度的不断加快等，这些因素使商品和劳务价格下降的压力不断增大，从而可能形成一般物价水平的普遍持续下跌。

判断某个时期的物价水平下降是不是通货紧缩，一要看通货膨胀率是否由正变负，二要看这种下降是否持续了一定的时间。在国外，有的观点认为以一年为界，有的观点认为以半年为界。

关于通货紧缩的含义大体有三种观点。第一种观点认为，通货紧缩指一般物价水平的持续下降。第二种观点认为，通货紧缩是一般物价水平持续下跌，货币供应量持续下降，并伴随有经济衰退。第三种观点认为，通货紧缩是经济衰退的货币表现，因而必须具备三个特征：一是一般物价水平持续下跌，货币供应量不断下降；二是有效需求不足，失业率上升；三是经济全面衰退。以上三种观点，尤其是后两种，只是揭示了通货紧缩的程度与后果，但我们不能倒果为因，把经济是否下滑或衰退作为判断通货紧缩是否存在的标准，更不能把通货紧缩当作经济衰退的唯一原因。

二、通货紧缩的标志

通货紧缩的基本标志应当是一般物价水平的普遍持续下降，但由于物价水平的持续下降有一定时限（一年或半年以上），且通货紧缩还有轻度、中度和严重的程度之分，因此，通货紧缩的标志可以从以下两个方面把握：①价格总水平持续下降。这是通货紧缩的基本标志。②经济增长率持续下降。通货紧缩虽然不是经济衰退的唯一原因，但是，通货紧缩对经济增长的影响是显而易见的。通货紧缩使商品和劳务价格变得越来越便宜，但由于这种价格下降并非源于生产效率的提高及生产成本的降低，因此，势必减少企业的收入；企业被迫压缩生产规模，又会导致失业；由于通货紧缩，人们对经济前景看淡，反过来又影响投资；投资消费缩减，最终导致经济陷入衰退。

三、通货紧缩的治理对策

（一）扩张性财政政策

扩张性财政政策主要包括减税和增加财政支出。减税涉及税法和税收制度的改变，不是一种经常性的调控手段，但在通货紧缩较严重时会被采用。财政支出是指在市场经济条件下，政府为提供公共产品和服务，满足社会共同需要而进行的财政资金的支付。财政支出是总需求的重要组成部分，因此，增加财政支出可以直接增加总需求。同时，增加财政支出还可能通过投资的乘数效应带动私人投资的增加。政府既可增加基础设施的投资和加强技术改造投资，以扩大投资需求，又可通过增发国家机关和企事业单位职工及退休人员的工资，以扩大消费需求。

当然，增加财政支出只是弥补总需求缺口的临时性应急措施。一方面，政府举债能力有限，在国民经济中存在闲置资源时，财政支出虽可以扩大，但闲置资源毕竟有限，实行扩张性财政政策也要适度，否则财政赤字会超过承受能力，引发通货膨胀；另一方面，扩张性财政政策对经济的带动作用有限。如果通货紧缩的根本原因是缺乏投资的机会，那么用财政赤字政策来对付通货紧缩，也不能从根本上解决问题，长期扩大低效率和无效率的投资，还会导致经济衰退和通货膨胀并存。

（二）扩张性货币政策

扩张性货币政策有多种方式，如扩大中央银行基础货币的投放、增加对中小金融机构的再贷款、加大公开市场操作的力度、适当下调利率和存款准备金率等。适当增加货币供给，促进信用的进一步扩张，从而使货币供给与经济正常增长对货币的客观需求基本平衡。在保持币值稳定的基础上，对经济增长所必需的货币给予足够供给。

（三）加快产业结构的调整

无论是扩张性财政政策还是扩张性货币政策，其作用都是有限的，因为作为需求管理的宏观经济政策工具，它们的着眼点都是短期的。对于由生产能力过剩等长期因素造成的通货紧缩，短期性的需求管理政策难以从根本上解决问题，当供需矛盾突出时，供需矛盾的背后往往存在结构性的矛盾。因此，要治理通货紧缩，必须对产业结构进行调整，主要是推进产业结构的升级，全面提升产业技术水平，培育新的经济增长点，同时形成新的消费热点。对于生产过剩的部门或行业要控制其生产，减少产量。同时，对其他新兴行业或有发展前景的行业应采取措施鼓励其发展，以增加就业机会。政府通过各种宣传手段增加公众对未来经济发展趋势的信心。

（四）其他措施

除以上措施外，对工资和物价的管制政策也是治理通货紧缩的手段之一。例如，可以在通货紧缩时期制订工资增长计划或限制价格下降，这与通货膨胀时期的工资–物价指导线措施的作用方向是相反的，但作用机理是相同的。另外，通过对股票市场的干预也可以起到一定的作用，如果股票市场呈现牛市走势，则有利于形成乐观的未来预期，同时股票价格的上升使居民金融资产的账面价值上升，产生财富增加效应，也有利于提高居民的边际消费倾向。此外，要建立健全社会保障体系，适当改善国民收入的分配格局，提高中下层居民的收入水平和消费水平，以增加消费需求。

📖 **知识拓展**

中华人民共和国成立之初对恶性通货膨胀的治理

20世纪30年代后期到20世纪40年代末，中国的恶性通货膨胀在世界上曾是一个突出的典型。据统计，上海从1937年6月到1949年5月，物价上涨 3.68×10^3 倍，每月平均上涨24.5%，每年平均上涨近14倍。

中华人民共和国成立之初，面临许多严重的经济困难：①战争破坏后的生产萎缩，1949年与过去最好年份的经济指标相比，工业总产值下降50%，农业总产值下降20%；②交通堵塞，流通阻滞，物资匮乏；③财政困难，入不敷出；④投机猖獗，物价迭涨。1949年1月、4月、7月和11月，出现过4次涨价风。全国13个大城市的批发物价指数，如以1948年12月为100，1949年11月高达5 376。1950年2月再次出现一次大的涨价风，物价总水平比1949年年底又上涨了1倍多。

在这种形势下，稳定物价成为压倒一切的经济任务，物价能否稳定也对新生的革命政权能否巩固有关键意义。制止恶性通货膨胀的斗争，是在"统一财经工作"这个总口号下展开的。统一财经工作包括三项内容：①统一财政收支。在此以前，为了弥补赤字，于1950年年初，国家发行了1亿分折实公债。①与此同时，紧缩行政开支，加强税收的课征。而统一财政收支则要求财政收入全部收归中央，支出由中央统一筹划，以力争财政收支平衡，减小赤字，并压缩弥补赤字的钞票发行。②实行现金管理，力争现金收支平衡。现金管理的内容是规定各公营企业、机关、部队的现金必须存入中国人民银行，除规定项目外，一律采用转账结算办法，不得使用现金。其目的是回笼货币，减少市场货币流通量。③统一全国物资调度，争取物资调拨平衡。当时，粮食、纱、布、工业器材等主要物资均由国家集中调剂供求，以控制市场。

在一个具有极高行政效率的决策核心指挥之下，这些要求立即得到贯彻。自1950年3月起，物价就开始下跌并很快趋于平稳。批发物价指数如以1950年3月为100，12月为85.4，1951年为92.4，1952年为92.6。在第二次世界大战后的20世纪50年代初，许多国家遭受通货膨胀的煎熬，一时难以遏止，而中国却在遏止恶性通货膨胀方面取得成功，成为世界公认的奇迹。

（资料来源：《金融学》（第五版）作者：黄达，张杰，中国人民大学出版社，2020年。）

课后练习

一、选择题

1. 通货膨胀是（　　　）。

A. 货币发行量过多而引起的一般物价水平普遍持续的上涨

B. 货币发行量超过流通中的黄金量

C. 货币发行量超过流通中商品的价值量

D. 以上都不是

2. 在充分就业的情况下，下列（　　　）因素最可能导致通货膨胀。

A. 进口增加　　　　　　　　　　　B. 工资不变但劳动生产率提高

C. 出口减少　　　　　　　　　　　D. 政府支出不变但税收减少

3. 经济已达充分就业，扩张性财政政策使得价格水平（　　　）。

A. 提高　　　　　B. 下降　　　　　C. 不变　　　　　D. 不确定

二、简答题

1. 请简要概述需求拉上型通货膨胀的形成过程。

2. 请简要概述治理通货膨胀的主要措施。

3. 请简要概述通货紧缩的效应。

第十章　货币政策

学习目标

1. 了解货币政策目标
2. 掌握货币政策工具
3. 明确货币政策的传导机制与中介指标
4. 了解中国货币政策的实践

能力目标

1. 掌握货币政策的目标
2. 掌握货币政策的一般性工具、选择性工具和其他工具
3. 了解货币政策的传导机制与中介指标
4. 掌握货币政策效应的影响因素、衡量标准，以及货币政策与财务政策的配合
5. 了解中国货币政策的实践过程、制度性约束及改革性措施

情景导读

2024 年 3 月 19 日，一份《关于调整石家庄市差别化住房信贷政策的通知》广泛流传，根据文件内容，自 2024 年 4 月起，石家庄市将恢复执行全国统一的首套住房商业性个人住房贷款利率下限，即 LPR-20BP，而此前该市执行的利率下限为 LPR-50BP。

房价上涨触发利率调整机制

网传文件显示，该文件由河北省市场利率定价自律委员会印发，该机构接受中国人民银行石家庄中心支行的指导和监督管理。

《北京商报》记者从中国人民银行石家庄中心支行获悉，文件内容属实，"主要依据《关于建立新发放首套住房个人住房贷款利率政策动态调整长效机制的通知》（以下简称《通知》）要求，如果评估期内新建商品住宅销售价格环比和同比连续 3 个月均上涨，将自动上调首套房贷利率下限，现在只是发文说明一下"。《北京商报》记者也从石家庄地区相关银行人士方面得到确认，首套房房贷利率下限将会调整，与网传细节一致。

据了解，2022年12月，中国人民银行、银保监会（今国家金融监督管理总局）发布《通知》称，对于采取阶段性下调或取消当地首套住房商业性个人住房贷款利率下限的城市，如果评估期内新建商品住宅销售价格环比和同比连续3个月均上涨，应自下一个季度起，恢复执行全国统一的首套住房商业性个人住房贷款利率下限。

文件指出，2023年12月—2024年2月，石家庄市新建商品住宅销售价格环比和同比连续3个月均上涨。《北京商报》记者查询国家统计局数据发现，2023年12月，石家庄新建商品住宅销售价格环比上涨0.3%，同比上涨1%；2024年1月，环比上涨0.1%，同比上涨0.9%；2024年2月，环比上涨0.1%，同比上涨0.8%。文件显示，按照《通知》要求，自2024年4月起，石家庄市恢复执行全国统一的首套住房商业性个人住房贷款利率下限，二套住房商业性个人住房贷款利率政策下限按现行规定执行，后续若无动态调整文件，该政策持续执行。

根据中国人民银行河北省分行数据，2022年10月13日至今，石家庄市首套房贷政策利率下限为LPR-50BP。若2024年3月20日发布的最新LPR报价不变，4月起，石家庄首套房商贷利率下限将由3.45%上调至3.75%。

有相关研究人员表示，首套房贷利率下限是否调整要看购房和房价的情况，从现在石家庄的情况来说，房价出现反弹或持续3个月为正，说明房价持续下跌的过程已经调整到位。各地一定要认识到，房价可以下跌，但不会无限期下跌。一旦调整到位，那么就会企稳和小幅拉升，势必对房贷定价规则产生影响。

体现动态调整导向

回顾首套房贷利率阶段性调整政策，2022年9月，中国人民银行、银保监会（今国家金融监督管理总局）决定阶段性调整差别化住房信贷政策，对2022年6—8月新建商品住宅销售价格环比、同比均连续下降的城市，阶段性自主决定维持、下调或取消新发放首套住房贷款利率下限。彼时，首套房商贷利率的下限为不低于LPR-20BP。

3个月后，中国人民银行、银保监会（今国家金融监督管理总局）再发《通知》明确，对于评估期内新建商品住宅销售价格环比和同比连续3个月均下降的城市，阶段性放宽首套住房商业性个人住房贷款利率下限。地方政府按照因城施策原则，可自主决定自下一个季度起，阶段性维持、下调或取消当地首套住房商业性个人住房贷款利率下限。

"《通知》将2022年9月的阶段性政策固化为长期有效的长效机制，核心在于动态调整，即首套住房贷款利率下限在一定条件可放宽或收紧。"有一首席研究员表示，建立首套住房贷款利率政策动态调整机制，是差别化住房信贷政策的具体体现，具有多个方面的积极意义。一是有利于"因城施策"，授权地方政府根据本地房地产市场情况调整首套住房贷款利率下限；二是有助于地方政府和金融机构及时、灵活地根据市场变化情况，对首套住房贷款利率下限进行适时调整；三是有助于降低居民住房消费负担，更好地支持刚性住房需求，促进房地产市场平稳健康发展。

易居研究院提供的房贷利率数据显示，目前全国各重点城市中，低于"LPR-20BP"的城市包括但不限于南京、合肥、重庆、武汉、郑州、天津、东莞、佛山、昆明等。

（资料来源：李海颜，《北京商报》，2024年3月9日。）

第一节　货币政策目标

一、货币政策构成要素

（一）概念

货币政策是中央银行为实现其特定的经济目标而采用的各种控制和调节货币供应量或信用量的方针和措施的总称。

（二）构成要素

货币政策的构成要素主要有五个：最终目标、政策工具、中介目标、传导机制、效果。这些要素构成了货币政策体系的总体框架。货币政策也就是金融政策，其是国家对货币的供应根据不同时期的经济发展情况而采取紧、松或适度等不同的政策趋向。货币政策运用各种工具调节货币供应量来调节市场利率，通过市场利率的变化来影响民间的资本投资，影响总需求进而影响宏观经济运行。调节总需求的货币政策的三大工具为法定准备金率、公开市场业务和贴现政策。

（三）特征

货币政策既有目标，也有中介指标；既以经济手段、指导性工具为主，又兼有行政干预、强制性工具；既有公开手段，又有隐蔽手段。因此，中央银行实施的货币政策对宏观经济的调控力度较大，效果较好，且有回旋余地，较为灵活，是各国进行宏观调控的主要手段。

二、货币政策目标

货币政策目标是中央银行通过调节货币和信用在一段较长时期内所要达到的目标，它与政府的宏观经济目标相吻合。目前，各国政府都把稳定物价、充分就业、经济增长和国际收支平衡作为其货币政策的目标，这四大目标的确立是随着社会经济的不断发展而完善的。

（一）稳定物价

稳定物价是指一般物价在短期内没有显著的或急剧的波动。这里的物价水平是一般物价水平或物价指数，而不是某种商品和服务的价格。稳定物价并不是将物价固定在一个水平上绝对不动，而是将一定时期的物价水平增长幅度限制在一定的可接受的范围内。一般的看法是，把年物价上涨率控制在 2%～3% 以内就称稳定。

在当今社会，越来越多的国家把稳定物价作为其货币政策的首要目标甚至是唯一目标。这是因为越来越多的人意识到，物价持续的不稳定会使整个社会和经济增长付出代价。比如通货膨胀导致了经济中的不确定性，商品和劳务的价格中所包含的信息不准确，使人们更难以决策，从而减少投资；通货膨胀会混乱地重新配置国民收入，使一些固定收入者、债权人受到损失，进而造成社会不同利益集团之间的冲突与紧张；通货膨胀会损害价格机制配置资源的效率；等等。因此，德国、美国、欧洲中央银行等都把物价稳定作为其中心目标或唯一目标。可见这一政策目标的重要性。

（二）充分就业

充分就业通常是指凡有能力并有意愿参加工作的人，都能在较合理的条件下，随时找到适当的工作。

有一种失业类型排除在充分就业之外，即周期性失业，换而言之，充分就业就是消除了周期性失业的就业状态。

一国政府之所以把充分就业列为政策目标，一方面，是因为过高的失业会给社会大众带来经济上的和心理上的痛苦，进而造成犯罪率上升等社会问题；另一方面，过高的失业率，意味着经济中不仅有赋闲的工人，还有闲置的资源，经济没有发挥应有的潜力。一个负责的政府，应当对充分就业予以关注。

（三）经济增长

经济增长是指国民生产总值的增长或一国生产商品和劳务能力的增长。其大小表明一个国家生产能力和经济实力的强弱。

在现实中，影响经济增长的因素较多，包括劳动力数量和质量、资本的深化程度、资本产出比率、社会积累、技术革新等。可见，从长期来看，经济增长的主要决定因素简单地说是生产要素的数量和生产力，与中央银行的货币政策没有直接的关系，但货币政策可间接地促进经济增长，具体途径可以是引导较高水平的储蓄与投资，从而增加资本存量，或者可以改善投资环境和投资结构，从而提高资本和劳动的生产力。换句话说，中央银行的货币政策只能以其所能控制的货币政策工具，通过创造一个适宜经济增长的货币金融环境，促进经济增长。

经济增长的目的是增强国家实力，提高人民生活水平。但是，经济增长并不一定代表生产力的发展。批评家们往往质疑经济增长的实际意义，因为经济增长的衡量尺度是GDP，而GDP的增长不一定代表了生产力的发展。举例来讲，假如高速公路上相向而来的两辆汽车顺利错身而过，则对本年度GDP不会有任何统计上的影响；相反，如果两辆车发生了车祸，则需要出动警车、救护车，并且增加了清理路面的工作、保险金的赔偿及未来新车的需求等，这在GDP上可能会有上百万元的增加。然而这一事件的本质是一个意外，而不是生产力的发展。

世界各国由于发展阶段和发展条件不同，在增长率的选择上也往往存在差异。大多数发展中国家较发达国家更偏好高的经济增长率，也因此对货币政策提出了相应的要求。通常认为人均GDP大于5%的经济增长率是可接受的。

（四）国际收支平衡

国际收支平衡是指一国对其他国家的全部货币收入与货币支出相抵，略有顺差和逆差，即一国在一定时期内，其国际收支净额，即净出口与净资本流出的差额为零。它反映了一国对外经济往来的整体状况，涉及商品和服务的进出口、资本流动、对外投资和借贷等多个方面。国际收支状况是一个国家同世界其他国家之间经济关系的反映。国际收支平衡又可分为静态平衡和动态平衡。静态平衡是指以1年内的国际收支数额持平为目标，而动态平衡是指以一定周期内（如 3 年、5 年）的国际收支数额持平为目标。目前在国际收支管理中，动态平衡受到越来越多的重视。由于国际收支状况与国内市场的货币供应量有着密切关系，所以对于开放条件下的宏观经济而言，国际收支平衡也成为一国货币政策目标之一。

在国际收支平衡中，贸易顺差和资本流动是两个重要的因素。当一个国家的出口大于进口时，会产生贸易顺差，这有利于国际收支平衡。相反，进口大于出口则会导致贸易逆差，可能对国际收支平衡造成压力。同时，资本流动也对国际收支平衡具有显著影响。资本流入和流出的规模和方向直接影响着一个国家的国际收支状况。随着浮动汇率制的实施，各国国际收支都出现了剧烈动荡，并对国内经济产生了不利影响，这种状况也促使其他国家纷纷将国际收支平衡作为货币政策目标之一。

三、货币政策目标之间的统一与矛盾

（一）诸目标之间的统一关系

从长期看，货币政策的最终目标是一致的，不但彼此之间没有矛盾，而且相互依存、相互促进，不存在舍其一而保留其他目标的问题。

（1）经济增长是其他目标的物质基础。经济增长可以扩大社会总供给，提供更多的就业机会和就业渠道，增强进出口实力，从而有利于其他三个目标的实现。

（2）物价稳定是经济增长的前提。持续、稳定、协调的经济增长是以合理的经济结构为条件的，而合理的经济结构必须有合理的价格结构和准确的价格信号作为引导，只有稳定的物价水平，才能向经济提供准确的价格信号。因此，物价稳定是经济增长的前提条件。

（3）充分就业与经济增长相互促进。充分就业意味着资源的充分利用，意味着企业更乐于进行投资以提高生产率，从而促进经济增长。相反，经济增长也可以提供更多的就业机会和就业渠道，从而促进充分就业目标的实现。

（4）国际收支平衡有助于其他目标的实现。国际收支平衡为其他三个目标的实现提供了有利的外部环境。因为国际收支平衡有助于国内物价稳定，有利于国际资源的充分利用，从而扩大国内生产能力，提供更多的国内就业机会，促进经济增长。

（二）诸目标之间的矛盾关系

1. 稳定物价与充分就业的矛盾

为了稳定物价，国家需要抽紧银根，紧缩信用，降低通货膨胀率，其结果将会导致经济衰退与失业率上升；而为了增加就业，国家又需要扩张信用，放松银根，增加货币供应，以增加投资和刺激消费，其结果又会导致物价上涨和通货膨胀。因此，失业率与物价上涨率之间存在着此消彼长的关系。

稳定物价与充分就业是一对矛盾，要实现充分就业，就要忍受通货膨胀；要维持物价稳定，就要以高的失业率作为代价，两者不能同时兼顾。

菲利普斯曲线，描绘的是失业率 u 和通货膨胀率 π 之间的交替关系。并且指出当通货膨胀率为零时，失业率稳定在一个水平上。该曲线揭示了低失业和低通货膨胀二者不可兼

得。具体二者关系见图 10-1，其中纵轴表示通货膨胀率，横轴表示失业率，*LPC* 表示长期菲利普斯曲线，*PC* 表示短期菲利普斯曲线。

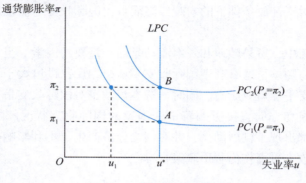

图 10-1　菲利普斯曲线

从图 10-1 可以看出，作为中央银行来说，其选择只有：

（1）失业率较高但物价稳定的点 *B*；

（2）通货膨胀率较高但充分就业的点 *A*；

（3）在物价上涨和失业率的两极之间（即点 *A* 与点 *B* 之间）进行权衡或相机抉择。

2. 物价稳定与国际收支平衡的矛盾

经济迅速增长，就业增加，收入水平提高，结果进口商品的需求比出口需求增长更快，促使国际收支状况恶化。要消除逆差，必然压缩国内需求，但压缩需求的结果又往往导致经济增速缓慢及衰退，失业人口增加。这就又要求采用扩张政策，而扩张的结果往往又是进口大量增加，通货膨胀严重，国际收支出现逆差。

3. 物价稳定与经济增长的矛盾

物价稳定与经济增长之间存在着矛盾与冲突，表现为可能会出现经济增长缓慢的物价稳定或通货膨胀率较高的经济繁荣。但是，对于这个问题颇有争议。有人认为，通货膨胀可作为经济增长的推动力；也有人认为，通货膨胀与经济增长是形影不离的；还有人认为，除非保持物价稳定，否则不能实现经济增长。

总的来讲，物价稳定与经济增长是货币政策目标的核心内容，但短期内这两个目标往往存在冲突。比如，在经济衰退时期采取扩张性货币政策，以刺激需求，刺激经济增长和减少失业，但这常常会造成流通中的货币数量大于与经济发展相适应的货币需求量，导致物价上涨。相反，在经济扩张时期，为了抵制通货膨胀、保持物价稳定而采取紧缩性货币政策，减少货币供应量，这又往往会阻碍经济增长并使就业机会减少。可见，短期内物价稳定与经济增长之间有一定的矛盾，但是从长期看，经济的增长与发展为保持物价稳定提供了物质基础，两者在根本上是统一的。因此，如何选择这两个目标的一个最优结合点，便成为货币政策选择的一个重要问题。

4. 经济增长与国际收支平衡之间的矛盾

一般地，国内经济的增长，一方面会导致贸易收支的逆差，因为经济增长会导致国民收入的增加和支付能力的增强，如果此时出口贸易的增长不足以抵消增长的进口需求，必然会导致贸易收支的逆差；另一方面也可能引起资本与金融账户的顺差，因为经济增长需要大量的资金投入，在国内资金来源不足的情况下，必然要借助于外资的流入，这在一定程度上可以弥补贸易逆差导致的国际收支赤字。但是，能否确保国际收支平衡依赖于二者是否能相互持平。因为外资流入后还会有支付到期本息、分红、利润汇出、撤资等后续流出要求，所以是否平衡最终要取决于外资的实际利用效果。

四、我国货币政策目标的选择

我国的货币政策目标是"保持货币币值的稳定，并以此促进经济增长"。

确定该项货币政策目标的意义在于：

（一）克服了"稳定货币"单一目标的片面性和局限性

我国货币政策目标既规定了"稳定货币"的第一属性，又明确了"稳定货币"的最终目的是"经济增长"。单一论者强调"稳定货币"的单一性和第一性，而忽略"经济增长"，导致"稳定货币"的目的不明确。为了稳定而稳定，甚至于不惜牺牲经济发展来稳定货币只是一种消极、片面、僵化的做法，况且从较长时期来看，经济的停滞不前是不能做到真正意义上的货币稳定的，这在中外历史上都有过很沉痛的教训。

（二）防止了"发展经济、稳定货币"双重目标的相互冲突

虽然在理论上讲"发展经济、稳定货币"的双重目标论具有可行性，但在实践中却存在较为严重的冲突和对抗，很难两全。在我国实施"发展经济、稳定货币"的双重目标期间，由于强调了发展经济的第一性，加上政府自觉或不自觉地干预，在这双重目标中常常是牺牲稳定货币来求得经济发展，最终结果是货币难以实现稳定，经济也没有得到高质量的发展。而"保持货币币值的稳定，并以此促进经济增长"的政策目标，既充分肯定了"稳定货币"是第一性的，又明确了最终目的是"经济增长"，这样就可以在具体执行过程中有效避免畸轻畸重，以破坏货币稳定来求得经济增长的现象。

第二节 货币政策工具

一、一般性货币政策工具

货币政策目标是通过货币政策工具的运用来实现的。货币当局通常运用的三大货币政策工具包括公开市场业务、贴现政策和法定准备金率。

（一）公开市场业务

公开市场业务是指货币当局在金融市场上出售或购入财政部和政府机构的证券，特别是短期国库券，以影响基础货币的业务活动。这个工具的运作过程如下：当货币当局从银行、公司或个人购入债券时，将造成基础货币的增加。债券出售者获得支票后的处理方式不同，会产生不同形式的基础货币。

假设联储体系从一家银行购入 200 万美元债券，并付给它 200 万美元支票。这家银行或是将支票兑现，以增加库存现金量；或是将款项存入在联储体系开立的储备账户。此时，该银行和联储体系的账户分别发生两组变化：

第 1 组

某银行			
资产		负债	
政府债券	−200 万美元		
通货库存	+200 万美元		

联储体系			
资产		负债	
政府债券	+200 万美元	通货发行	+200 万美元

第 2 组

某银行			
资产		负债	
政府债券	−200 万美元		
在联储的储备存款	+200 万美元		

联储体系			
资产		负债	
政府债券	+200 万美元	商业银行储备存款	+200 万美元

当债券出售者为非银行的公司或个人时，假若出售者将联储体系的支票存入自己的开户银行，此时，联储体系、开户银行及出售者的账户分别出现如下变化：

出售债券者			
资产		负债	
政府债券	−200 万美元		
支票存款	+200 万美元		

开户银行			
资产		负债	
在联储的储备存款	+200 万美元	支票存款	+200 万美元

联储体系			
资产		负债	
政府债券	+200 万美元	商业银行储备存款	+200 万美元

当出售债券给联储体系的个人或公司把获得的支票兑现时，出售者和联储体系账户会分别出现如下变化：

出售债券者			
资产		负债	
政府债券	−200 万美元		
手持通货	−200 万美元		

联储体系			
资产		负债	
政府债券	+200 万美元	通货发行	+200 万美元

假若联储体系不是购入债券而是出售债券，则它对基础货币就会产生相反的影响：或减少了通货发行，或减少了商业银行在联储体系内的储备存款。从以上例子可以看出，中央银行通过购买或出售债券可以增加或减少流通中的现金或银行的准备金，使基础货币或增或减。基础货币增加，货币供给量可随之增加；基础货币减少，货币供给量也随之减少。不过，是增减通货，还是增减准备金，还是两者在增减过程中的比例不同，从第十四章介绍的原理可知，将导致不同的乘数效应，从而货币供给量增减的规模也有所不同。

公开市场业务有明显的优越性：①中央银行能够运用公开市场业务影响商业银行准备金，从而直接影响货币供给量。②公开市场业务使中央银行能够随时根据金融市场的变化，进行经常性、连续性的操作。③通过公开市场业务，中央银行可以主动出击，不像贴现政策那样，处于被动地位。④由于公开市场业务的规模和方向可以灵活安排，中央银行有可能用以对货币供给量进行微调，而不会像法定准备金率的变动那样，产生振动性影响。

然而，公开市场业务要有效地发挥其作用，必须具备一定的条件：①金融市场必须是全国性的，必须具有相当大的独立性，可用以操作的证券种类必须齐全并达到必需的规模。②必须有其他政策工具的配合。一个极端的例子是，如果没有存款准备金制度，公开市场业务这一工具也无从发挥作用。

（二）贴现政策

贴现政策是指货币当局通过变动自己对商业银行所持票据再贴现的再贴现率来影响贷款的数量和基础货币量的政策。再贴现率变动影响商业银行贷款数量的机制是：贴现率提高，商业银行从中央银行借款的成本随之提高，它们会相应减少贷款数量；贴现率下降，意味着商业银行从中央银行的借款成本降低，则会产生鼓励商业银行扩大贷款的作用。但是，如果同时存在更强劲的制约因素，如过高的利润预期或对经营前景毫无信心，此时利率的调节作用则是极为有限的。

再贴现工具，现在实际上泛指中央银行对商业银行等金融机构的再贴现和各种贷款工具，一般包括两方面的内容：一是有关利率的调整；二是规定向中央银行申请再贴现或贷款的资格。前者主要着眼于短期，即中央银行根据市场的资金供求状况，随时调低或调高有关利率，以影响商业银行借入资金的成本，刺激或抑制资金需求，从而调节货币供给量。后者着眼于长期，对再贴现的票据以及有关贷款融资的种类和申请机构加以规定，如区别对待，可起抑制或扶持的作用，从而改变资金流向。

这一政策的效果体现在两个方面：①利率的变动在一定程度上反映了中央银行的政策意向，有一种告示效应。比如利率升高，意味着国家判断市场过热，有紧缩意向；反之，则意味着有扩张意向。这对短期市场利率常起导向作用。②通过影响商业银行的资金成本和超额准备金来影响商业银行的融资决策。

但是，再贴现作为货币政策工具：①不能使中央银行有足够的主动权，甚至市场变化的走向可能违背其政策意愿。商业银行是否愿意到中央银行申请再贴现或贷款，申请多少，取决于商业银行的行为。比如商业银行可通过其他途径筹措资金而不依赖于从中央银行融资，则中央银行就不能有效地控制货币供给量。②利率高低有限度。在经济高速增长时期，利率无论多高，都难以遏止商业银行向中央银行再贴现或借款；在经济下滑时期，利率无论多低，也不见得能够调动商业银行向中央银行再贴现或借款的积极性。③对法定准备金率来说，贴现率和有关利率比较容易调整，但频繁地进行调整会引起市场利率的经常波动等。

（三）法定准备金率

法定准备金率也是控制货币供给的一个重要工具，并且被认为是一个作用极大的工具。当货币当局提高法定准备金率时，商业银行一定比率的超额准备金就会转化为法定准备金，导致商业银行的放款能力降低、货币乘数变小，货币供给就会相应收缩；当降低法定准备金率时，则出现相反的调节效果，最终会扩大货币供给量。

对于实行存款准备金制度是不是控制货币供给的最基本手段，人们有不同的看法。例如，否定的见解是，制定较高的法定存款准备金率相当于对商业银行征收"储备税"，从而影响到商业银行的经营行为。强调存款准备制度的作用时，不少国家一直没有采用过这一手段；采用过这一手段的，由于其作用较为强烈，也多持谨慎态度。英国、加拿大等国实行的是零存款准备金率制度；大多数国家是保有存款准备金制度，但极少运用，而且存款准备金率通常较低。

一般来说，在三种调控工具中较为常用的是贴现政策和公开市场操作。贴现政策主要是通过利率机制间接地起作用，其作用温和，但难以收到立竿见影之效。此外，利率的作用扩及货币供给之外，不易把握它对调节货币供给的尺度。对于货币当局来说，公开市场业务易于灵活运用，但它必须以存在一个高度发展的证券市场为前提。

在做法上，目前许多国家对期限不同的存款规定不同的法定准备金率。一般来说，存款期限越短，其流动性越强，规定的法定准备金率就越高。因此，活期存款的法定准备金率大多高于定期存款的法定准备金率。有的国家仅对活期存款规定应缴纳的法定准备金率。20世纪50年代以后建立存款准备金制度的国家，大多采用单一的存款准备金制度，即对所有存款均按同一比率计提准备金。

法定准备金率通常被认为是货币政策最猛烈的工具之一，其政策效果表现在以下几个方面：①法定准备金率由于是通过货币乘数影响货币供给的，因此即使法定准备金率调整的幅度很小，也会引起货币供给量的巨大波动。②即使法定准备金率维持不变，它也在很大程度上限制了商业银行体系创造派生存款的能力。③即使商业银行等存款机构由于种种原因持有超额准备金，法定准备金率的调整也会产生效果；提高法定准备金率，实际上就是冻结了一部分超额准备金。

它也存在着明显的局限性：①由于法定准备金率调整的效果较强烈，不宜作为中央银行日常调控货币供给的工具。②由于同样的原因，它的调整对整个经济和社会心理预期都会产生显著的影响，以致有了固定化的倾向。③法定准备金率对各类银行和不同种类的存款的影响不一致，因而货币政策实现的效果可能因这些复杂情况的存在而不易把握。

二、选择性货币政策工具

传统的三大货币政策工具都属于对货币总量的调节，以影响整个宏观经济。在这些一般性政策工具之外，还有对某些特殊领域的信用加以调节和影响的可选择措施。这些措施主要包括消费者信用控制、证券市场信用控制、不动产信用控制、优惠利率、预缴进口保证金等。

（1）消费者信用控制是指中央银行对不动产以外的各种耐用消费品的销售融资予以控制。其主要内容包括：①规定用分期付款购买耐用消费品时第一次付款的最低金额。②规定用消费信贷购买商品的最长期限。③规定可用消费信贷购买的耐用消费品种类，对不同消费品规定不同的信贷条件等。在通货膨胀时期，中央银行采取消费者信用控制，能起到抑制消费需求和物价上涨的作用。

（2）证券市场信用控制是中央银行对有关证券交易的各种贷款进行限制，目的在于抑制过度投机。例如，规定一定比例的证券保证金率，并随时根据证券市场的状况加以调整。

（3）不动产信用控制是指中央银行对金融机构在房地产方面放款的限制措施，以抑制房地产的过度投机。比如对金融机构的房地产贷款规定最高限额、最长期限及首付款和分期还款的最低金额等。

（4）优惠利率是中央银行对国家重点发展的经济部门或产业（如出口工业、农业等）所采取的鼓励措施。不仅发展中国家多采用优惠利率，发达国家也普遍采用。

（5）预缴进口保证金，类似证券保证金的做法，即中央银行要求进口商预缴相当于进口商品总值一定比例的存款，以抑制进口的过快增长。预缴进口保证金多为国际收支经常出现赤字的国家所采用。

三、其他货币政策工具

（一）直接信用控制

直接信用控制是指从质和量两个方面，以行政命令或其他方式，直接对金融机构尤其是商业银行的信用活动所进行的控制。其手段包括规定存贷款最高利率限制、信用配额、流动性比率和直接干预等。

规定存贷款最高利率限制是最常用的直接信用控制工具。

信用配额，或信贷分配，是指中央银行根据金融市场状况及客观经济需要，分别对各个商业银行的信用规模加以分配，限制其最高数量。这是一种颇为古老的做法。当今，在大多数发展中国家，由于资金供给相对于需求来说极为不足，这种办法的应用相当广泛。

规定商业银行的流动性比率，也是限制信用扩张的直接管制措施之一。商业银行的流动性比率是指流动资产对存款的比重。一般来说，流动性比率与收益率成反比。为保持中央银行规定的流动性比率，商业银行必须采取缩减长期放款、扩大短期放款和增加易于变现的资产持有等措施。

直接干预是指中央银行直接对商业银行的信贷业务、放款范围等加以干预。例如，对业务经营不当的商业银行拒绝再贴现，或采取高于一般利率的惩罚性利率，或直接干涉商业银行对存款的吸收等。

（二）间接信用控制

间接信用控制是指中央银行通过道义劝告、窗口指导等办法，间接影响商业银行的信用创造。

道义劝告是指中央银行利用其声望和地位，对商业银行和其他金融机构发出通告、指示或与各金融机构的负责人进行面谈，劝告其遵守政府政策并自动采取贯彻政策的相应措施。例如，在国际收支出现赤字时劝告各金融机构减少海外贷款；在房地产与证券市场投机盛行时，要求商业银行缩减对这两个市场的信贷等。

窗口指导的内容是，中央银行根据产业行情、物价趋势和金融市场动向，规定商业银行每季度贷款的增减额，并要求其执行。如果商业银行不按规定的增减额对产业部门贷款，中央银行可削减向该银行贷款的额度，甚至采取停止提供信用等制裁措施。虽然窗口指导没有法律约束力，但其作用有时也很大。在第二次世界大战结束后，窗口指导曾一度是日本货币政策的主要工具。

间接信用指导的优点是较为灵活，但它要起作用，要求中央银行必须在金融体系中有较强的地位、较高的威望和拥有控制信用的足够的法律权力及手段。

四、我国货币政策工具的选择

中央银行使用什么样的货币政策工具来实现其特定的货币政策目标，并无一成不变的固定模式，只能根据不同时期的经济及金融环境等客观条件而定。考察中国货币政策工具的运用，也必须立足于中国的经济金融条件等客观环境，而不能生搬硬套其他国家的经验。

（一）中央银行再贷款

中央银行再贷款，是指中国人民银行对商业银行等金融机构发放的信用贷款，在中国人民银行的资产中占有最大比重，是我国吞吐其他货币的主要渠道和调节贷款流向的重要手段。

（二）再贴现

无论是出于何种原因，比如商业信用欠发达且行为扭曲、票据承兑贴现量小且不规范、其他政策工具（如再贷款）的作用过强等，客观上再贴现业务量在中国人民银行资产中的比重微不足道。另外，由于我国的再贴现率与其他银行存贷款利率一样，都是由国家统一规定的，既不反映资金供求状况及其变化，也无法对商业银行的借款和放款行为产生多大的影响。凡此种种，使再贴现工具在我国的作用一直不明显。多年来，中国人民银行从公布实施票据法到加大利率体制改革，从引导广泛开展票据承兑、贴现到倡导和推行票据结算等方面，均力求为再贴现的扩展创造条件。

（三）存款准备金

我国货币政策工具中的存款准备金是一种重要的调控手段。存款准备金是金融企业为应付客户提取存款和资金清算而准备的货币资金，其主要目的是确保金融机构在面临流动性风险时能够维持正常的运营。在我国，存款准备金制度由中国人民银行（央行）负责管理和执行。金融机构需要按照央行规定的比例，将其吸收的存款中的一部分作为存款准备金缴存到央行。这部分存款通常不能用于贷款或其他投资活动，以确保在必要时有足够的资金应对客户的提款需求。

存款准备金具有稳定金融市场的作用。通过要求金融机构缴存一定比例的存款准备金，央行可以降低金融机构面临流动性风险的可能性，从而维护金融市场的稳定。

在我国货币政策的实践中，存款准备金工具的运用具有灵活性和针对性强的特点。央行可以根据经济运行的实际情况和需要，适时调整存款准备金率，以实现货币政策的预期目标。同时，存款准备金制度也与其他货币政策工具相互配合，共同构成我国货币政策的调控体系。需要注意的是，存款准备金的调整并非孤立的行动，而是与其他货币政策工具和政策措施相互协调、相互配合的。央行在运用存款准备金这一工具时，会综合考虑国内外经济形势、通货膨胀压力、金融市场状况等因素，以确保货币政策的稳健性和有效性。

（四）公开市场业务

公开市场业务是中国央行通过开展证券市场上的操作，调节流通货币量的一种货币政策工具，主要包括逆回购和正回购两种交易方式。逆回购是央行通过向商业银行出售国债等证券，以期获得流动性，控制货币供应量；正回购则是央行向市场购买国债等证券，以期注入流动性，增加货币供应量。

央行参与公开市场业务的方式主要有发行中央银行票据和买卖政府债券。当经济出现衰退现象时，中央银行会在公开市场上买进政府债券，向市场投放基础货币，增加货币供应量，进而刺激消费，促进经济的发展。公开市场业务具有影响面广和主动性强的特点。其作用对象不仅限于商业银行等金融机构，还包括非银行金融机构、地方政府、社会团体、企业集团、公司和居民个人。同时，中央银行可以根据自身意图，把货币流量控制在所期望的规模内。央行进行公开市场操作时也会造成利率的波动，从而进一步影响市场。

（五）利率政策

在我国经济发展过程中，既实行过高利率政策，也实行过低利率甚至无利率的政策。中国既要加强对利率的管理，又要在实践中逐步放开利率。在社会主义市场经济条件下，中国的利率政策可以概括为"双轨制"，即加强对利率的有计划管理，又逐步放开利率，发挥资金市场的调节作用。

此外，综合运用多种货币政策工具，如存款准备金率、贴现窗口、外汇政策及宏观审慎政策等，可以保持流动性合理充裕，促进社会融资规模、货币供应量同经济增长和价格水平预期目标相匹配。我国货币政策工具中的利率政策是一个复杂而灵活的体系，旨在通过调整利率水平和结构，优化信贷结构，降低社会综合融资成本，以促进经济的稳定增长和防范金融风险。

（六）汇率政策

汇率政策为中国人民银行调节宏观经济的一项重要手段。目前，我国汇率政策主要包括三方面内容：一是继续保持人民币汇率基本稳定。中国是一个发展中的大国，需要相对稳定的国际国内金融环境，中国经济的稳定发展对亚洲乃至世界具有积极意义。二是探索和完善人民币汇率形成机制。由于人民币还不是完全可兑换货币，中国目前的外汇交易还受到一定的限制，外汇市场的状况还不能完全反映真实的供求关系，汇率在资源配置中的积极作用有待进一步增强。因此，中国将继续按照改革开放的整体部署，完全从中国的实际出发，积极培育外汇市场，稳步推进人民币可兑换进程，进一步理顺供求关系，不断提高汇率形成的市场化程度。三是采取多种措施促进国际收支平衡。中国长期坚持的方针是：充分利用国际国内两个市场、两种资源，实现国际收支基本平衡、略有节余。中国将在继续扩大内需、加快结构调整的同时，积极采取措施，努力改善国际收支平衡状况，促进经济内外协调发展。

第三节　货币政策的操作指标、中介指标和传导机制

一、操作指标和中介指标的作用与选择标准

（一）操作指标和中介指标的作用

中央银行要想实现诸如物价稳定、充分就业等货币政策最终目标，就要在货币政策工具与最终目标之间设置中间性指标。中间性指标包括操作指标和中介指标两个层次。操作指标是中央银行通过货币政策工具操作能够有效准确实现的政策变量，如存款准备金、基础货币等指标。对货币政策工具反应灵敏，处于货币政策工具的控制范围之中，是货币政策操作指标的主要特征。

中介指标处于最终目标和操作指标之间，是中央银行通过货币政策操作和传导，能够以一定的精确度达到的政策变量，主要有市场利率、货币供给量等指标。中介指标离政策工具较远，但离最终目标较近，与货币政策的最终目标具有紧密的关系。中央银行的货币政策操作就是通过政策工具直接作用于操作指标，进而引起中介指标的调整，最终实现期望的货币政策最终目标。

（二）操作指标和中介指标的选择标准

要充分发挥操作指标和中介指标的作用，通常认为它们的选取要符合以下几项标准。

1. 可测性

可测性是指作为货币政策操作目标和中介目标的金融变量必须具有明确的内涵和外延，中央银行能够迅速而准确地收集到有关指标的数据资料，以便进行观察、分析和监测。

2. 可控性

可控性是指中央银行通过货币政策工具的运用，能对其所选择的金融变量进行有效调控，能够准确地控制金融变量的变动状况及其变动趋势。

3. 相关性

相关性是指作为货币政策操作指标的金融变量必须与中介指标密切相关，作为中介指标的金融变量必须与货币政策的最终目标密切相关，中央银行能够通过对操作指标和中介指标的调控，促使货币政策最终目标的实现。

4. 抗干扰性

抗干扰性是指货币政策在实施过程中经常会受到许多外来因素或非政策因素的干扰，所以只有选择那些抗干扰能力比较强的操作指标和中介指标，才能确保货币政策达到预期的效果。

二、操作指标

各国中央银行使用的操作指标主要有存款准备金和基础货币。

（一）存款准备金

存款准备金由商业银行的库存现金和在中央银行的存款准备金组成。在存款准备金总额中，由于法定存款准备金是商业银行必须保有的准备金，不能随意动用，因此，对商业银行的资产业务规模起直接决定作用的是商业银行可自主动用的超额准备金，也正因为如此，许多国家将超额准备金选作货币政策的操作指标。超额准备金反映了商业银行的资金紧缺程度，与货币供给量紧密相关，具有很好的相关性。例如，商业银行持有的超额准备金过高，说明商业银行资金宽裕，已提供的货币供给量偏多，中央银行便应采取紧缩措施，通过提高法定准备金率、公开市场卖出证券、收紧再贴现和再贷款等工具，使商业银行的超额准备金保持在理想的水平上；反之亦然。虽然中央银行可以运用各种政策工具对商业银行的超额准备金进行调节，但商业银行持有多少超额准备金最终取决于商业银行的意愿和财务状况，受经济运行周期和信贷风险的影响，难以完全为中央银行所掌握。

（二）基础货币

基础货币是流通中的通货和商业银行等金融机构在中央银行的存款准备金之和。基础货币作为操作指标的主要优点有：一是可测性强。基础货币直接表现在中央银行资产负债表的负债方，中央银行可随时准确地获得基础货币的数额。二是可控性、抗干扰性强。中央银行对基础货币具有很强的控制能力。通过再贴现、再贷款及公开市场业务操作等，中央银行可以直接调控基础货币的数量。三是相关性强。作为货币供给量的两个决定因素之一，中央银行基础货币投放的增或减，可以直接扩张或紧缩整个社会的货币供给量，进而影响总需求。正是基于基础货币的这些优点，很多国家的中央银行把基础货币作为较为理想的操作指标。

三、中介指标

市场经济国家通常选用的货币政策中介指标主要是利率和货币供给量，也有一些国家选择汇率指标。利率、货币供给量等金融变量作为货币政策中介指标，各有其优缺点。

（一）利率

利率作为中介指标的优点有：一是可测性强。中央银行在任何时候都能观察到市场利率水平及结构，可随时对收集的资料进行分析判断。二是可控性强。中央银行作为"最后贷款人"可直接控制对金融机构融资的利率。中央银行还可通过公开市场业务和再贴现政策，调节市场利率的走向。三是相关性强。中央银行通过利率变动引导投资和储蓄，从而调节社会总供给和总需求。但利率作为中介指标也有不足之处，其抗干扰性较差，主要表现在：利率本身是一个内生变量，利率变动与经济循环相一致。经济繁荣时，利率因资金需求增加而上升；经济萧条时，利率因资金需求减少而下降。而利率作为政策变量时，其变动也与经济循环相一致。经济过热时为抑制需求而提高利率，经济疲软时为刺激需求而降低利率。于是，当市场利率发生变动时，中央银行很难确定是内生变量发生作用，还是政策变量发生作用，因而也便难以确定货币政策是否达到了应有的效果。

（二）货币供给量

货币供给量作为中介指标的优点有：一是可测性强。货币供给量中的 M_0、M_1、M_2 都反映在中央银行或商业银行及其他金融机构的资产负债表上，便于测算和分析。二是可控性强。货币供给量作为内生变量是顺循环的，即经济繁荣时，货币供给量会有相应的增加以满足经济发展对货币的需求；而货币供给量作为外生变量是逆循环的，即经济过热时，应该实行紧缩的货币政策，减少货币供给量，防止由于经济过热而引发通货膨胀。然而理论界对于货币供给量指标应该选择哪一层次的货币看法不一。金融创新、金融放松管制和全球金融市场一体化的发展，使各层次货币供给量的界限更加不易确定，从而导致基础货币的扩张系数失去了以往的稳定性，结果使中央银行失去了对货币供给量的强有力的控制。

（三）其他指标

有些经济、金融开放程度比较高的国家和地区，还选择汇率作为货币政策的中介指标。这些国家的货币当局确定其本币同另一个经济实力较强国家货币的汇率水平一样，通过货币政策操作，盯住这一汇率水平，以此实现最终目标。

四、我国货币政策的操作指标与中介指标

现阶段我国的货币供给量分为三个层次。M_0 为流通中现金，M_1 为 M_0 加上企事业单位活期存款，称为狭义货币供给量；M_2 为 M_1 加上企事业单位定期存款、居民储蓄存款和证券公司客户保证金，称为广义货币供给量。在这三个层次的货币供给量中，M_0 与消费物价变动密切相关，是最活跃的货币；M_1 反映居民和企业资金松紧变化，是经济周期波动的先行指标，流动性仅次于 M_0；M_2 流动性偏弱，但反映的是社会总需求的变化和未来通货膨胀的压力状况。通常所说的货币供给量，主要指 M_2。除了货币供给量之外，中国人民银行还关注贷款规模变量，一是因为贷款规模与货币供给量紧密相关，二是因为在国际收支双顺差的背景下，中国人民银行为了稳定人民币汇率水平，通过国外资产渠道被动投放了大量的基础货币，有可能引起商业银行资金过于宽裕，信贷规模过度增长，进而引起货币供给量的过度增加，影响货币政策最终目标的实现。

目前，我国已基本实现利率市场化。随着中国经济的快速发展和经济结构的转型，金融市场的深化和完善成为必然趋势。利率市场化作为金融改革的重要组成部分，旨在通过市场供求关系来决定资金价格，提高资源配置效率。中国金融市场经过快速发展，金融产品日益丰富，市场参与主体更加多元化。这为利率市场化提供了良好的市场基础和条件。2019 年，中国人民银行推出了贷款市场报价利率（LPR）改革，旨在使贷款利率更加反映市场供求关系，提高货币政策的传导效率。2021 年，中国人民银行指导市场利率定价自律机制优化了存款利率自律上限形成方式，进一步推进了存款利率的市场化。市场化的利率体系促进了金融市场的发展，提高了金融资源配置的效率，增强了金融市场的活力。

五、货币政策传导机制

（一）凯恩斯学派的货币政策传导机制理论

凯恩斯学派认为，通过货币供应量 M 的增减影响利率 r，利率的变化则通过资本边际效率的影响使投资 I 以乘数方式增减，而投资的增减进而影响总支出 E 和总收入 Y。用符号表示为：$M \rightarrow r \rightarrow I \rightarrow E \rightarrow Y$。

在这一过程中，主要环节是利率，货币供应量的调整首先影响利率的升降，然后才使投资乃至总支出发生变化。凯恩斯学派进一步进行了一般均衡分析，其思路是：

（1）假定货币供给增加，当产出水平不变时，利率会相应下降；下降的利率刺激投

资，并引起总支出增加，总需求的增加推动产出上升，于是收入增加。

（2）收入的增加，又引起了货币需求的增加。如果没有新的货币供给投入，货币供求的对比就会使下降的利率回升。这是商品市场对货币市场的作用。

（3）利率的回升，又会使总需求减少，产量下降；产量下降，货币需求下降，利率又会回落。这是一个往复不断的过程。

（4）最终会逼近一个均衡点，这个点同时满足了货币市场供求和商品市场供求两方面的均衡要求。在这个点上，可能利率较原来的均衡水平低，而产出量较原来的均衡水平高。

凯恩斯学派认为，货币政策在增加国民收入上的效果，主要取决于投资利率弹性和货币需求的利率弹性。如果投资的利率弹性大，货币需求的利率弹性小，则增加货币供给所能导致的收入增长就比较大。总之，这一学派非常重视利率指标在货币政策传导机制中的作用。

（二）货币学派的货币政策传导机制理论

货币学派认为，在货币传导机制中起重要作用的是货币供应量而不是利率。

其传导机制为 $M \to E \to I \to Y$。式中的 $M \to E$，表明货币供应量变化直接影响支出。其原因是：①货币需求有其内在的稳定性；②货币需求函数中不包含任何货币供应的因素，因而货币供应的变动不会直接引起货币需求的变化，至于货币供应，它是作为外生变量的；③当作为外生变量的货币供应改变，如增大时，由于货币需求并没改变，公众所持货币量会超过他们所愿意持有的货币量，从而必然增加支出。

式中的 $E \to I$，是指变化了的支出用于投资的过程，货币主义者认为这是资产结构的调整过程：①超过愿意持有的货币，或用于购买金融资产，或用于购买非金融资产，甚至用于人力资本的投资。②不同取向的投资会相应引起不同资产相对收益率的变动，如投资于金融资产偏多，金融资产市值上涨，从而刺激非金融资产，如产业投资；产业投资增加，既可能促使产出增加，也会促使产品价格上涨。③这就引起资产结构的调整，而在这一调整过程中，不同资产收益率的比例又会趋于相对稳定状态。

最后是名义收入 Y，Y 是价格和实际产出的乘积。M 作用于支出，导致资产结构调整，并最终引起 Y 的变动，那么，这一变动究竟在多大程度上反映实际产量的变化，又有多大比例反映在价格水平上？货币主义者认为，货币供应的变化在短期内对两方面均可发生影响；就长期来说，则只会影响物价水平。

（三）托宾的 q 理论

以托宾为首的经济学家沿着一般均衡分析的思路扩展了凯恩斯的模型。他们的特点是把资本市场、资本市场上的资产价格，特别是股票价格纳入传导机制，认为货币理论应看作微观经济行为主体进行资产结构管理的理论。也就是说，沟通货币和金融机构与实体经济这两方之间的联系，并不是货币的数量或利率，而是资产价格以及关系资产价格的利率结构等因素。传导的过程是：货币作为起点，直接或间接影响资产价格，资产价格的变动导致实际投资的变化，并最终影响实体经济和产出。资产价格，主要是股票价格，影响实际投资的机制在于：股票价格是对现存资本存量价值的评估，是企业市场价值的评价依据，而企业的市场价值与资本的重置成本——按现行物价购买机器、设备进行新投资的成本相比较，将影响投资行为。托宾把 q 定义为企业的市场价值与资本的重置成本之比。q 值高，意味着企业的市场价值高于资本的重置成本，厂商将愿意增加投资支出，追加资本存量；相反，q 值低，厂商对新的投资就不会有积极性。因此，q 值是决定新投资的主要因素。这一过程可以表示为：

$$M \rightarrow r \rightarrow P_E \rightarrow q \rightarrow I \rightarrow Y$$

式中，P_E 为股票价格。

（四）信贷传导机制理论

信贷传导机制理论是较晚发展起来的理论。这种理论强调信贷传导有其独立性，需要专门考察。这方面的分析主要侧重于紧缩效应。

（1）对银行传导机制的研究。银行信贷传导机制理论首先明确的是，银行贷款不能全然由其他融资形式（如资本市场的有价证券发行）所替代。特定类型借款人（如小企业和普通消费者）的融资需求只能通过银行贷款来满足。如果中央银行能够通过货币政策操作影响贷款的供给，那么就能通过影响银行贷款的增减变化影响总支出。

假设中央银行决定实施紧缩性的货币政策，售出债券，则商业银行可用的准备金 R 相应减少，存款货币 D 的创造相应减少，其他条件不变，那么银行贷款 L 的供给也不得不同时削减。其结果是使那些依赖银行贷款融资的特定类型借款人必须削减投资和消费，于是总支出下降。该过程可以描述如下：

$$公开市场的紧缩操作 \rightarrow R \rightarrow D \rightarrow L \rightarrow I \rightarrow Y$$

这一过程的特点是不必通过利率机制。此外，商业银行的行为绝不仅仅体现为对利率的支配作用。例如，在经济顺畅发展之际，银行不太顾虑还款违约的风险而过分扩大贷款；在经济趋冷时，银行会过分收缩贷款。如果判断货币当局有紧缩的意向，它们会先行紧缩贷款。要是货币当局采取直接限制商业银行贷款扩张幅度的措施，商业银行有可能不仅不利用允许的扩张幅度，而且会立即自行紧缩。这就是说，商业银行所提供的信用数量并不一定受中央银行行为的制约，有时候会主动改变其信用规模。对于商业银行自我控制贷款供给的行为有一个专门名词，叫作信贷配给。

（2）对资产负债表渠道的研究。有的经济学家从货币供给变动对借款人资产负债状况的影响角度来分析信用传导机制。他们认为，货币供给量的减少和利率的上升，将影响借款人的资产状况，特别是现金流的状况。利率的上升直接导致利息等费用支出的增加，会减少净现金流；同时会间接使销售收入下降，从而减少净现金流。与此同时，利率的上升将导致股价的下跌，从而恶化其资产状况，并且也使可用作借款担保品的价值降低。以上这些情况，使贷款的逆向选择和道德风险问题趋于严重，并促使银行减少贷款投放。一部分资产状况恶化和资信状况不佳的借款人不仅不易获得银行贷款，也难以从金融市场直接融资。其结果将导致投资与产出的下降。这一过程可表述为：

$$M \rightarrow r \rightarrow P_E \rightarrow NCF \rightarrow H \rightarrow L \rightarrow I \rightarrow Y$$

式中，NCF 为净现金流；H 为逆向选择和道德风险。

（五）财富传导机制

在讲述货币政策与资本市场问题时，曾提到资本市场的财富效应。资本市场的财富效应及其对产出的影响可表示如下：

$$P_E \rightarrow W \rightarrow C \rightarrow Y$$

式中，W 为财富；C 为消费。

对于这样的效应传递，人们普遍认同。此外，随着资本市场作用的迅速增强，这一传导机制会起越来越大的作用。问题是，要把它确定为货币政策的传导机制，必须确保如下过程的确定性得到论证：

$$\begin{cases} M \to P_E \\ M \to r \to P_E \end{cases}$$

货币供给和利率会作用于资本市场是没有疑问的。但是，货币当局通过对货币供给和利率的操作，有可能以怎样程度的确定性取得调节资本市场行情特别是股票价格的效果，并不十分清楚。至少目前还没有取得较为一致的见解。

（六）开放经济下的货币传导机制

在开放经济条件下，净出口（即一国出口总额与进口总额之差）是总需求的一个重要组成部分。货币政策可以通过影响国际资本流动来改变汇率，并在一定的贸易条件下影响净出口。

在实行固定汇率制度的国家，中央银行可以直接调整汇率；在实行浮动汇率制度的国家，中央银行必须通过公开市场业务来改变汇率。若一国实行紧缩的货币政策，利率随之上升，外国对该国生息的金融资产（如债券）的需求会增加；而该国对国外类似资产（如外国生息的金融资产）的需求会下降。为了购买该国金融资产，外国人必须先购买该国货币，因而外国对该国货币的需求增加。相应地，该国对外国货币的需求减少。这就使该国货币在外汇市场上升值。本币的升值不利于本国商品的出口，并会提升外国商品在本国的市场竞争力，导致该国贸易差额减少、净出口下降。当一国实行扩张的货币政策时，则有相反的过程。这样的机制可以描述如下：

$$M \to r \to r_e \to NX \to Y$$

式中，r 为利率；r_e 表示汇率；NX 为净出口。

在金融全球化的趋势下，国际资本的流动对本国货币政策的操作具有抵消作用。比如当本国需要提高利率以限制对本国商品和服务的总需求时，外国资本的流入却抑制了利率的上升。与此相反，当中央银行期望降低利率时，资本的流出却会阻碍利率的下降。

六、货币政策效应与衡量

（一）货币政策效应的影响因素

所谓货币政策效应，就是指货币供应量变动能够引起总需求和总收入水平的变化程度。这种效应取决于货币政策的时滞、货币流通速度、微观主体的心理预期等因素。

1. 货币政策时滞

货币政策时滞是指货币政策从制定到获得主要或全部效果的时间间隔。它是由内在时滞和外在时滞构成的。内在时滞是指政策制定到中央银行采取行动这一期间。它分为两个阶段：一是从形势变化需要中央银行采取行动到中央银行认识到需要采取行动的时间间隔，称为认识时滞；二是从中央银行认识到需要行动到实际采取行动的时间时隔，称为行动时滞。内在时滞的长短，取决于中央银行对经济形势发展的预见能力，以及体制、组织效率、决策水平、决定的调节方案出台的速度等，归根到底取决于中央银行本身。

外在时滞又称效应时滞，是指中央银行采取行动开始直到对政策目标产生影响为止这段时间。它分为两个阶段：一是中央银行变更货币政策后，经济主体决定调整其资产总量与结构所耗费的时间，称为决策时滞。二是从经济主体决定调整其资产总量与结构到整个社会生产、就业等变量所耗费的时间，称为生产时滞。外在时滞的长短，主要是由客观的经济和金融条件决定的，它取决于经济主体对市场变化及信息的反应程度、货币政策实施的经济管理体制、当时的经济发展水平及宏观或微观经济背景、货币政策力度、货币政策实施时机、公众的预期心理等因素。

2. 货币流通速度

货币流通速度对货币政策效果的重要性在于，货币流通速度微小变动以后，如果中央银行未曾预料并加以考虑，或在估算这个变动时出现误差，就有可能使货币政策效果出现严重偏差，甚至可能使本来正确的政策方向走向反面。

3. 微观经济主体的预期

由于微观经济主体对未来经济行情的变化已有周密的考虑和充分的思想准备，当一项货币政策提出时，他们会立即根据获得的各种信息预测政策的后果，从而迅速做出对策，而且极少有时滞，最终使货币政策的预期效果被合理预期的作用所抵消。

（二）货币政策效应的衡量

（1）如果通过货币政策的实施，紧缩了货币供给，并平抑了价格水平，或者使价格水平回落，同时又不影响产出或供给的增长率，那么可以说这项紧缩性政策的有效性最大。

（2）如果货币供应量的紧缩在平抑价格水平或促使价格水平回落的同时，也抑制了产出数量的增长，那么这项货币紧缩政策的有效性，则视价格水平变动率与产出变动率的对比而定。

（3）如果货币紧缩政策无力平抑价格或促使价格回落，同时抑制了产出的增长甚至使产出的增长为负，则可以说这项货币紧缩政策是无效的。

七、货币政策与财政政策的配合

（一）货币政策与财政政策的关系

两项政策的共性表现在：一是它们共同作用于本国的宏观经济；二是它们都是需求管理政策，即着眼于调节总需求，使之与总供给相适应；三是它们追求的目标都是实现经济增长、充分就业、物价稳定和国际收支平衡。

两项政策的区别表现在：一是政策的实施者不同，分别由中央银行和财政部门来具体实施；二是作用过程不同，货币政策的直接对象是货币运动过程，而财政政策的直接对象是国民收入再分配过程，以改变国民收入再分配的数量和结构为初步目标，进而影响整个社会经济生活；三是政策工具不同，货币政策使用的工具通常与中央银行的货币管理业务活动相关，主要是存款准备金率、再贴现率、公开市场业务等，而财政政策所使用的工具一般与政府的收支活动相关，主要是税收、国债及政府的转移性支付等。

（二）四种配合政策模式

四种配合政策：一是紧缩的货币政策与紧缩的财政政策，即"双紧"政策；二是宽松的货币政策与宽松的财政政策，即"双松"政策；三是宽松的货币政策与紧缩的财政政策，即"松货币、紧财政"政策；四是紧缩的货币政策与宽松的财政政策，即"紧货币、松财政"政策。四种配合政策模式，由于政策的作用方向和组合的不同，会产生不同的政策效应。具体来说：

（1）财政政策通过可支配收入和消费支出、投资支出，对国民收入产生影响，而货币政策要通过利率和物价水平的变动，引起投资的变化来影响国民收入。

（2）货币政策通过货币供应量这一中介变量的变动，直接作用于物价水平，而财政政策要通过社会购买力和国民收入的共同作用，才对物价水平发生影响。国民收入的内生性，决定了财政政策对物价水平的作用是间接的、滞后的。

（3）"双紧"或"双松"政策的特点是两种政策工具变量调整的方向一致，各中介变量均能按两类政策的共同机制对国民收入和物价水平发生作用。因此，这类配合模式的作用力度强，变量间的摩擦力小，产生效应快，并带有较强的惯性。

（4）"一松一紧"政策，由于两类政策工具调整的方向相反，变量间产生相互抗衡的摩擦力和排斥性，并分别对自身能够直接影响的变量产生效应，在实施过程中功能损耗较大，作用力较弱，但政策效应较稳定，且不带有很大惯性。

第四节　中国货币政策的实践

一、计划经济体制下的货币政策实践

在高度集中的计划经济体制下，并无货币政策的提法。但既然有货币，必然有关于货币的政策。其内容在前面的有关章节中已经多次分别论及，这里再做几点必要的概括。

（1）在传统体制下，财政经济工作的总方针是"发展经济，保障供给"。金融工作遵循的最基本方针也是这八个字。具体到货币工作，则是保证和监督国民经济计划的完成。这里没有单独的经济增长目标，因为经济增长的要求已经体现在国民经济计划之中。所谓保证计划的要求，在当时包含两层意思：一是对完成和超额完成计划所需要的货币资金保证供给；二是保证满足执行计划中对现金的需求。这两者实际上都是满足实现计划目标所提出的对货币的需求。所谓监督计划的执行，则是指通过货币的供给，监督各有关方面严格执行计划。

在实行"大跃进"期间，支持跃进的保证供给曾造成严重的信用膨胀，使过多的货币流通。这说明货币供给的任务绝不是一般地保证任何计划意图，而只应保证按客观允许的速度和客观要求的比例所安排的生产及流通的计划意图。实际上，在此以前已经开始总结，货币供给必须遵循财政、信贷和物资的综合平衡要求。但总的来说，那时只要求货币的提供应与生产和流通的计划相适应，而没有把它作为一种重要的经济手段对再生产实施积极的影响。

（2）在高度集中统一的信贷管理体制之下，市场经济中的货币政策工具是不存在的；如果说有，也只有信贷渠道。因此，要讲中介指标，就是按年分季的信贷计划增长额。这实际上是包括现金和存款货币在内的最大口径的货币供给的增长额。当时唯一的银行——中国人民银行的年度信贷计划由国家批准；在批准的计划范围内，中国人民银行把指标层层分解到基层行，基层行不得突破。这是一种直接的控制，就数额控制来说，极为有效。

（3）由于货币的概念在当时被限制在现金流通的范围，因此，货币政策似乎也应限于现金投放和回笼的政策。的确，当时判断货币是否过多的标准，也是现金发行量与有关经济指标之间的比例，如市场现金量与社会商品零售额之比、与商品库存总额之比，以及与农副产品采购总额之比等。但在计划控制非常严格的传统体制下，现金发行的数额却从来不是由计划硬性规定的。那时，对现金使用的范围，对机关、团体、企业、事业单位保有现金的数量等均有极其严格的规定，而且实际上是得到贯彻的。不过，只要单位存款账户上有钱，而且需用现金的用途符合规定，银行必须支付现金。所以，就货币政策的角度考察，真正操作的是信贷计划而不是现金计划。至于现金发行的多少，毋宁说是一个观测指标。当然，这个观测指标很重要。

概括地说，传统体制下的货币政策，其目标是保证国民经济计划的实现；其政策工具是指令性的信贷计划；现金发行则是重要的观测指标。从政策的传导过程看，由于行政命令手段的运用，计划控制既直接又简单。至于其效果，并不像计划理论所论证的那样理想，而是在计划价格保持稳定的前提下，实际的货币供给过多。

二、改革开放初期的货币政策实践

随着改革开放的推进，货币政策日渐受到人们的重视。当然，总的趋势是计划色彩由浓向淡转化，而市场色彩日益显现货币政策的目标。不论是单一的还是双重的，要付诸实现，关键在于传导机制中的核心环节。前面提到，在市场经济中，这不外两个方面：一是利率，二是货币供给量。如果政策意向能通过核心环节调节经济主体的行为并最终作用于产出，那么货币政策的存在就是有根据的。

自 1984 年中国人民银行正式行使中央银行职能、专司货币政策的制定和执行以来，中国货币政策和汇率制度进行了多次循序渐进的改革和调整，对经济的平稳运行起到了重要的作用。

三、通货膨胀与货币政策调整

我国经济从 1982 年开始进入高速增长时期。在国家政策的引导下，经过连续两年多的扩张，到 1984 年年底明显出现过热的势头。为了满足经济的高速发展，弥补财政的赤字，中央的货币开始超量发行。针对 1984 年的经济过热，中央银行于 1985 年开始收缩货币供给。货币发行量从 1984 年的 262.3 亿元削减到 1985 年的 195.7 亿元，货币供应增长率从 1984 年的 49.5% 降至 1985 年的 24.7%，再到 1986 年的 23.3%。

1987—1988 年我国再次进入经济扩张阶段，物价指数持续走高。中央银行从 1988 年4 季度开始推行以紧缩为重点的货币政策。1989 年贷款总额下降 3.5%，货币供应量比上年减少 470 亿元，货币供应增长率降至 9.8%。紧缩的货币政策较好地治理了通货膨胀居民消费价格指数。

1992—1997 年，中国的经济在经历了 1990—1992 年 3 年的低通货膨胀期后，到 1993年上半年通货膨胀压力又开始上升。1994 年的居民消费价格指数上升到 24.1%。针对1992—1993 年我国经济中出现的严重的泡沫现象和高通货膨胀率以及潜在的金融风险，中央政府开始实行紧缩的货币政策实施"软着陆"的宏观调控。新增货币供应量从 1993 年的 1 528.7 亿元减少到 1994 年的 1 423.9 亿元，再到 1995 年的 596.8 亿元。由于这次调控吸取了以前货币紧缩过度造成经济过冷的教训，这个货币政策的实施中一直遵循着"适度从紧"的原则，最终于 1996 年成功地实现了经济的"软着陆"。

四、应对亚洲金融危机：积极财政与稳健货币政策的有效实践

1997 年东南亚金融危机之后，世界经济进入通货紧缩阶段，我国的货币政策重点转向扩大内需，实行积极的财政政策和稳健的货币政策。在此期间，我国经济面临着通货紧缩的巨大压力。1997 年通货膨胀率为 2.8%、1998 年为 -0.8%、1999 年为 -1.4%、2000 年为 0.4%；居民消费价格指数 20 年来首次出现负值。国家及时制定扩大内需的方针，实行积极的财政政策和稳健的货币政策。

1997 年和 1998 年，中央银行对商业银行总行的再贴现业务就投放了基础货币 2 333 亿元人民币。至 2000 年 12 月，M_2（广义货币供应量）是 1996 年的 1.77 倍；M_1（狭义货币供应量）是 1996 年的 1.86 倍。在 1996 年两次下调存款利率的基础上，1997—1999 年中央银行又 5 次下调存款利率，到 2002 年 2 月 21 日再次降低存款利率 0.25 个百分点，这是自 1996 年以来的第 8 次降息，至此金融机构存款平均利率累计下调 5.98 个百分点，贷款平均利率累计下调 6.97 个百分点。

进入 21 世纪之后，我国的国民经济运行出现了重要转机。国内生产总值达到 8.9 万亿元，增长 8%，物价涨幅持续下降的趋势得到遏制，全年居民消费价格指数同比上涨 0.4%。中央银行加大了货币供给量，2001 年年底 M_2 比 2000 年增加 14.4%；M_1 增加 12.7%。2002 年年末，中央银行基础货币余额 4.5 万亿元，同比增加 11.9%。2003 年上半年货币信贷呈加速增长的态势，6 月末 M_2 同比增加 20.8%，M_1 同比增加 20.2%。M_1 和 M_2 的增长幅度约高于上半年 GDP 和居民消费物价增长幅度之和 10 个百分点。至此，通货紧缩的局面基本解除，国民经济增长速度加快。

五、2008 年金融危机下货币政策的调整与应对

2008 年国际金融危机爆发背景下，中国政府为了应对危机、保持经济增长，中央政府推出 4 万亿元人民币投资救市计划。为了加大金融支持经济发展的力度，政府放松了对商业银行信贷规模的约束，扩大了商业银行的信贷规模，同时加大对"三农"、重点工程、中小企业的信贷支持力度，有针对性地培育和发展消费信贷。这一政策使 2009 年全年各项贷款新增 9.59 万亿元人民币，同比增加 4.69 万亿元，并且这一规模在不断扩大。

然而，过多的货币投放引发了通货膨胀，货币政策随即转向。之后，中国人民银行开始引入宏观审慎框架。

从总体上看，中国的货币政策完成了从"稳健"到"从紧"到"适度宽松"再到"稳健"的调整周期，若剔除应对国际金融危机时期货币信贷超常增长等特殊因素，货币信贷供应比较好地适应了经济增长和稳定物价总水平的需要，实现了货币政策的调控目标。

课后练习

一、单项选择题

1. 我国制定货币政策的银行是（   ）。

A. 中国银行　　　　　　　　　　　B. 中国建设银行

C. 中国工商银行　　　　　　　　　D. 中央银行

2. 当前我国货币政策的最终目标是（   ）。

A. 经济增长、充分就业、国际收支平衡、物价稳定

B. 保持货币币值的稳定，并以此促进经济增长

C. 经济增长

D. 物价稳定

3. 目前我国货币政策的中介指标是（   ）。

A. 利率　　　　　　B. 汇率　　　　　　C. 股票价格指数　　　D. 货币供给量

4. 既可调节货币总量，又可调节信贷结构的货币政策工具是（   ）。

A. 法定存款准备金率　　　　　　　B. 再贴现政策

C. 公开市场业务　　　　　　　　　D. 流动性比率

5. 菲利普斯曲线反映了（   ）之间此消彼长的关系。

A. 通货膨胀率与失业率　　　　　　B. 经济增长与失业率

C. 通货紧缩与经济增长　　　　　　D. 通货膨胀与经济增长

二、多项选择题

1. 发挥操作指标和中介指标的作用，通常要符合（   ）标准。

A. 可测性　　　　　B. 可控性　　　　　C. 相关性　　　　　D. 抗干扰性

2. 俗称中央银行的"三大法宝"的三大政策工具有（   ）。

A. 法定准备金率　　　　　　　　　B. 再贴现政策

C. 公开市场业务　　　　　　　　　D. 利率

3. 在货币政策诸目标中，更多表现为矛盾与冲突的有（   ）。

A. 充分就业与经济增长　　　　　　B. 充分就业与物价稳定

C. 稳定物价与经济增长　　　　　　D. 经济增长与国际收支平衡

4. 公开市场业务的优点有（   ）。

A. 调控效果猛烈　　　B. 主动性强　　　C. 灵活性强　　　　D. 影响范围广

5. 货币政策主要包括（   ）方面的内容。

A. 政策目标　　　　　　　　　　　B. 政策工具

C. 操作指标与中介指标　　　　　　D. 政策传导机制

三、判断题

1. 任何现实的社会总需求，都是指有货币支付能力的总需求。（   ）

2. 经济理论认为，失业主要有三种存在形式：摩擦性失业、周期性失业、自愿性失业。（   ）

3. 促进经济增长的要素一般归结为劳动力、投资的增加和技术的进步等，其中技术的进步是促进经济增长简单而又见效快的方法。（   ）

4. 我国货币政策目标既规定了"经济增长"的第一属性，又明确了"经济增长"的最终目的是"稳定货币"。（　　　）

5. 建立法定存款准备金制度的最初目的是防止商业银行盲目发放贷款，保证客户存款的安全，维护金融体系的正常运转。（　　　）

四、简答题

1. 请简要概述货币政策的含义与特点。

2. 请简要概述货币政策诸目标间的关系。

3. 请简要概述一般性货币政策工具。

4. 请简要概述选择性货币政策工具。

第十一章　开放金融体系

 学习目标

1. 掌握外汇概念的概念和基本特征
2. 了解汇率的标价方法及种类
3. 掌握汇率制度的主要种类及其特点
4. 理解国际货币体系的内涵
5. 了解现行国际货币体系的改革趋势
6. 了解主要国际金融机构的组成及业务

 能力目标

1. 分析和解决问题的能力：能够根据市场信息做出决策，并能够评估风险
2. 能够理解金融市场不同阶段政策的目的
3. 培养视野：能够了解金融市场的概况和发展趋势，以及不同国家和地区的金融市场特点

 情景导读

中国外汇交易中心最新计算的 2024 年 8 月 9 日 CFETS（中国外汇交易中心）人民币汇率指数 98.53，按周跌 0.42%；BIS（国际清算银行）货币篮子人民币汇率指数报 104.41，按周跌 0.61%；SDR 货币篮子人民币汇率指数报 93.26，按周跌 0.44%。8 月 5—9 日，美元指数徘徊一周高位，人民币对美元及一篮子货币汇率均有所贬值：在岸人民币兑美元累计上涨 404 个基点报 7.174 6，离岸人民币兑美元跌 89 个基点报 7.174 6，人民币对美元中间价跌 73 个基点报 7.149 9。中国人民银行发布 2024 年 2 季度货币政策执行报告，部署下阶段施策方向。报告指出，要增强宏观政策取向一致性，加强逆周期调节，增强经济持续回升向好态势。丰富和完善基础货币投放方式，在央行公开市场操作中逐步增加国债买卖。灵活有效开展公开市场操作，必要时开展临时正、逆回购操作。下一阶段，做好跨境资金流动的监测分析，坚持底线思维，综合施策，稳定预期，防止形成单边一致性预

期并自我强化，坚决防范汇率超调风险，保持人民币汇率在合理均衡水平上的基本稳定。

国家外汇管理局公布数据显示，2024 年上半年，我国国际收支口径的货物贸易顺差 2 884 亿美元，为历年同期次高值；服务贸易逆差 1 229 亿美元。数据还显示，截至 7 月末，我国外汇储备规模为 32 564 亿美元，较 6 月末上升 340 亿美元，升幅为 1.06%，为 2024 年年初以来最大升幅。

第一节　外汇与汇率

一、外汇的概念

外汇，即国际汇兑，是国际经济活动得以进行的基本手段，是开放金融活动中最基本的概念之一。国际货币基金组织这样解释外汇的含义："外汇是货币行政当局以银行存款、财政部国库券、长短期政府债券等形式所持有的在国际收支逆差时可以使用的债券。"外汇的概念有动态和静态之分。

（一）动态的外汇概念

动态的外汇，是指把一国货币兑换为另一国货币，借以清偿国际债权债务关系的实践活动或过程。从这个意义上说，外汇等同于国际结算。

（二）静态的外汇概念

静态的外汇，又分为狭义的外汇和广义的外汇。

1. 狭义的静态外汇

狭义的静态外汇，是指以外国货币表示，为各国普遍接受，可用于国际债权债务结算的各种支付手段。根据这一定义，外汇必须是用外币表示的资产，是能在国际上得到偿付，能为各国普遍接受并可以转让，可以自由兑换成其他形式的资产或支付手段。凡是不能在国际上得到偿付或不能自由兑换的各种外币证券、空头支票及拒付汇票等，均不能视为外汇。因此，不是所有的外国货币都能成为外汇。

一种外币成为外汇有三个前提条件：第一，自由兑换性，即这种外币能自由地兑换成本币；第二，可接受性，即这种外币在国际经济交往中能被各国普遍地接受和使用；第三，可偿性，即这种外币资产是能得到补偿的债权。这三个前提条件也是外汇的三大特征，只有符合这三个特征的外币及其所表示的资产才是外汇。

具体地，静态外汇主要包括银行汇票、支票、银行存款等，这也是通常意义上的外汇概念。银行存款是狭义静态外汇概念的主体，这不仅因为各种外币支付凭证都是把外币存款索取权具体化了的票据，还因为外汇交易主要是运用国外银行的外币存款来进行的。至于外国钞票是不是外汇，这主要取决于其能否自由兑换。一般来说，只有能不受限制地存入一国商业银行的普通账户上，并能兑换成其他国家货币的外国钞票，才能算是外汇。

2. 广义的静态外汇

广义的静态外汇，是指一切用外国货币表示的资产。各国外汇管理法令所称的外汇就是广义的外汇。如我国 2008 年 8 月 5 日颁布的《中华人民共和国外汇管理条例》在第一章第三条规定，本条例所称外汇，是指以外币表示的可以用作国际清偿的支付手段和资产，它们是：①外币现钞，包括纸币、铸币；②外币支付凭证或者支付工具，包括票据、银行存款凭证、银行卡等；③外币有价证券，包括债券、股票等；④特别提款权；⑤其他外汇资产。随着国际交往的扩大和信用工具的进一步发展，外汇的内涵也日益扩大。从这个意义上说，外汇就是外币资产。

（三）外汇的基本要素

首先，我们必须明确，并不是任何外国的货币都是本国的外汇。人们需要外汇，实质上是为了购买货币所在国的商品或劳务，因为任何货币自身就具有以一定的购买力表示的价值。从这个意义上讲，外汇本质上相当于一种对外国商品和劳务的要求权。因此，一般而言，外汇必须具备以下四个基本特征。

1. 国际性

国际性即外汇必须是以外币表示的金融资产，而不能是本币表示的金融资产。

2. 可兑换性

可兑换性即持有人能够不受限制地将它们兑换为其他外币支付手段。可兑换性是外汇的基本特征，其实质是各国商品和劳务能否自由交换的问题，因为一国货币如能兑换成他国货币，实际上就意味着其持有人通过这种兑换，能取得对该国商品和劳务的购买力。如果一国禁止外国人随意购买本国商品和劳务，该国货币的可兑换性就失去了基础，该国货币也就不能被其他国家称作外汇了。

3. 可偿付性

可偿付性即外汇可以在另一国直接作为支付手段无条件使用。外汇的可偿付性能确保其持有人拥有对外币发行国的商品和劳务的要求权。如果外汇没有真实的债权债务关系作为基础，就不能保证被偿付，只能是空头支票，不能算作外汇。

4. 普遍接受性

普遍接受性即它能够普遍地作为外汇被其他国家接受。一国或地区货币能够普遍地作为外汇被其他国家接受，意味着他国居民或政府可随时购买本国的商品或劳务。因此，该国必须具有相当强的生产能力和出口能力，或者该国拥有其他国家所缺乏的资源。因此，外汇的"普遍接受性"特征也被人理解为"物质保证性"特征。

满足以上外汇基本特征的货币，才是国际经济交往中所指的外汇。

二、汇率的概念及标价方法

（一）什么是汇率

汇率，是外汇汇率（foreign exchange rate）的简称，又称外汇汇价或汇价，是用一种货币表示的另一种货币的价格，或者说是一国货币与另一国货币的兑换比率或比价。在我国，人民币对外币的汇率通常在中国银行挂牌对外公布，因此汇率又称牌价。

一般地，在实践中，汇率通常表示到小数点后 4 位，如 6.516 8。小数点后的第四位数称为"个数点"，"点"就是汇价点，相当于万分之一，即 1 点 = 0.000 1。以此类推，小数点后的第三位数称为"十点"，小数点后的第二位数称为"百点"，小数点后的第一位数称为"千点"。汇率波动通常在小数点后第三位，即"十点"变动。因此，一旦知道汇率变动的点数，就可以知道其具体变动的值了。假定美元对人民币汇率下降了 60 点，即 1 美元下降了 0.006 0 元人民币。

汇率的写法习惯上有两种：一种是将两种货币用斜杠表示，具体数值在旁边写出，如美元对港元的汇率为 USD/HKD：7.801 0~7.802 0（或简写为 7.801 0/20）。另一种是将两种货币的汇率用斜杠直接表示出来，如瑞士法郎对美元的汇率为 $1.663 0/SF，即 1 瑞士法郎 = 1.663 0 美元。汇率在经济生活中，一直扮演着重要的角色。因为汇率实际上是用一种货币表示的价格"翻译"成用另一种货币表示的价格，从而为比较不同国家的商品和劳务的成本与价格提供了基础。

（二）汇率的标价法

外汇汇率具有双向特征，因此既可用本币表示外币的价格，也可以用外币表示本币的价格。确定两种不同货币之间的比价，应先确定用哪个国家的货币作为标准，确定的标准不同，便产生了不同的外汇汇率标价法。

1. 直接标价法

直接标价法，是以一定单位（1 个外币单位或 100 个、10 000 个、100 000 个外币单位）的外国货币作为标准，折算为一定数额的本国货币的汇率表示方法，即以本国货币表示的单位外国货币的价格。国际上绝大多数国家（除英国和美国以外）采取直接标价法。我国目前采用的就是直接标价法，银行授权中国外汇中心公布人民币汇率中间价。

在直接标价法下，外国货币的数额固定不变，汇率的高低或涨跌都用本国货币数额的变化来表示，正如一般商品价格的表示方法一样。例如，一个杯子售价 10 元，在这里，商品是单位数量，变化的是货币。在直接标价法下，只是将外币视为"商品"了，将本国货币视为"货币"，所以就如商品价格一样，直接标价法下的外汇汇率高低直接与汇率标价数额的增减呈正相关，即汇率的标价数值增加，表示外汇汇率上升；反之，汇率的标价数值减少，表示外汇汇率下降。

2. 间接标价法

间接标价法，是以一定单位的本国货币为标准，折算为一定数额的外国货币的汇率表示方法，即以外国货币表示的单位本国货币的价格。在此标价方法下，本国货币的数额固定不变，汇率的高低或涨跌都以相对的外国货币数额变化来表示。此种关系正好与直接标价法下的情形相反，汇率的数值越高，说明单位本币所能换得的外国货币越多，本国货币的币值越高，外国货币的币值就越低；反之则相反。所以，在引用某种货币的汇率说明其汇率涨跌时，我们必须明确其源于哪个外汇市场，即采用哪种标价法。

3. 美元标价法

美元标价法，又称纽约标价法，即以一定单位的美元为标准，来计算应该汇兑多少他国货币的表示方法。在美元标价法下，各国均以美元为基准来衡量各国货币的价值，而非美元外汇买卖时，则根据各自对美元的比率套算出买卖双方货币的汇价。注意，除英镑、欧元、澳大利亚元和新西兰元外，美元标价法基本已在国际外汇市场上通行。这主要是因为，第二次世界大战以后，特别是欧洲货币市场兴起以来，国际金融市场之间的外汇交易主要以美元为交易货币，以便于国际外汇业务交易，银行间的报价都以美元为标准来表示各国货币的价格，至今已成习惯。

美元标价法与前面两种标价法的划分目的不同，主要是为了简化外汇市场交易报价并广泛地比较各种货币的汇价。例如，瑞士苏黎世某银行面对其他银行的询价，报出的货币汇价为：1美元 = 1.186 0加拿大元。美元标价法的特点是：第一，美元的单位始终不变，美元与其他货币的比值是通过其他货币量的变化体现出来的；第二，它只是在银行之间报价时采用的一种汇率表示法。图11-1是截至2024年3月1日的美元/人民币中间价走势图。

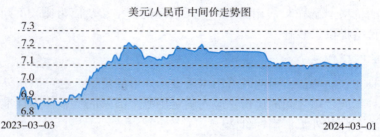

图 11-1　美元/人民币中间价走势图（数据源于中国外汇交易中心）

人们将各种标价法下数量固定不变的货币叫作基准货币，把数量变化的货币叫作标价货币。显然，在直接标价法下，基准货币为外币，标价货币为本币；在间接标价法下，基准货币为本币，标价货币为外币；在美元标价法下，基准货币为美元，标价货币为其他各国货币。

三、汇率的种类

（一）按制定汇率的方法不同

按制定汇率的方法不同，汇率分为基本汇率和套算汇率。

1. 基本汇率

基本汇率是指一国所制定的本国货币与关键货币之间的汇率。关键货币应具备以下特点：在本国国际收支中使用最多，在外汇储备中所占比重最大，可以自由兑换且为国际上普遍接受。目前大多数国家把美元当作关键货币，把本币对美元的汇率称为基本汇率。

2. 套算汇率

套算汇率又被称作交叉汇率，是指通过基础汇率套算出的本币与非关键货币之间的汇率。这有两层含义：一是各国在制定基本汇率后，本币对其他外币的汇率就可通过基本汇率套算出来；二是由于世界外汇市场上主要是按美元标价法公布汇率的，美元以外的其他任何两种无直接兑换关系的货币，必须通过其各自与美元的汇率进行套算。

（二）按银行买卖外汇的价格不同

按银行买卖外汇的价格不同，汇率分为买入汇率、卖出汇率和中间汇率。

1. 买入汇率

买入汇率又称买入价，是指银行向客户买入外汇时使用的汇率。在直接标价法下，外币折合成本币数额较少的价格为买入汇率；在间接标价法下，本币折合成外币数额较多的价格为买入汇率。

2. 卖出汇率

卖出汇率又称卖出价，是指银行向客户卖出外汇时所使用的汇率。在直接标价法下，外币折合成本币数额较多的价格为卖出汇率；在间接标价法下，本币折合成外币数额较少的价格为卖出汇率。

3. 中间汇率

中间汇率又称中间价，是指买入汇率与卖出汇率的平均数。中间汇率不是外汇买卖的执行价格，它通常只用于报刊和统计报表对外报道汇率消息以及汇率的综合分析。其计算公式为：$中间汇率 = \dfrac{买入汇率 + 卖出汇率}{2}$。

这里有两点值得注意：①买入或卖出都是站在报价银行的立场来说的，而不是站在进出口商或询价银行的角度；②买价与卖价之间的差额，是银行买卖外汇的收益。

另外，还有一种特殊的汇率，即现钞汇率。一般国家都规定，不允许外国现钞在本国流通，只有将外币现钞兑换成本国货币，才能够购买本国的商品和劳务，因此产生了买卖外汇现钞的兑换率，即现钞汇率。按理现钞汇率应与外汇汇率相同，但需要把外币现钞运到各发行国去。由于运送外币现钞要花费一定的运费和保险费，因此银行在收兑外币现钞时的汇率通常要低于外汇买入汇率，即现钞买入汇率低于现汇（如外币存款或外币支票等）买入汇率，而银行卖出外币现钞时使用的汇率则等于外汇现汇卖出汇率。

（三）按外汇交易的支付工具

按外汇交易的支付工具，汇率分为电汇汇率、信汇汇率与票汇汇率。

1. 电汇汇率

电汇汇率是指经营外汇业务的本国银行在卖出外汇，开具付款委托书后，即以电报或电传方式将付款委托书传递给其国外分支机构或代理行，委托其付款给收款人所使用的一种汇率。电汇付款快，银行无法占用客户资金头寸，同时国际电报费用较高，所以电汇汇率较一般汇率高。但是电汇调拨资金速度快，有利于加速国际资金周转，因此电汇在外汇交易中占有极大的比重。

2. 信汇汇率

信汇汇率是指经营外汇业务的本国银行在卖出外汇，开具付款委托书后，即以信函方式通过邮局将付款委托书寄给付款地银行转付收款人所使用的一种汇率。付款委托书的邮递需要一定的时间，而银行在这段时间内可以占用客户的资金，因此信汇汇率比电汇汇率低。

3. 票汇汇率

票汇汇率是指银行在卖出外汇时，开立一张由其国外分支机构或代理行付款的汇票交给汇款人，由汇款人自带或寄往国外取款所使用的一种汇率。由于票汇从卖出外汇到支付外汇有一段间隔时间，银行可以在这段时间内占用客户的头寸，所以票汇汇率一般比电汇汇率低。票汇有短期票汇和长期票汇之分，其汇率也不同。由于银行能更长时间运用客户资金，所以长期票汇汇率较短期票汇汇率低。

（四）按外汇买卖交割的期限不同

按外汇买卖交割的期限不同，汇率分为即期汇率和远期汇率。

所谓外汇买卖交割，是指双方各自按照对方的要求，将卖出的货币划入对方指定账户的处理过程，即外汇购买者付出本国货币，外汇出售者付出外汇的行为。

1. 即期汇率

即期汇率又称现汇汇率，是指外汇买卖双方在成交后的 2 个营业日内办理交割手续时所使用的汇率。前文所述的电汇汇率、信汇汇率和票汇汇率，就是即期汇率的主要种类。

2. 远期汇率

远期汇率又称期汇汇率，是指外汇买卖双方事先约定，据以在未来约定的期限办理交割时所使用的汇率，如 3 个月远期汇率、4 个月远期汇率等。远期汇率与即期汇率之间是有差额的，这种差额被称为远期差价。远期差价有升水、贴水和平价之分：当远期汇率高于即期汇率时，称为远期升水；当远期汇率低于即期汇率时，称为远期贴水；当远期汇率等于即期汇率时，称为远期平价。

（五）按外汇管制情况不同

按外汇管制情况不同，汇率分为官方汇率和市场汇率。

1. 官方汇率

官方汇率又称法定汇率，是指一国外汇管理当局规定并予以公布的汇率。在外汇管制较严的国家，官方汇率就是实际使用的汇率，一切外汇收支、买卖均按官方汇率进行。官方汇率中有的是单一汇率，有的是多种汇率。

2. 市场汇率

市场汇率是指由外汇市场供求关系决定的汇率。市场汇率随外汇的供求变化而波动，同时受一国外汇管理当局干预外汇市场的影响。在外汇管制较松或不实行外汇管制的国家，如果也公布官方汇率的话，此时的官方汇率只起基准汇率的作用，市场汇率才是该国外汇市场上买卖外汇时实际使用的汇率。

（六）按衡量货币价值的角度不同

按衡量货币价值的角度不同，汇率分为名义汇率和实际汇率。

1. 名义汇率

名义汇率又称现实汇率，是指在外汇市场上由外汇的供求关系所决定的两种货币之间的汇率，也是指在社会经济生活中被直接公布、使用的表示两国货币之间比价关系的汇率。名义汇率并不能够完全反映两种货币实际所代表的价值量的比值，它只是外汇银行进行外汇买卖时所使用的汇率。

2. 实际汇率

实际汇率又称真实汇率，是指将名义汇率按两国同一时期的物价变动情况进行调整后所得到的汇率。设 S_r 为实际汇率，S 为直接标价法下的名义汇率，P_a 为本国的物价指数，P_b 为外国的物价指数，则 $S_r = S \times \dfrac{P_b}{P_a}$。计算实际汇率主要是为了分析汇率的变动与两国通货膨胀率的偏离程度，并可进一步说明有关国家产品的国际竞争能力。

中国外汇交易中心（CFETS）网站（中国货币网）于 2024 年 2 月 29 日发布了 CFETS 人民币汇率指数，如图 11-2 所示。这样做有助于引导市场改变过去主要关注人民币对美元双边汇率的习惯，逐渐把参考一篮子货币计算的有效汇率作为人民币汇率水平的主要参照系，有利于保持人民币汇率在合理均衡水平上的基本稳定。CFETS 人民币汇率指数参考 CFETS 货币篮子，具体包括中国外汇交易中心挂牌的各人民币对外汇交易币种，主要包括美元、日元、欧元等 13 种样本货币，样本货币权重采用考虑转口贸易因素的贸易权重法计算而得。这表明，CFETS 反映的是经常账户的人民币有效汇率，即中国进出口的汇率贸易条件。

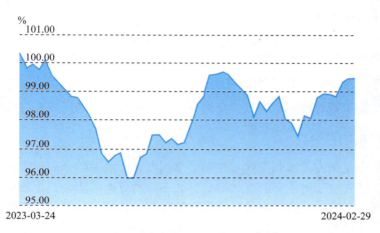

CFETS人民币汇率指数

图 11-2　CFETS 人民币汇率指数（数据源于中国外汇交易中心）

长期以来，市场主要观察人民币对美元的双边汇率。由于汇率浮动旨在调节多个贸易伙伴的贸易和投资，因此仅观察人民币对美元的双边汇率并不能全面反映贸易品的国际比价。也就是说，人民币汇率不应仅以美元为参考，也要参考一篮子货币。汇率指数作为一种加权平均汇率，主要用来综合计算一国货币对一篮子外国货币加权平均汇率的变动，能够更加全面地反映一国货币的价值变化。参考一篮子货币与参考单一货币相比，更能反映一国商品和服务的综合竞争力，也更能发挥汇率调节进出口、投资及国际收支的作用。

第二节　汇率制度安排

一个国家、一个经济体或一个经济区域为了实现经济增长、就业增加、国际收支均衡和货币价值稳定的目标，通常要采用一系列经济政策和经济手段进行调控。汇率制度的选择、汇率水平的调节与管理是重要的调控手段。根据国际货币基金组织的规定，各国、各经济体可以根据自身的需要对汇率做出适当安排。这就使汇率制度安排成为各国、各经济体对外经济政策的重要组成部分。

一、汇率制度的概念和内容

汇率制度，又称汇率安排，是指一国货币当局对本国汇率变动的基本方式所做的一系列安排或规定。汇率制度的内容如下。

（一） 确定汇率的原则和依据

例如，一个国家的汇率由官方决定还是由市场决定，其货币本身的价值以什么为依据等。

（二） 维持与调整汇率的办法

例如，一个国家对本国货币升值或贬值采取什么样的调整方法，是采用公开法定升值或贬值的办法，还是采取任其浮动或官方有限度干预的办法。

（三） 管理汇率的法令、体制和政策等

例如，一个国家对汇率管理是采取严格还是松动抑或是不干预的办法，以及其外汇管制中有关汇率及其适用范围的规定。

（四） 制定、维持与管理汇率的机构

例如，一个国家把管理汇率的权责交给中央财政还是货币当局或专门机构等。

二、汇率制度的种类

汇率制度分类是研究汇率制度优劣性和汇率制度选择的基础，而对汇率制度与宏观经济关系的考察，首先在于对汇率制度如何分类。不同的分类可能会产生不同的结论，导致汇率制度的选择成为宏观经济领域最具争议性的问题。传统上，按照汇率变动的幅度，汇率制度分为两大基本类型：固定汇率制度和浮动汇率制度。

（一） 固定汇率制度及其特点

固定汇率制度，是指以本位货币本身或法定含金量为确定汇率的基准，汇率比较稳定的一种汇率制度。固定汇率制度可以分为1880—1914年金本位体系下的固定汇率制度和1944—1973年布雷顿森林体系下的固定汇率制度（也称为以美元为中心的固定汇率制）两个阶段。

固定汇率制度的主要特点是，由于汇率相对固定，避免了汇率频繁剧烈波动，给市场提供了一个明确的价格信号，稳定了预期，有利于对外贸易结算和资本的正常流动，降低了经济活动的不确定性。它通过发挥"政府主导市场"的作用，由政府来承担市场变化的风险。但是，由于政府的担保，市场参与者丧失了风险意识和抵抗风险的能力，容易诱导短期资本大量流入。在资本大量流入的情况下，货币当局往往被迫对本国货币实行升值或贬值政策，引发金融动荡；同时，也使本国货币政策缺乏独立性，导致固定汇率有时会变得极不稳定，汇率水平会突然变化。如果一个国家迫于市场压力放弃原先的目标汇率而实行新的汇率，则称为汇率的再安排。之所以实施汇率再安排，有时是为了解决长期性的经常项目赤字或盈余。汇率再安排可以是本币的升值，也可以是本币的贬值，但如果对汇率的再安排过于频繁，那么汇率制度将丧失可信度，也失去了固定汇率制度的内在优势。

（二） 浮动汇率制度及其特点

一般来讲，自20世纪70年代以后，全球金融体系中以美元为中心的固定汇率制度就不复存在，而被浮动汇率制度所代替。浮动汇率制度，是指一国不规定本币与外币的黄金平价和汇率上下波动的界限，货币当局也不再承担维持汇率波动界限的义务，汇率随外汇市场供求关系变化而自由上下浮动的一种汇率制度。在浮动汇率制下，各国不再规定汇率

上下波动的幅度，中央银行也不再承担维持波动上下限的义务，各国汇率根据外汇市场中的外汇供求状况自行浮动和调整。

1. 浮动汇率制度的分类

鉴于各国对浮动汇率的管理方式和宽松程度不一样，浮动汇率制度有诸多分类。

（1）按政府是否干预，可分为自由浮动及管理浮动。自由浮动，是指政府任凭外汇市场供求状况决定本国货币同外国货币的兑换比率，不采取任何措施；管理浮动，是指政府采取有限的干预措施，引导市场汇率向有利于本国利益的方向浮动。

（2）按浮动形式，可分为单独浮动和联合浮动。单独浮动，是指一国货币不与其他任何货币固定汇率，其汇率根据市场外汇供求关系来决定。目前，包括美国、英国、德国、法国、日本等在内的 30 多个国家实行单独浮动。联合浮动，是指国家集团对成员国内部货币实行固定汇率，对集团外货币则实行联合的浮动汇率。例如，欧盟（欧共体）于 1979 年成立了欧洲货币体系，设立了欧洲货币单位（ECU），各国货币与之挂钩建立汇兑平价并构成平价网，各国货币的波动必须保持在规定的幅度之内，一旦超过汇率波动预警线，有关各国要共同干预外汇市场。

（3）按被盯住的货币不同，可分为盯住单一货币浮动及盯住一篮子货币（也称一揽子货币）浮动。盯住单一货币，是指一国货币与另一种货币保持固定汇率，随后者的浮动而浮动。出于历史、地理等诸多方面原因，有些国家的对外贸易、金融往来主要集中于某一工业发达国家，或主要使用某一外国货币。为使这种贸易、金融关系得到稳定发展，免受相互间汇率频繁变动的不利影响，这些国家通常使本币盯住该工业发达国家的货币，如一些美洲国家的货币盯住美元浮动等。

盯住一篮子货币浮动，是指一国货币与某种一篮子货币保持固定汇率，随后者的浮动而浮动。一篮子货币通常由几种世界主要货币或由与本国经济联系最为密切的国家的货币组成。特别提款权是最有名的一篮子货币，由美元、日元、英镑、欧元、人民币等货币按不同的比例构成。其价格随着这些货币的汇率变化，每日都进行调整，由国际货币基金组织逐日对外公布。盯住一篮子货币浮动有两个特点：一是保值；二是波动幅度小，汇率走势稳定。实行这种汇率制度的主要目的是避免本国货币受某一国货币的支配。

2. 浮动汇率制度的特点

浮动汇率制度的主要特点是汇率波动频繁且幅度变化剧烈。在浮动汇率制度下，由于各国政府不再规定货币的法定比价和汇率界限，也不承担维持汇率稳定的义务，汇率完全由市场供求决定。其波动之频繁、波幅之大是固定汇率制度下所远不能比的。有时其一天波动幅度在 5% 以上，一周波动能在 10% 以上。一遇政治、经济形势变动，其波幅更大。汇率的频繁剧烈波动，给国际经济秩序带来了不稳定的影响。但是，浮动汇率制可以发挥汇率杠杆对国际收支的自动调节作用，减少国际经济状况变化和外国经济政策对本国的影响，降低国际游资冲击的风险。它通过发挥"市场修正市场"的作用，让市场参与者自己承担风险。

（三）汇率制度的选择

一般来讲，一个国家或地区在选择汇率制度时，应考虑以下因素。

1. 经济规模与开放程度

如果贸易额占 GDP 份额很大，那么货币不稳定的成本就会很高，最好采用固定汇率制度。

2. 通货膨胀率

如果一国的通货膨胀率比其贸易伙伴高，那么它的汇率必须浮动，以防止它的商品和劳务在国际市场上的竞争力下降；如果通货膨胀的差异适度，那么最好选用固定汇率制度。

3. 金融市场发育程度

金融市场发育不成熟的发展中国家选择自由浮动制度是不明智的，因为少量的外币交易就会引发市场行情的剧烈动荡。

4. 政策制定者的可信度

中央银行的声望越差，采用盯住汇率制度来树立控制通货膨胀的信心的情况就越普遍。

5. 资本流动性

一国经济对国际资本越开放，保持固定汇率制度就越难，就越倾向于采用浮动汇率制度。

📖 案 例

人民币汇率浮动

中国人民银行授权中国外汇交易中心公布，2024年9月25日，人民币兑美元中间价报7.020 2，调升308个基点，创2023年5月22日以来新高。9月24日，国务院新闻办公室举行新闻发布会，中国人民银行行长潘功胜表示，近期主要对经济体的货币政策进行了调整，人民币汇率的贬值压力明显缓解，而且转向了升值。

潘功胜强调，汇率是货币之间的一种比价关系，它的影响因素是非常多元的，比如经济增长、货币政策、金融市场、地缘政治、突发风险事件等，这些都会对汇率产生影响。从外部的情况看，受各国经济走势分化、美国大选等地缘政治变化、国际金融市场波动等影响，外部环境和美元走势的不确定性依然存在。从中国国内的形势看，他表示，人民币汇率还是有比较稳定的基础的。

潘功胜提醒，在人民币汇率双向浮动的背景下，参与者也要理性看待汇率波动，增强风险中性理念，不要"赌汇率方向""赌单边走势"，企业要聚焦主业，金融机构要坚持服务好实体经济。潘功胜进一步表示，人民银行在汇率政策上的立场是清晰的，也是透明的。有这么几个要点：第一，坚持市场在汇率形成中的决定性作用，保持汇率弹性。第二，要强化预期引导，防止外汇市场形成单边一致性预期并自我实现，防范汇率超调风险，保持人民币汇率在合理均衡水平上的基本稳定。

美联储降息也促使了美元走软，非美货币走强。北京时间2024年9月19日凌晨，美国联邦储备委员会宣布将联邦基金利率目标区间下调为4.75%至5%，即降息50个基点，这是美联储自2020年以来首次降息。2022年3月至2023年7月，美联储在一年多的时间内连续11次加息，累计加息525个基点；自2023年7月以来连续八次会议按兵不动，将政策利率保持在2001年以来高位。此次美联储降息力度高过市场预期，之前市场在调降25个基点和50个基点之间纠结，但最终给出的答案达到了上限。

2024 年 9 月 12 日，美元指数就出现明显的下滑，至此已经下跌将近 1.4%，目前在 100.3 点徘徊，最低达到 100.2 点，市场预计随着四季度美联储持续降息，美元指数会考验 100 点整数关口的支撑。

（资料来源：叶麦穗，21 世纪经济报道，21 财经，2024 年 09 月 25 日。）

第三节　国际货币体系

一、国际货币体系概述

（一）国际货币体系的含义与构成

1. 国际货币体系的含义

国际货币体系，是指各国政府为适应国际贸易与国际支付的需要，对各国货币在国际范围内发挥货币职能所确定的原则、采取的措施和建立的组织形式的总称，或者说，是世界各国对货币的兑换、国际收支的调节、国际储备资产的构成等问题共同做出安排和确定的原则，以及为此而建立的组织形式等的总称。

2. 国际货币体系的构成

国际货币体系主要是指国际货币安排，具体而言包括以下四个方面的内容。

（1）各国货币比价即汇率的确定。

根据国际交往与国际支付的需要，以及使货币在国际范围内发挥世界货币职能，国际货币体系要规定一国货币与另一国货币之间的比价（即汇率）、货币比价确定的依据、货币比价波动的界限、货币比价的调整、维护货币比价采取的措施，以及是否采取多元化比价等。由于汇率的高低不仅体现了本国与外国货币购买力的强弱，而且涉及资源分配的多寡，因而如何按照较为合理的原则在世界范围内规范汇率的变动，从而形成一种较为稳定的为各国共同遵守的国际汇率安排，成为国际货币体系要解决的核心问题。

（2）国际收支的调节。

当出现国际收支不平衡时，各国政府应采取何种方法弥补这一缺口？各国政府之间的调节措施又如何互相协调？

（3）国际储备资产的构成。

为平衡国际收支和稳定汇率的需要，一国必须保存一定数量的为世界各国普遍接受的国际储备资产。

（4）各国经济政策与国际经济政策的协调。

在国际经济合作日益加强的过程中，一国经济政策往往波及相关国家，造成国与国之间的利益摩擦，因而一国经济政策及各国经济政策之间的协调也成为国际货币体系的重要内容。

（二）国际货币体系的作用

理想的国际货币体系，应能够保障国际贸易的发展、世界经济的稳定与繁荣。国际货币体系的作用主要体现在如下方面。

（1）建立相对稳定合理的汇率机制，防止不必要的竞争性货币贬值。

（2）为国际经济的发展提供足够的清偿力，并为国际收支失衡的调整提供有效的手段，防止个别国家清偿能力不足引发区域性或全球性金融危机。

（3）促进各国经济政策的协调。在国际货币体系的框架内，各国经济政策都要遵守一定的共同准则，任何损人利己的行为都会背上国际压力和遭到指责，因而各国经济政策在一定程度上得到了协调。

国际货币体系形成至今，先后经历了国际金本位体系、布雷顿森林体系和牙买加体系。各体系均有利弊，以下分别介绍。

二、国际金本位体系

金本位制是以一定成色及重量的黄金为本位货币的一种货币制度。在国际金本位体系中，黄金是货币体系的基础。在国际金本位制度下，黄金充分发挥了世界货币的职能。

（一）国际金本位体系的特点

1. 黄金充当国际货币

在金本位制下，金币可以自由铸造、自由兑换，黄金自由进出口。由于金币可以自由铸造，金币的面值与黄金含量就能保持一致，金币的数量就能自发地满足流通中的需要；由于金币可以自由兑换，各种金属辅币和纸币就能够稳定地代表一定数量的黄金进行流通，从而保持币值的稳定；由于黄金可以自由进出口，因而本币汇率能够保持稳定。

国际金本位体系名义上要求黄金充当国际货币，但是由于黄金运输不方便、风险大，而且黄金不能生息，还需支付保管费用，再加上当时英国在国际金融、贸易中占据绝对的主导地位，因而人们通常以英镑代替黄金，由英镑充当国际货币的角色。

2. 严格的固定汇率制

在金本位制下，各国货币之间的汇率由它们各自的含金量比例——金平价决定。当然汇率并非正好等于铸币平价，而是受供求关系的影响，围绕铸币平价上下窄幅波动。其幅度不超过两国黄金输送点，否则黄金将取代货币在两国间流动。实际上，英国、美国、法国和德国等主要国家的货币汇率平价在 1880—1914 年一直没有变动，从未升值或贬值。

3. 国际收支的自动调节机制

国际收支的自动调节机制即由美国经济学家休谟提出的价格-铸币流动机制：一国国际收支逆差→黄金输出→货币减少→物价和成本下降→出口竞争力增强→出口增加，如果进口减少→国际收支转为顺差→黄金输入；相反，一国国际收支顺差→黄金输入→货币增加→物价和成本上升→出口竞争力减弱→进口增加，如果出口减少→国际收支转为逆差→黄金输出。

为了实现上述的自动调节机制，各国必须严格遵守三个原则：①本国货币和一定数量的黄金固定下来，并随时可以兑换黄金。②黄金可以自由输出与输入，各国货币当局应随时按官方比价无限制买卖黄金和外汇。③货币发行必须持有相当的黄金储备。但是，在实际运行中，这三个条件并没有被各国丝毫不差地执行下来，因而金本位的自动调节机制并没有解决各国的国际收支不平衡问题。

（二）国际金本位体系的评价

在第一次世界大战和经济大危机的相继冲击下，英国、美国、法国等主要国家先后放弃金本位制。而后，金本位体系彻底崩溃，各国货币汇率开始自由浮动。

国际金本位体系的积极作用是，在自由资本主义发展最为迅速的时代，严格的固定汇率制有利于生产成本的核算和国际支付，有利于减少国际投资风险，从而推动了国际贸易与对外投资的极大发展。但是，随着时代发展，国际金本位体系发挥作用的一系列前提条件，如稳定的政治经济局面、黄金供应的持续增加、英国雄厚的经济实力等相继失去后，国际金本位体系的缺点逐渐显露并最终导致其崩溃。其主要原因为：第一，黄金增长远远落后于各国经济增长对国际支付手段的需求，因而严重制约了世界经济的发展；第二，金本位制所体现的自由放任原则与资本主义经济发展阶段所要求的政府干预职能相背，从而从根本上动摇了金本位存在的基础。金本位的存在成为各国管理本国经济的障碍。

三、布雷顿森林体系

第二次世界大战结束前夕，英美两国从各自利益出发，设计了新的国际货币体系。起初，44 个同盟国家的 300 多位代表在美国新罕布什尔州的布雷顿森林城召开了"联合和联盟国家国际货币金融会议"，通过了美国提出的以"怀特计划"为基础的《国际货币基金协定》和《国际复兴开发银行协定》，二者总称"布雷顿森林协定"。布雷顿森林协定确立了第二次世界大战后以美元为中心的固定汇率体系的原则和运行机制，因此把第二次世界大战后以固定汇率制为基本特征的国际货币体系称为布雷顿森林体系。

（一）布雷顿森林体系的主要内容

1. 建立一个永久性的国际金融机构

国际货币基金组织（IMF）的建立，旨在促进国际货币合作，为国际政策协调提供适当的场所。IMF 是第二次世界大战后国际货币制度的核心，它的各项规定构成了国际金融领域的基本秩序，为成员融通资金，并维持国际金融形势的稳定。

2. 建立以美元为中心的汇率平价体系

布雷顿森林体系提出了"双挂钩"的汇率平价体系，即规定美元与黄金挂钩，各国货币与美元挂钩。其具体内容是：①美元与黄金挂钩，美国政府按规定的黄金官价（35 美元 1 盎司黄金）向各国货币当局承诺自由兑换黄金，各国中央银行或政府可以随时用美元向美国按官价兑换黄金。②各国货币与美元挂钩，各国政府承诺维持各国货币与美元的固定比价（外汇平价），各国对美元的波动幅度为平均上下各 1%，各国货币当局有义务在外汇市场上进行干预以保持汇率的稳定。只有当成员方出现国际收支根本不平衡时，经IMF 批准才能改变外汇平价，所以又称为可调整的固定汇率制。

3. 美元充当国际储备货币

基于美国强大的占绝对主导地位的经济实力，在布雷顿森林体系下，美元实际上等同于黄金，充当国际储备货币，可以自由兑换为任何一国的货币，发挥价值尺度、流通手段和价值储藏等职能，成为最主要的国际货币。

（二）布雷顿森林体系的运行和内在缺陷

自 20 世纪 50 年代开始，美国国际收支转为年年逆差，到 20 世纪 60 年代，国际收支逆差更为严重，黄金储备大量外流。随着流出美国的美元日益增加，美元同黄金之间的可兑换性日益受到人们的怀疑，美元危机频繁爆发。每次美元危机爆发的原因都是相似的，即对美元与黄金之间的可兑换性产生怀疑，由此引起大量投机性资金在外汇市场上抛出美元，酿成风暴。每次美元危机爆发后，美国与其他国家都采取了互相提供贷款、限制黄金兑换、美元贬值等一系列协调措施，但这都不能从根本上改变布雷顿森林体系本身在制度安排上的缺陷，因此只能收到暂时的效果。

布雷顿森林体系崩溃的原因可归纳如下。

1. 特里芬难题

美国经济学家特里芬指出，布雷顿森林体系下，美元承担的两个责任，即保证美元按官价兑换黄金，以及维持各国货币与美元的固定汇率，两者是相互矛盾的。由于美元与黄金挂钩，而其他国家货币与美元挂钩，美元取得了国际货币的地位。但是，这就意味着各国为了发展国际贸易，必须将美元作为结算与储备货币。这样会导致流出美国的货币在海外不断沉淀，对美国来说就会发生长期贸易逆差。而美元作为国际货币的前提是必须保持美元币值稳定与坚挺，这又要求美国必须是一个长期贸易顺差国。这两个要求互相矛盾，因此是一个悖论。这个悖论被称为特里芬难题。

根据特里芬难题所阐述的原因，建立在黄金-美元本位基础上的布雷顿森林体系的根本缺陷在于，美元既是一国货币，又是世界货币。作为一国货币，它的发行必须受制于美国的货币政策和黄金储备；作为世界货币，美元的供给又必须适应国际贸易和世界经济增长的需要。由于黄金产量和美国黄金储备量的增长跟不上世界经济发展的需要，在"双挂钩"原则下，美元便处于一种进退两难的境地：为满足世界经济增长对国际支付手段和储备货币的增长需要，美元的供应应当不断地增长；而美元供给的不断增长，又会导致美元同黄金的兑换性日益难以维持。特里芬难题指出了布雷顿森林体系的内在不稳定性及危机发生的必然性，由此导致的体系危机是美元的可兑换危机或人们对美元可兑换的信心危机。

2. 汇率体系僵化

各国经济发展的起点不同，发展程度与速度也不同，客观上要求有适应不同国情的宏观经济政策，以应付不同的问题，但布雷顿森林体系的固定汇率体制限制了国别经济政策的作用。相反，大国的财政金融政策往往传导至其他国家，严重影响了独立国别政策的实施，这种僵化的状态违背了"可调整的固定汇率体系"的初衷，矛盾的积累最终使布雷顿森林体系崩溃。

3. IMF 协调解决国际收支不平衡的能力有限

由于汇率制度的不合理，各国国际收支问题日益严重，大大超过了 IMF 所能提供的财力支持。从全球看，除了少数国家的国际收支为顺差外，绝大部分国家出现了积累性的国际收支逆差。事实证明，IMF 并不能妥善地解决国际收支问题。

(三) 布雷顿森林体系的评价

布雷顿森林体系的建立，营造了一个相对稳定的国际金融环境，对世界经济的发展起到了一定的促进作用。

1. 促进了第二次世界大战后国际贸易和国际投资的迅速发展

布雷顿森林体系实行可调整的固定汇率，汇率基本稳定，消除了原来汇率急剧波动的现象，大大降低了国际贸易与金融活动中的汇率风险，为世界贸易、国际投资和国际信贷活动的发展提供了有利条件。

2. 在一定程度上解决了国际清偿力问题

美元作为国际储备货币等同于黄金，弥补了国际储备的不足，在一定程度上解决了国际清偿力短缺的问题。

3. 营造了一个相对稳定的国际金融环境

布雷顿森林体系是国际货币合作的产物。它消除了第二次世界大战前各个货币集团的对立，稳定了第二次世界大战后国际金融混乱的动荡局势，开辟了国际金融政策协调的新时代。其中，国际货币基金组织在促进货币国际合作和建立多边支付体系方面做了许多工作，尤其是为国际收支暂时不平衡的成员提供各种类型的短期和中期贷款，缓解了其困境。这些措施营造了一个相对稳定的国际金融环境，对世界经济的发展起到了一定的促进作用。

📖 **知识拓展**

中国参与国际货币体系改革

多年来，中国从三个层面积极参与和推动了国际货币体系的改革。

首先是多边层面的治理体系。中国积极为 IMF 提供资金，增强 IMF 的救助能力。同时，中国相继加入了金融稳定理事会、全球税收论坛等，在巴塞尔委员会、国际证监会合作组织等机构中的发言权也有了大幅提升，积极参与了和宏观审慎监管相关的金融新规磋商。此外，中国还积极参与推动了 IMF 和世界银行的投票权、治理方案改革。

其次是东亚区域货币金融合作。清迈倡议多边化和亚洲债券市场是东亚区域货币合作的两大支柱。2021 年，清迈倡议多边化协议特别修订稿正式生效，其与 IMF 条件脱钩的贷款比例提高至 40%，自我管理的性质进一步增强。此外，东亚各国也意识到其过度依赖美元等外部资产，应当促进形成亚洲债券市场，以实现国民储蓄在东亚区域内循环。目前，该区域的债券市场规模快速扩大。中国已成为全球第二大债券市场，这为区域资产配置提供了更多选择空间。除了两大支柱之外，东亚货币合作还有实体平台。

最后是人民币国际化。2016 年，人民币正式进入 SDR 篮子货币，并在储备货币、交易媒介、价值贮藏三个方面发挥了一定作用。经过多年实践，2022 年人民币跨境收付金额达到 42 万亿元。另据报道，人民币在我国跨境收付金额中所占份额，于 2023 年 3 月底达到了创纪录的 48%。随着中国在世界经济中的地位不断提升，以及我国金融市场的发展和进一步对外开放，人民币作为储备货币的地位必将进一步上升，并对国际货币体系走向更加多元化、更具包容性的道路作出贡献。

（资料来源：徐奇渊，中国社会科学网，2023 年 11 月 30 日。）

四、牙买加体系

布雷顿森林体系崩溃后，国际金融形势动荡不安。各国为建立新的国际货币体系进行了长期的讨论与协商，最终各方就一些基本问题达成了共识，在牙买加首都金斯顿签署了一个协议，称为《牙买加协议》。国际货币基金组织理事会通过了《国际货币基金协定第二次修正案》，从此形成了新的国际货币制度，建立了牙买加体系。

（一）牙买加协定的主要内容

牙买加协定的主要内容包括汇率制度、黄金和储备货币等方面。

1. 浮动汇率合法化

取消汇率平价和美元中心汇率，确认浮动汇率制，成员方自行选择汇率制度。

2. 废除黄金条款，取消黄金官价，确认黄金非货币化

各成员方中央银行可按照市价自由进行黄金交易，取消成员方相互之间及成员方与IMF之间须用黄金清算债权债务的义务。IMF逐步处理其持有的黄金。当然，黄金仍然是国际储备资产之一。

3. 国际储备多元化

牙买加体系削弱了美元作为单一储备货币的地位，各国储备货币呈现以美元为首的多元化状态，包括美元、原联邦德国马克、英镑、日元、黄金、特别提款权等；增强了特别提款权的作用，它可以在成员方之间自由交易，IMF的账户资产一律用特别提款权表示。

4. 提高 IMF 的清偿力

通过增加成员方的基金缴纳份额，提高 IMF 的清偿力，即由 292 亿特别提款权提高到390 亿特别提款权，当然主要是指石油输出国组织的成员方。

5. 扩大对发展中成员方的融资

IMF 用出售黄金的收入建立起信托基金，来扩大对发展中成员方的资金融通，改善其贷款条件。

（二）牙买加体系的运行

1. 储备货币多元化

与布雷顿森林体系国际储备货币结构单一、美元十分突出的情形相比，在牙买加体系下，国际储备呈现出多元化的局面。美元虽然仍是主导的国际货币，但美元的地位明显下降，由美元垄断外汇储备的情形不复存在。各国为了尽量减少风险暴露，可能根据自身的具体情况，在多种货币中进行选择，构建自己的多元化国际储备。

2. 汇率安排多样化

浮动汇率制度与固定汇率制度同时存在。一般而言，发达工业国家多数采取单独浮动或联合浮动，但有的也采取盯住某种国际货币或货币篮子，单独浮动的很少。不同汇率制度各有优劣，各国可根据自身的经济实力、开放程度、经济结构等一系列相关因素去权衡利弊，选择合适的汇率制度。例如，美元、日元、英镑等货币选择单独浮动，即它们在外汇市场上各自独立地根据供求关系进行汇率调整；而另一些国家由于其对外贸易过分依赖于某一个国家，因此它们采取盯住单一货币的浮动方式；有些国家由于和几个国家保持广泛的贸易联系，因此它们采取盯住一篮子货币的浮动汇率。

3. 多渠道调节国际收支

在牙买加体系下，调节国际收支的渠道是多样性的，主要有以下几种。

（1）运用国内经济政策。国际收支作为一国宏观经济的有机组成部分，必须受到国内其他因素的影响。运用国内经济政策，可以改变国内的需求与供给，从而消除国际收支的不平衡，如在资本项目逆差的情况下，可提高利率以吸引外资流入，弥补缺口。

（2）运用汇率政策。在浮动汇率制度或可调整的盯住汇率制下，汇率是调节国际收支的一项重要工具。其原理是，经常项目赤字，引起本币汇率下跌，而本币汇率下跌，就会增强外贸竞争力，结果出口增加，进口减少，可能会消除经常项目赤字，反之则相反。

（3）通过国际融资平衡国际收支。在布雷顿森林体系下，这一功能主要由 IMF 完成。在牙买加体系下，IMF 的贷款能力有所提高。更重要的是，伴随石油危机的爆发和欧洲货币市场的迅猛发展，各国逐渐转向欧洲货币市场，利用该市场比较优惠的贷款条件融通资金，调节国际收支的顺逆差。

（4）加强国际协调。这主要体现在如下方面：①以 IMF 为桥梁。各国政府通过 IMF 这一平台，就国际金融问题达成共识与谅解，共同维护国际金融形势的稳定与繁荣。②通过新兴的七国首脑会议。西方七国通过多次会议达成共识，多次合力干预国际金融市场，主观上是为了各自的利益，但客观上也促进了国际金融与经济的稳定与发展。

（5）通过外汇储备的增减来调节。一般地，盈余国增加外汇储备，赤字国减少外汇储备。但这一方式往往会影响到一国货币的供应量及结构，从而触发其他问题。

（三）牙买加体系的评价

1. 牙买加体系的积极作用

应当肯定，牙买加体系对于维持国际经济运转和推动世界经济发展发挥了积极的作用，具体表现在以下几个方面。

（1）多元化的储备结构摆脱了布雷顿森林体系下各国货币间的僵硬关系，为国际经济提供了多种清偿货币，在一定程度上解决了特里芬难题。

（2）多样化的汇率安排适应了多样化的、不同发展程度的世界经济，为各国维持经济发展与稳定提供了灵活性与独立性，同时有助于保持国内经济政策的连续性与稳定性。

（3）多渠道调节国际收支，使国际收支的调节更为有效与及时。在牙买加体系的运行过程中，国际经济交往得到了迅速发展，主要体现在国际贸易与国际投资得到了迅速发展；各国的政策自主性得到了加强，各国开放宏观经济的稳定运行得到了进一步保障，主要体现在各国可以充分利用汇率调整与资金流动等条件发展本国经济，而很少因承担某种对外交往中的义务而受到掣肘。牙买加体系经受住了各种因素带来的冲击，始终显示了比较强的适应能力。

2. 牙买加体系的缺陷

牙买加体系本身也有一些不完善的地方，突出表现在以下方面。

（1）多元化的国际储备格局下，各货币当局在进行储备货币结构调整时，汇率变动更加剧烈，尤其是当货币危机发生时，对各国实现内外均衡目标非常不利。

（2）多元化的汇率安排导致汇率大起大落、变动不定，汇率体系极不稳定，结果增大了外汇风险，在一定程度上抑制了国际贸易与国际投资活动，对发展中国家而言，这种负面影响尤为突出。

（3）国际收支调节机制并不健全。虽然有多种途径调节国际收支，但是现有的渠道都有各自的局限，牙买加体系并没有解决全球性国际收支失衡问题。

因此，在这个"无制度的体系"下，美元、欧元、日元三足鼎立，发达国家稳步前行，亚洲、拉丁美洲的发展中国家纷纷崛起。但是，与此同时，汇率波动剧烈，资本流动日益频繁，金融危机频发，尤其是亚洲金融危机之后，国际学术界开始了对国际金融自由化规则的反思，改革现有国际货币体系的呼声此起彼伏。

第四节　国际金融机构体系

一、国际金融机构的概念

国际金融机构有广义和狭义之分。广义的国际金融机构包括政府间国际金融机构、跨国银行、多国银行集团等。狭义的国际金融机构主要指各国政府或联合国建立的国际金融机构组织，分为全球性国际金融机构和区域性国际金融机构，此处介绍的国际金融机构主要指狭义的国际金融机构。

二、全球性国际金融机构

目前，全球性的国际金融机构主要有国际货币基金组织、世界银行、国际清算银行。

（一）国际货币基金组织

国际货币基金组织的宗旨是稳定国际汇兑，消除妨碍世界贸易的外汇管制，在货币问题上促进国际合作，并通过提供短期贷款，满足成员国际收支不平衡时产生的外汇资金需求。截至目前国际货币基金组织共 190 个成员，现任总裁是克里斯塔利娜·格奥尔基耶娃，2019 年 10 月 1 日就任，任期 5 年，2024 年 10 月 1 日出任第二个五年任期。

国际货币基金组织的最高权力机构是理事会，由成员国选派理事和副理事各 1 人组成，理事会对有关国际金融重大事务的方针、政策作出决策，并就一些重大问题提交国际货币基金组织的常设机构——执行董事会处理。执行董事会由 22 人组成，董事由占有基金份额最多的国家及地区推选任命，其中 7 人分别由美、英、德、法、日、沙特和中国单独指派。成员国认缴的基金份额是国际货币基金组织最主要的资金来源。份额大小的重要性表现在两个方面：一是份额多少决定成员国的地位和投票权，认缴的份额占总份额的比例越大，投票权就越多，进而成员国在决定重大国际金融事务中就具有重要的影响作用。二是份额的多少决定成员国获得基金组织贷款的多少。除了基金份额之外，国际货币基金组织的资金来源还包括：通过资金运用取得的利息和其他收入；某些成员国的捐赠款或认缴的特种基金；向官方和市场的借款。其中，借款只是一种临时性的周转措施或特种安排。为了保证国际货币基金组织贷款的优惠性质，国际货币基金组织一般不从市场借款，而是从各个政府或政府集团及其他金融机构借款。

国际货币基金组织的贷款对象只限于成员国官方财政金融当局，而不与任何私营企业进行业务往来；贷款用途只限于弥补成员国国际收支逆差或用于经常项目的国际支付；国际货币基金组织的贷款都是短期贷款，1~5 年不等，贷款利率按贷款期限和额度的累进递增收取；贷款额度有限制，与借款国认缴的基金份额大小成正比；贷款种类目前主要有普通贷款、出口波动补偿贷款、缓冲库存贷款、中期贷款、补充贷款、信托基金贷款等。

在加入 IMF 时，成员国要根据其在国际经济交往中的重要性和国际贸易额缴纳一定的基金份额，成员国的投票权根据其基金份额的比例确定。基金份额每 5 年修订一次，以保证 IMF 拥有足够的可支配资金。IMF 创立了特别提款权（special drawing rights，SDR），它是基金组织分配给成员国的一种使用资金的权利，仅是一种账户资产。成员国分得特别提款权以后，即列为本国储备资产。特别提款权采用一篮子货币的定值方法。货币篮子每 5 年复审一次，以确保篮子中的货币是国际交易中所使用的那些具有代表性的货币，各货币所占的权重反映了其在国际贸易和金融体系中的重要程度。但由于特别提款权只是一种记账单位，不是真正的货币，它不能直接用于贸易或非贸易的支付，只能用于成员国政府之间的往来。

（二）世界银行

世界银行又称国际复兴开发银行，总部设在华盛顿。世界银行与国际货币基金组织的组织结构相似，但历任行长都是美国人。与国际货币基金组织一样，世界银行的资金来源中最主要的是成员国认缴的份额。世界银行认缴份额与投票权的规定也与国际货币基金组织相同。另外，世界银行还从各种渠道筹集资金：来自官方的占 30%，向国际市场借款占70%，这些资金均以固定利率借入。此外，世界银行还采用在国际资本市场发行中长期债券和将贷出款项的债权转让给商业银行等方式进行业务活动。同时，世界银行还从事向成员国提供技术援助、担任国际银团贷款的组织工作、协调与其他金融机构的关系等活动。世界银行的贷款对象是成员国政府，国有企业和私有企业则由政府担保。世界银行的贷款用途较广，包括工业、农业、能源、运输、教育等，一般是项目贷款，贷款期限为 20 年左右，并有 5 年宽限期，利率比较优惠。贷款额度要考虑借款国人均国民生产总值、还债信用强弱、借款国发展目标和需要、投资项目的可行性及在世界经济发展中的次序等。中国是世界银行的创始国之一。

国际金融公司是专门向经济不发达成员国的私有企业提供贷款和投资的国际性金融组织，属于世界银行集团。国际金融公司是世界上为发展中国家提供贷款最多的多边金融机构。资金来源主要是成员国认缴的股本、借入资本和营业收入；资金运用主要是提供长期的商业融资。其业务宗旨是促进发展中国家私营部门投资，从而减少贫困，改善人民生活。国际金融公司利用自有资源和在国际金融市场上筹集的资金为项目融资，同时向政府和企业提供技术援助和咨询。

国际开发协会是专门向较贫穷的发展中国家发放条件较宽的长期贷款的国际金融机构，属于世界银行集团，总部设在华盛顿。其活动宗旨主要是向最贫穷的成员国提供无息贷款，促进它们的经济发展。这种贷款具有援助性质。我国曾是这类无息贷款的承受国，但随着综合国力的增强，现已不再接受国际开发协会无息贷款。国际开发协会的资金来源中最主要的是成员国认缴的份额，同时依靠发达成员国增资、世界银行拨款和营业收入来扩大资本。国际开发协会的贷款对象按规定是官方和公私营企业，但实际上都是较贫穷的成员国政府。贷款多用于农业、乡村发展项目、交通运输、能源等。贷款条件优惠，还款年限为 50 年，宽限期为 10 年，且不收利息，每笔贷款需支付 0.75% 的手续费。

多边投资担保机构，其宗旨是通过向外国私人投资者提供包括征收风险、货币转移限制、违约、战争和内乱风险在内的政治风险担保，并通过向成员国政府提供投资促进服务，加强其吸引外资的能力，从而促使外国直接投资流入发展中国家。多边投资担保机构积极支持中国吸引外国直接投资，曾为我国的制造业、基础设施等提供了多项担保。

世界银行按股份公司的原则设立。成立之初，世界银行的法定资本为 100 亿美元，全部资本为 10 万股，每股 10 万美元。凡是成员国都要认购世界银行的股份，一般来说，一国认购股份的多少根据该国的经济实力，同时参照该国在 IMF 缴纳的份额大小而定。世界银行的重要事项都需成员国投票决定，投票权的大小与成员国认购的股本成正比，与 IMF 有关投票权的规定相同。世界银行每一成员国拥有 250 票基本投票权，每认购 10 万美元的股本即增加 1 票。

世界银行的最高权力机构是理事会，由每个成员国选派理事和副理事各 1 人组成，一般由成员的财政部部长、中央银行行长或级别相当的官员担任。执行董事会是世界银行负责处理日常业务的机构。美国是世界银行最大的股东，自成立以来，世界银行行长一般由美国总统提名，并由美国人担任。中国经济学家林毅夫曾担任世界银行副行长兼首席经济学家。

世界银行的资金来源主要是：第一，各成员国缴纳的股金；第二，向国际金融市场的借款；第三，发行债券和收取贷款利息。其资金运用主要是向发展中国家提供长期贷款和技术协助，来帮助这些国家实现它们的反贫穷政策。

（三）国际清算银行

国际清算银行是西方主要发达国家中央银行和若干大商业银行合办的国际金融机构，总部设在瑞士巴塞尔。初建的目的是处理第一次世界大战后德国赔款的支付和解决协约国之间的债务清算问题。国际货币基金组织成立后，国际清算银行主要办理国际清算，接受各国中央银行存款并代理买卖黄金、外汇和有价证券，办理国库券和其他债券的贴现、再贴现等；此外还负责协调各成员国中央银行的关系，故有"央行的央行"之称。目前国际清算银行的主要任务是促进各国中央银行之间的合作并为国际金融业务提供新的便利，促进国际金融稳定。其主要职能包括：为各国中央银行提供各种金融服务，帮助各国中央银行管理外汇储备；研究货币与经济问题，并协调国家间的货币政策；协助执行各种国际金融协定。

国际清算银行是以股份公司的形式建立的，组织机构包括股东大会、董事会、办事机构。国际清算银行的最高权力机关为股东大会，股东大会于每年 6 月份在巴塞尔召开 1 次，只有各成员国中央银行（或金融管理当局）的代表参加表决，选票按有关银行认购的股份比例分配。董事会是国际清算银行的经营管理机构。董事会设主席 1 名，副主席若干名，每月召开 1 次例会，审议银行日常业务工作。董事会主席和银行行长由 1 人担任。董事会根据主席建议任命 1 名总经理和 1 名副总经理，就银行的业务经营向银行负责。

国际清算银行的资金主要源于三个方面：第一，各成员国缴纳的股金；第二，向各成员国中央银行（或金融管理当局）的借款，以补充该行自有资金的不足；第三，接受各国或地区中央银行（或金融管理当局）的黄金存款和商业银行的存款。国际清算银行作为一个重要的国际货币组织，其作用与日俱增。国际清算银行是许多国际金融协议的受托人，并监督这些协议的执行。它在确认、磋商及管理有关银行监管国际标准的问题上很活跃。国际清算银行致力于建立金融机构的国际信息披露标准，并且支持各国和地区发展安全而正确的金融业务。

国际清算银行以各国或地区中央银行（或金融管理当局）、国际组织为服务对象，不办理私人业务，这对联合国体系内的国际货币金融机构起着有益的补充作用。各国或地区中央银行（或金融管理当局）在该行存放的外汇储备，其货币种类可以转换，并可以随时提取而无须声明理由。存放在国际清算银行的黄金储备是免费的，而且可以用作抵押，从国际清算银行取得黄金价值85%的现汇贷款。同时，国际清算银行还代理各国或地区中央银行（或金融管理当局）办理黄金购销业务，并负责保密。此外，国际清算银行还作为各国或地区中央银行（或金融管理当局）的俱乐部，是各国或地区中央银行（或金融管理当局）之间进行合作的理想场所。

二、区域性金融机构

（一）亚洲开发银行

亚洲开发银行（asian development bank，ADB）简称亚行，是一个致力于促进亚洲及太平洋地区发展中成员国经济和社会发展的区域性政府间金融开发机构，总部位于菲律宾首都马尼拉。亚行有68个成员国，其中49个来自亚太地区。美国、日本在这个组织中都是第一大出资国，拥有一票否决权。

亚洲开发银行是西方国家与亚洲太平洋地区发展中国家合办的政府间的金融机构。它不以营利为目的，经营宗旨是通过发放贷款、进行投资和提供技术援助，促进亚太地区的经济发展与合作。

亚洲开发银行主要通过开展政策对话，提供贷款、担保、技术援助和赠款等方式支持其成员国在基础设施、能源、环保、教育和卫生等领域的发展。亚洲开发银行最高的决策机构是理事会，一般由各成员国财长或中央银行行长组成，每个成员国在亚洲开发银行有正、副理事各1名。亚洲开发银行理事会每年召开1次会议，通称年会。

（二）亚洲基础设施投资银行

亚洲基础设施投资银行（Asian Infrastructure Investment Bank，AIIB）简称亚投行，是一个政府间性质的亚洲区域多边开发机构，重点支持基础设施建设。其成立宗旨是促进亚洲区域的建设互联互通化和经济一体化进程，并且加强中国及其他亚洲国家和地区的合作。其总部设在北京，法定资本为1 000亿美元。

2015年12月25日，《亚投行协定》达到规定的生效条件，亚投行正式成立。2016年1月16—17日，开业仪式暨理事会、董事会成立大会在北京成功举行，历时27个月的亚投行筹建历程顺利完成，亚投行正式开业运营。亚投行设立理事会、董事会、管理层三层管理架构；设行长1名，从域内产生，任期5年，可连选连任一次；目前设立副行长5名。通过在基础设施及其他生产性领域的投资，促进亚洲经济可持续发展、创造财富并改善基础设施互联互通；与其他多边和双边开发机构紧密合作，推进区域合作和伙伴关系，应对发展挑战。亚投行成员资格向国际复兴开发银行和亚洲开发银行成员开放。亚投行创始成员国有57个。截至2023年12月，亚投行共吸收了52个新成员国，成员总数达到109个，包括93个正式成员国和16个尚未核准《亚投行协定》的意向新成员。法定股本1 000亿美元，初始实缴股本比例为20%，分5次缴清，每次20%。域内外成员国出资比例为75∶25，以GDP（按照60%市场汇率法和40%购买力平价法加权平均计算）为基本依据进行分配。截至 2023 年 12 月，中国股份占比 30.712 6%，投票权占比 26.583 4%，为亚投行第一大股东。此外，中国还于 2016 年 6 月在亚投行发起成立项目准备特别基金（PPSF），用于支持低收入成员国做好项目准备。中国承诺对 PPSF 捐款 5 000 万美元并已支付全部款项。在满足法定人数要求，即投票理事超过半数且所代表投票权不低于 2/3 总投票权的基础上，根据不同事项，投票表决方式分为三种：一是"简单多数"，即取得所投投票权超过半数以上的赞成票；二是"特别多数"，即取得理事人数超过半数，且所代表投票权超过半数的赞成票；三是"超级多数"，即取得 2/3 以上理事人数，且所代表投票权超过 3/4 的赞成票。

（三）非洲开发银行

非洲开发银行是非洲国家政府合办的互助性国际金融机构，行址设在科特迪瓦首都阿比让。最初只有除南非以外的非洲国家才能加入，但为了广泛吸收资金和扩大该行的贷款能力，后来也让非洲以外的国家入股。1985 年 5 月，我国正式参加了非洲开发银行。非洲开发银行的宗旨是为成员国经济和社会发展提供资金，促进成员国的经济发展和社会进步，帮助非洲大陆制定发展的总体规划，协调各国的发展计划。资金来源主要是成员国认缴的股本，主要任务是向成员国提供普通贷款和特别贷款。特别贷款条件优惠，期限很长，最长可达 50 年，贷款不计利息，主要用于大型工程项目建设，贷款对象仅限于成员国。

非洲开发银行每年向非洲国家提供资金和技术援助，支持非洲的经济发展。非洲开发银行以提高贫困人群物质生活水平，促进经济增长和社会发展为主要宗旨，致力于支持非洲的基础设施建设，如水电站、港口、高速公路、通信系统等。

📖 知识拓展

全球"去美元化"潮涌正其时

自第二次世界大战结束以来，美元霸权就与美国政治霸权和军事霸权交织在一起，成为支撑美国全球战略的重要工具。80 年来，全球金融体系一直以美元为基础，美元稳居世界外汇储备、贸易结算、贸易融资、金融清算和债务发行的第一货币。如今，美国在全球 GDP 中所占比重已从第二次世界大战结束后的 45% 下降至 25% 左右，而目前美元占全球外汇储备的 58%、贸易结算的 50%、贸易融资的 80%、金融清算的 90% 和债务发行的 60%，即美国经济对全球增长贡献的真实敞口显著缩小，而美国经济权重与美元主导地位不对称性却显著扩大。

数十年来，美国经常账户赤字和财政赤字持续扩大，甚至呈现无上限增长态势，但美元无限印钞特权和在国际货币体系的中心位置，使美国可以摆脱双赤字限制并将其制度成本向全球转嫁，美元周期的溢出效应导致全球众多经济体深受资本市场剧烈波动、货币贬值、通货膨胀和债务高企之苦。尽管长期以来许多国家试图减少对美元依赖——这一过程被称为"去美元化"，但进展有限。如今，美国所构建的全球霸权秩序摇摇欲坠、美元信用几近崩塌，"去美元化"已成为一众国家宏观战略的一部分，其在地理上已经覆盖到亚洲、非洲、拉丁美洲、欧洲和中东地区，反映了当前全球对建立多极化民主化国际经济秩序的空前努力。

主要传统货币与"美元周期"脱钩。2024年以来，在美联储维持联邦基金高利率区间不变情况下，西方发达经济体纷纷加入降息行列，3月瑞士降息、5月瑞典降息，6月欧洲央行、加拿大央行分别宣布降息。美国自身实力衰退也意味着美国利用美元潮汐收割全球、美元一家独大将成为历史，全球步入多元货币时代。

使用替代货币进行国际贸易。欧洲央行行长克里斯蒂娜·拉加德在2023年外交关系委员会国际经济系列会议上指出，"包括官方声明在内的证据表明，一些国家打算更多地使用主要传统货币的替代品来开具国际贸易发票，例如人民币或印度卢比"。目前，俄罗斯已和一些非洲国家谈判以本国货币建立结算，并停止使用美元和欧元；印度已用人民币、沙特里亚尔和俄罗斯卢布购买俄罗斯石油，印度和马来西亚已用印度卢比结算贸易；东盟已正式讨论如何减少对美元的依赖并"转向以当地货币结算"；沙特阿拉伯表示正在考虑以美元以外的货币进行石油交易；世界第六大黄金生产国加纳提议用黄金进口石油，相当于易货贸易；中国和俄罗斯已用人民币交易俄罗斯石油、煤炭和金属，中国和巴西正计划为两国贸易引入人民币清算安排，2023年中国海油和法国道达尔能源完成了从阿拉伯联合酋长国进口6.5万吨液化天然气的首单液化天然气跨境人民币结算交易，这被法国媒体认为标志着在削弱美元地位方面迈出了重要一步。

官方外汇储备多样化。进入21世纪特别是自2008年国际金融危机以来，许多央行一直试图通过清算持有的美国国债和增加欧元、日元、人民币和黄金等其他资产来分散其投资组合。根据国际货币基金组织的数据，2023年全球约四分之一的经济体"主动推进储备多元化"，美元在全球外汇储备中的份额从2000年的约71%下降到2023年第四季度的58%，而1977年的峰值数据是85%，人民币外汇储备份额则稳步增至约3%、外汇交易量份额增至约7%、贸易融资份额增至约8%。世界黄金协会数据显示，2022年全球央行购买黄金达到创纪录的1 089吨，是自1950年有记录以来的最高水平，2023年依然维持在1 037吨高位，2024年一季度全球央行官方黄金持有量净增290吨，黄金正替代美元成为各国央行更重要的储备资产和通货膨胀对冲工具，以应对全球经济不确定性和地缘政治风险。

课后练习

一、名词解释

1. 直接标价法
2. 间接标价法

二、单选题

1. 汇率是指（　　　）。

A. 两种货币之间的价值比率

B. 股票市场的价格指数

C. 国家的外汇储备量

D. 商品的价格

2. 美元对人民币的汇率上升，意味着（　　　）。

A. 美元贬值，人民币升值

B. 美元升值，人民币贬值

C. 美元和人民币的价值都没有变化

D. 无法确定

3. 在直接标价法下，如果汇率数值变大，说明（　　　）。

A. 本币升值　　　　　B. 本币贬值　　　　　C. 外币升值　　　　　D. 外币贬值

三、简答题

1. 试分析布雷顿森林体系崩溃的原因。

2. 请简要概述国际金本位体系的特点。

3. A 公司计划将一笔资金从美元转换为欧元，以支付其在欧洲的分公司的运营费用。请分析，如果美元对欧元的汇率下降，该公司将如何应对？

第十二章　金融风险、金融监管和金融创新

1. 了解金融风险的含义以及我国的金融监管体系
2. 掌握金融风险的主要类型，金融监管的含义、目标、原则与特征
3. 掌握金融创新的含义、动因和内容

能力目标

1. 能够正确认知金融风险和金融监管在现今金融市场中的重要性
2. 能够识别实际案例中的金融风险类型，并对其可能导致的经济结果进行分析
3. 能够理解金融市场不同阶段政策的目的

情景导读

2023 年，金融监管机构改革迈出重要一步

　　2023 年我国金融监管领域迎来重磅改革——国家金融监督管理总局正式挂牌。这是继 2018 年中国银保监会（以下简称国家金融管理总局）组建之后，金融监管格局又迎来的一次重大调整。

　　根据改革方案，国家金融监督管理总局依法将各类金融活动全部纳入监管，职责是"统一负责除证券业之外的金融业监管"，在具体监管职责上，方案提出"强化机构监管、行为监管、功能监管、穿透式监管、持续监管"的要求。

　　此轮改革是在中国银保监会基础上组建国家金融监督管理总局，具体是通过构建"一行一局一会"的金融监管格局，把所有的合法金融行为和非法金融行为都纳入监管，让未来新出现的金融机构和金融业务都难逃监管，形成全覆盖、全流程、全行为的金融监管体系。通过机构设置调整和职责优化，落实党的二十大报告提出的"依法将各类金融活动全部纳入监管"相关部署，最终消除监管盲区，实现监管全覆盖。此次机构改革将中国人民银行对金融控股公司等金融集团的日常监管职责划入国家金融监督管理总局，也从另一个

维度体现了职能监管理念。

组建国家金融监督管理总局，不是对原有监管架构的修修补补，而是着眼全局、整体推进，体现了系统性、整体性、重构性的变革，有望推动监管标准统一、监管效率提升。

（资料来源：吴雨、李延霞，中华人民共和国中央人民政府网站，国家金融监督管理总局正式挂牌金融监管机构改革迈出重要一步，2023-05-18。）

第一节　金融风险

党的二十大报告提出，加强和完善现代金融监管，强化金融稳定保障体系，依法将各类金融活动全部纳入监管，守住不发生系统性风险底线。必须按照党中央决策部署，深化金融体制改革，推进金融安全网建设，持续强化金融风险防控能力。

中国经济发展处在由高速增长阶段转向高质量发展阶段，经济增速放缓，恰逢当今世界百年未有之大变局，国际经济金融环境复杂、中美贸易摩擦等不确定性冲击对我国经济发展和金融稳定构成了不容忽视的威胁。金融机构也暴露业务同质化、流动性紧张和影子银行过度参与金融活动等系列问题，给经济金融工作带来了新的挑战。此时正是金融体系中问题集中暴露、风险易于积聚的阶段。在这内部特定环境与外部压力并存的严峻时刻，金融系统将肩负更为重要的使命，不仅要有效支持实体经济发展，更需时刻警惕可能出现的风险隐患，保证经济、金融体系平稳运行。

世界上多次的金融危机表明，一旦金融风险得不到有效的控制，很容易引起连锁反应，从而引发全局性、系统性的金融危机，并殃及整个经济生活，甚至导致经济秩序混乱与政治危机。因而，正确识别金融风险，及时、准确监测金融风险，采取措施防范和化解金融风险是有效管理金融的前提和基础，对经济安全与国家安全极为重要。

一、金融风险的定义及特征

风险是指一个事件产生我们所不希望的后果的可能性，是某一特定危险情况发生的可能性和后果的组合。金融风险是指经济主体在金融活动中遭受损失的不确定性或可能性，是金融机构或资金经营者在资金融通、经营过程中及其他金融业务活动中，受各种事先无法预料的不确定因素的影响，其实际收益所达水平与预期收益水平可能发生一定的偏差，从而有蒙受损失的可能性。

金融风险的直接危害体现在，它不仅破坏金融业务活动的正常进行，削弱金融业本身存在的抵抗各种风险的能力，而且危及金融安全和国家经济安全，若金融风险发展成金融危机或金融风暴，可以把一个国家的经济挤到崩溃的边缘，出现政治危机和社会动荡。一家金融机构发生的风险所带来的后果，往往超过对其自身的影响。金融机构在具体的金融交易活动中出现的风险，有可能对该金融机构的生存构成威胁；具体的一家金融机构因经营不善而出现危机，有可能对整个金融体系的稳健运行构成威胁；一旦发生系统风险，金融体系运转失灵，必然会导致全社会经济秩序的混乱，甚至引发严重的政治危机。金融体系中运行的风险如图12-1所示。

金融风险有狭义与广义之分。狭义的金融风险专指银行、信托投资公司、证券公司、保险公司等金融机构由于各种不确定因素而遭受损失的可能性，所涉及的范围比较小。广义的金融风险指个人、公司、金融机构及政府等所有参与金融活动的交易主体因不确定性而遭受损失的可能性，所涉及的范围比较大。不论是狭义概念还是广义概念，其本质含义都是金融资产遭受损失的不确定性。

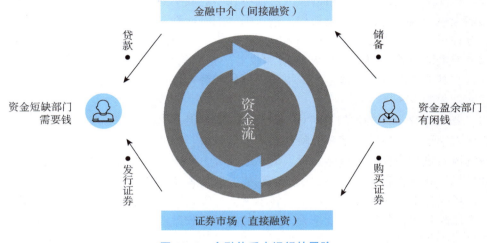

图 12-1　金融体系中运行的风险

金融风险的基本特征有以下几个：

（1）客观性。金融风险的存在是不以人的意志为转移的客观存在。

（2）不确定性。金融风险的发生需要一定的经济条件或非经济条件，影响因素非常复杂、相互交织，难以事前完全把握。

（3）相关性。尽管金融机构主观的经营和决策行为会造成一定的金融风险，但是金融机构所经营的商品——货币的特殊性决定了金融机构同经济和社会是紧密相关的。

（4）可控性。虽然金融风险形成的原因十分复杂，但是通过经验和各种手段避免金融风险的发生也是可能的。同时，通过金融理论的发展、金融市场的规范、智能性的管理媒介，金融风险可以得到有效的预测和控制。

（5）扩散性。金融机构充当着中介机构的职能，割裂了原始借贷的对应关系，转变为金融机构之间复杂的债权债务关系。一旦一家金融机构出现危机，有可能对其他金融机构或其他方面产生影响，引发行业的、区域的金融风险，甚至导致金融危机。

（6）隐蔽性。由于金融机构经营活动具有不完全透明性，利用其具有的信用特点，金融机构可以在较长时间里通过不断创造新的信用来掩盖已经出现的风险和问题，而这些风险因素不断地被隐藏起来。

此外，金融风险还具有叠加性、加速性的特点。一旦金融机构出现经营困难，就会失去信用基础，风险因素会叠加在一起显露出来，甚至出现挤兑风潮，从而加速金融机构的倒闭。

二、金融风险的种类

根据研究的需要，可以按不同的分类标志对金融风险进行分类。

（一）按金融风险的来源划分

按金融风险的来源，金融风险可以分为信用风险、流动性风险、市场风险、操作风险、国家风险、声誉风险、法律风险、战略风险八大类。

1. 信用风险

信用风险又称违约风险，指借款人或债务人不能或不愿履行债务，或信用质量发生变化而影响金融产品价值，从而给债权人造成损失的可能性。信用风险存在于一切信用活动中，也存在于一切交易活动中。信用风险一旦发生，就只能产生损失；对信用风险的管理只能降低或消除可能的损失，但不能增加收益。这是信用风险有别于其他风险的典型特征。银行和其他金融机构通常会采取措施来评估和管理信用风险，比如进行信用评级、设定信用额度限制等。

（1）按照信用风险的性质，可以将信用风险分为违约风险、交易对手风险、信用转移风险、可归因于信用风险的结算风险和信用价差风险。

违约风险是指借款人、证券发行人因不愿或无力履行合约条件而构成违约，从而给银行等金融机构和投资者带来损失的风险。例如，授信企业可能因经营管理不善而亏损，也可能因市场变化出现产品滞销、资金周转不灵，导致到期不能偿还债务。一般来说，借款人经营中风险越大，信用风险就越大，风险的高低与收益或损失的高低呈正相关关系。

交易对手风险是指合同一方因未能履行约定契约中的义务而造成另一方出现经济损失的风险。

信用转移风险是指债务人的信用评级在风险期内移至其他评级状态（特指信用等级下降），进而造成债务市场价值变化的风险。

可归因于信用风险的结算风险是指因交易对手的信用而导致转账系统中的结算不能按预期发生的风险。

信用价差风险是指资产收益率波动、市场利率等因素变化而导致信用价差增大所带来的风险。

（2）按照信用风险涉及的业务种类，可将信用风险分为表内风险与表外风险。源于表内业务的信用风险称为表内风险，如传统的信贷风险。而源于表外业务的信用风险称为表外风险，如商业票据承兑可能带来的风险。

（3）按照信用风险产生的部位，可将信用风险分为本金风险和重置风险。当交易对手不按约定足额交付资产或价款时，金融机构收不到或不能全部收到应得的资产或价款而面临损失的可能性，称为本金风险。当交易对手违约造成交易不能实现时，未违约方为购得金融资产或进行变现需要再次交易，面临因市场价格不利变化而带来损失的可能性，这就是重置风险。

（4）按照发生的主体，可以分为金融机构业务信用风险和金融机构自身信用风险。金融机构业务信用风险包括金融机构信贷过程中的信用风险和交易过程中的信用风险。金融机构自身信用风险是在金融机构日常的经营管理中，由内控机制不严导致的信用风险。

（5）信用风险按照性质可以分为主观信用风险和客观信用风险。主观信用风险是指交易对手的履约意愿出现了问题，即因主观因素形成的信用风险，这主要是由交易对手的品格决定的。客观信用风险是指交易对手的履约能力出现了问题，也可以说是由客观因素形成的。这里的交易对手既可以是个人或企业，也可以是主权国家。

案 例

兴业银行2024年监管处罚概览合规性问题与罚款分析

2024年，兴业银行及其分支机构在金融监管方面遭遇了多次处罚，显示出监管机构对银行业合规经营的高度重视和严格监管。这些处罚覆盖了贷前、贷中、贷后管理，以及收费管理、业务合规性等多个方面，累计罚款金额庞大，彰显了监管的严厉性和银行合规经营的重要性。

1. 贷前、贷中、贷后管理问题频发

在贷款管理方面，兴业银行的多家分支机构因贷前调查不尽职、贷中审查不严格、贷后管理不到位等问题被处罚。例如，兴业银行本溪分行因"贷中审查不严格；贷后管理不到位"被罚款30万元；合肥长江中路支行因"贷前调查未尽职、贷后管理不到位"被罚款80万元；乌鲁木齐北京路支行和兴业街支行也因贷后管理不到位分别被罚款45万元和30万元。这些处罚反映了兴业银行在贷款全流程管理中存在的漏洞，需要进一步加强内部控制和风险管理。

2. 业务合规性问题突出

除了贷款管理问题外，兴业银行还因业务合规性问题多次受到处罚。例如，北京分行因"存贷挂钩；流动资金贷款挪用于股权投资；个人按揭贷款业务严重违反审慎经营规则；项目融资业务合规要件不全及未从严审核项目资本金；发放贷款用于为违规领域垫资"等违法违规行为被罚款210万元，成为2024年兴业银行收到的最大额罚单。此外，烟台开发区支行因票据业务未严格审查贸易背景真实性被罚款35万元；遵义分行因贷款管理不到位被罚款20万元，等等。

这些处罚暴露出兴业银行在业务合规性方面存在严重问题，需要加强对业务操作的监督和管理，确保业务合规性。

据统计，2024年兴业银行及其分支机构因各类违法违规行为累计罚款数百万元。这些罚款不仅给银行带来了经济损失，更影响了银行的声誉和形象。因此，兴业银行需要深刻反思存在的问题和不足，加强内部管理和风险控制体系建设，确保合规经营和稳健发展。

从地域分布来看，兴业银行的处罚事件遍布全国多个省市自治区。无论是东部沿海的北京、上海，还是中西部地区的重庆、四川等地，都有兴业银行的分支机构因违规行为受到处罚。这种广泛性表明，兴业银行在全国范围内的业务运营中均存在合规风险。

（资料来源：城市经济网，《兴业银行：贷前贷中贷后漏洞百出，高管追责下巨额罚款警钟长鸣！》，2024-08-06。）

2. 流动性风险

流动性风险指经济主体由于流动性的不确定性变动而遭受经济损失的可能性。例如，如果银行无法及时调取客户的资金或者无法获得足够的融资来满足客户的需求，就可能面临流动性风险。保持良好的流动性，对企业、家庭乃至国家而言都是至关重要的。但流动性与营利性是有矛盾的，并不是越高越好，流动性越高往往意味着营利性就越低。

流动性一般分为两类。一类是筹资的流动性，包含负债流动性和资金流动性，是指金融机构因缺乏足够的现金流而没有能力筹集资金偿还到期债务，并在未来产生损失的可能性，反映金融机构满足资金流动需要的能力。另一类是市场流动性，即资产流动性，是指由于交易的头寸规模相对于市场正常交易量过大，而不能以当时的有利市场价格完成该笔交易，并在未来产生损失的可能性，反映金融资产在市场上的变现能力。

3. 市场风险

市场风险是指因市场价格波动而导致的金融资产价值损失的风险。市场风险可以分为利率风险、汇率风险、股票价格风险和商品价格风险，这些市场因素可能直接对企业产生影响，也可能是通过其竞争者、供应商或者消费者间接对企业产生影响。以下着重介绍利率风险和汇率风险这两种市场风险。

（1）利率风险。

利率风险是指在利率市场化的条件下，利率变动引起金融机构资产、负债和表外头寸市场价值的变化，从而使金融机构的市场价值和所有者权益遭受损失的可能性。利率风险按照来源的不同，可分为重新定价风险、收益率曲线风险、基准风险和期权性风险。

重新定价风险是最主要和最常见的利率风险形式，它源于银行资产、负债和表外业务到期期限（就固定利率而言）或重新定价期限（就浮动利率而言）之间所存在的差异。这种重新定价的不对称性使银行的收益或内在经济价值会随着利率的变动而发生变化。

重新定价的不对称性也会使收益率曲线的斜率、形态发生变化，即收益率曲线的非平行移动，这会对银行的收益或内在经济价值产生不利的影响，从而导致风险，即为收益率曲线风险。收益率曲线风险也称利率期限结构变化风险。

基准风险也称利率定价基础风险。这也是一种重要的利率风险。在利息收入和利息支出所依的基准利率变动不一致的情况下，虽然资产、负债和表外业务的重新定价特征相似，但因其现金流和收益的利差发生了变化，所以也会对银行的收益或内在经济价值产生不利的影响。

期权性风险是一种越来越重要的利率风险，源于银行资产、负债和表外业务中所隐含的期权。它是指持有各类附有看涨或看跌条款的债券、票据、借款人有权提前还款，各类不定期限存款客户在利率发生对其有利的变动时执行其期权，从而使银行收益和经济价值发生变动的风险。

📖 案 例

利率债预期风险：期限利差收窄，市场规避风险偏好升高

2022年一季度，各期限国开债到期收益率均在1月下降，而后在2月和3月上升。期限在1年及以下的国开债到期收益率在1月的下降幅度较高（期限在1年及以下、1年以上期限的国开债到期收益率平均环比分别下降33.9BP、10.8BP），期限在1年以上的国开债到期收益率在2月的上升幅度较高（1年及以下、1年以上的国开债到期收益率平均环比分别上升6.4BP、11.6BP），这使1月和2月的负期限利差收窄，市场预期未来经济金融形势向好、风险因素较小，市场的压力水平较低，如图12-2所示。2022年3月短期国开债收益率上升幅度则大于中长期（1年及以下、1年以上的国开债到期收益率平均环比分别上升14.9BP、1.0BP），负期限利差扩大，市场规避风险偏好升高，投资者更倾向于购买长期无风险资产以锁定未来一段时间的确定收益，市场金融风险压力增大。

图 12-2　国开债期限利差（取周平均作图，单位：BP）
数据来源：Wind（上海清算所），北大汇丰智库

（资料来源：北京大学汇丰商学院，金融风险分析 | 中国系统性金融风险分析报告（2022 年一季度），2022-04-15。）

（2）汇率风险。

汇率风险又称外汇风险、汇率暴露，是指一定时期的国际经济交易当中，以外币计价的资产（或债权）与负债（或债务）由于汇率的波动而引起其价值涨跌的可能性。汇率风险包含本币、外币和时间三个要素。对外币资产或负债所有者来说，外汇风险可能产生两个不确定的结果：遭受损失和获得收益。风险的承担者包括政府、企业、银行、个人及其他部门，其面临的是汇率波动的风险。在当代金融活动中，国际金融市场动荡不安，外汇风险的波及范围越来越大，几乎影响到所有的经济部门。

汇率风险主要分为交易汇率风险、折算汇率风险、经济风险三种。交易汇率风险指在运用外币进行计价收付的交易中，经济主体因外汇汇率的变动而蒙受损失的可能性。交易汇率风险主要包括商品劳务进口和出口交易中的风险、资本输入和输出的风险、外汇银行所持有的外汇头寸的风险，是一种存量风险。折算汇率风险又称会计风险，指经济主体在对资产负债表的会计处理中，将功能货币转换成记账货币时，因汇率变动而导致账面损失的可能性。经济风险又称经营风险，指意料之外的汇率变动通过影响企业的生产销售数量、价格、成本，引起企业未来一定期间收益或现金流量减少的一种潜在损失。与交易汇率风险不同，经济风险侧重于企业的全局，从企业的整体预测将来一定时间内发生的现金流量变化。

4. 操作风险

操作风险是指不完善或有问题的内部操作过程、人员、系统或外部事件而导致直接或间接损失的风险。操作风险可以分为由人员、系统、流程和外部事件所引发的四类风险，并由此分为以下几种表现形式：内部欺诈，外部欺诈，雇用合同，以及工作状况带来的风险事件、客户、产品及商业行为引起的风险，实物资产损坏，经营中断和系统失灵，涉及执行、交割及交易过程管理的风险事件。除了外部欺诈，这些风险是可以控制的风险。金融机构通常会采取多种措施来管理和降低操作风险，比如完善操作流程、加强员工培训和系统安全防护等。

5. 国家风险

国家风险指在国际经济活动中，由国家的主权行为所引起的造成损失的可能性，包括主权风险和转移风险。国家风险是国家主权行为所引起的，或与国家社会变动有关。在主权风险的范围内，国家作为交易的一方，通过其违约行为（如停付外债本金或利息）直接构成风险；通过政策和法规的变动（如调整汇率和税率等）间接构成风险；在转移风险范围内，国家不一定是交易的直接参与者，但国家的政策、法规却影响着该国内的企业或个人的交易行为。

主要有以下几种违约情况出现：拒付债务；延期偿付；无力偿债、未能按期履行合同规定的义务，如向债权人送交报表以及暂时无法偿付本息等；重议利息、债务人因偿债困难要求调整原定的贷款利率；债务重组，债务人因偿债困难要求调整偿还期限；再融资，债务人要求债权人再度提供贷款；取消债务，债务人因无力偿还要求取消本息的偿付。

📖 案 例

俄乌冲突引发镍期货价格剧烈波动

2022 年 2 月 24 日，俄乌冲突正式爆发。因俄乌两国均是世界主要的大宗商品出口国，叠加西方对俄祭出制裁措施，大宗商品市场脱缰。3 月 7 日，伦敦金属交易所（LME）镍期货主力合约盘中冲高至 5.5 万美元/吨，至收盘涨 73%；至次日亚洲交易时段（LME 夜盘），伦镍盘中涨超 100%，升破 10 万美元关口，创下 LME 成立 145 年新纪录。3 月 8 日，LME 首次叫停镍期货交易，并宣布取消所有伦敦时间零时之后的镍期货交易。LME 打击下大宗商品期货价格纷纷回落。3 月 16 日，LME 镍市场恢复交易。

（资料来源：梁冀，经济观察网，复盘 2022：金融市场十大事件，2023-01-01。）

6. 声誉风险

声誉风险是指金融机构的负面新闻、社会舆论、客户投诉、法律纠纷等导致资产价值损失、业务受阻或其他形式损失的风险。例如，如果一家银行因不当处理客户投诉而引发公众批评，或者因涉嫌违法违规而被监管机构调查，就会损害其声誉，从而影响客户信任度和业务发展。

声誉风险对于金融机构的重要性不言而喻。良好的声誉是金融机构多年发展积累的重要资源，是生存之本，是维护良好的投资者关系、客户关系及信贷关系等诸多重要关系的保证。良好的声誉风险管理对增强竞争优势，提升金融机构的盈利能力和实现长期战略目标起着不可忽视的作用。2009 年 1 月，《巴塞尔委员会新资本协议征求意见稿》中已经明确将声誉风险列为第二支柱，成为商业银行的八大风险之一，并指出银行应将声誉风险纳入风险管理的流程中，并在内部资本充足和流动性预案中适当覆盖声誉风险。我国对声誉风险也很重视，为提高银行保险机构声誉风险管理水平，有效防范化解声誉风险，维护金融稳定和市场信心，2021年银保监会（今国家金融监督管理总局）制定了《银行保险机构声誉风险管理办法（试行）》，要求银行保险机构从事前评估、风险监测、分级研判、应对处置、信息报告、考核问责、评估总结等环节建立全流程声誉风险管理体系。

7. 法律风险

法律风险是指由合约在法律范围内无效而无法履行，或者合约订立不当等原因引起的风险。从狭义上讲，法律风险主要关注商业银行所签署的各类合同、承诺等法律文件的有效性和可执行能力。从广义上讲，与法律风险类似或密切相关的风险有外部合规风险和监管风险。法律风险主要发生在场外交易中，多由金融创新引发法律滞后而致。

8. 战略风险

战略风险指金融机构在追求短期商业目的和长期发展目标的系统化管理过程中，不适当的未来发展规划和战略决策可能威胁金融机构自身未来发展的潜在风险。战略风险也包括因经济环境变化、政策调整等导致金融机构的战略决策失效或执行不力的风险。

（二）按金融风险的性质划分

按金融风险的性质，金融风险可以分为系统性金融风险和非系统性金融风险。

系统性风险是由单一或者多个突发事件引起的风险，会导致整个金融系统遭受威胁，无法为公众持续提供金融服务，继而公众逐渐失去对金融机构的信心。系统性金融风险的发生会同时影响到多个金融机构的正常经营，最终在整个金融系统中扩散，带来较大的振荡。系统性金融风险一直都在，不能通过资产多样化来分散和回避，因此又可以称为不可分散风险。一般情况下，系统事件发生虽然概率不高，但是一旦发生就会对整个金融体系造成很大的冲击。低估和高估系统性风险都会产生较大的负面影响，全球性金融危机的形成可能性也会因此增加，不利于经济的稳定和社会的和谐。

非系统性金融风险是出于金融机构本身的原因，在金融活动过程中出现产生损失的可能性，其倾向于分散性风险，而金融机构可以通过完善自身的经营管理、资产流动性、资产配置水平等加以抵御。非系统性金融风险属于个别经济主体的单个事件，对其他经济主体没有产生影响或影响不大，没有引起连锁反应，可以通过分散投资策略来规避。

三、金融风险的经济结果

（一）金融风险对微观经济的影响

金融风险对微观经济的影响主要体现在投资决策、融资成本、资产价格、流动性风险和信用风险等方面。

投资决策：金融风险的存在使投资者在做出投资决策时需要更加谨慎。如果存在较大的金融风险，投资者可能会推迟或减少投资，以避免潜在的损失。这可能对微观经济中的资本形成和经济增长产生负面影响。

融资成本：金融风险可能导致借款人要求更高的利率或更严格的贷款条件，以弥补潜在的风险。这可能使借款成本上升，进而影响企业的盈利能力、投资决策和经济增长。

资产价格：金融风险可能导致资产价格波动，进而影响企业的价值、股东的财富和消费者的购买力。如果资产价格下跌，可能会导致企业资产缩水，进而影响其融资能力和经营状况。

流动性风险：金融风险可能导致市场流动性不足，使企业难以获得足够的资金支持其运营和投资计划。这可能对企业的现金流和盈利能力产生负面影响。

信用风险：金融风险可能导致借款人违约，进而给金融机构和投资者带来损失。这可能影响金融机构的资产负债表、信用评级和盈利能力，进而对整个经济产生负面影响。

（二）金融风险对宏观经济的影响

金融风险可能导致经济增长放缓或停滞。当金融市场出现动荡时，企业可能会减少投资，消费者可能会减少消费，对经济增长产生负面影响。这时可能会导致资本外流，从而影响一国的国际收支平衡。企业可能会减少招聘，甚至进行裁员。而为了稳定金融市场和宏观经济，国家的货币政策和财政政策可能需要调整。金融风险也可能导致通货膨胀或通货紧缩。如果金融风险引发资本流动受限，货币供应量可能减少，从而引发通货紧缩。如果金融风险导致资本过度流动，货币供应量可能增加，从而引发通货膨胀。

 知识拓展

防范化解金融风险 做好金融"五篇大文章"

2024年，国家金融监督管理总局（以下称金融监管总局）将全面加强金融监管，防范化解金融风险，全力守住不发生系统性风险底线，做好科技金融、绿色金融、普惠金融、养老金融、数字金融"五篇大文章"，为经济社会高质量发展、实现中国式现代化和中华民族伟大复兴提供强有力的金融支撑。

金融监管总局坚持稳中求进、以进促稳、先立后破，完整、准确、全面贯彻新发展理念，加快构建新发展格局，着力推动经济金融高质量发展。

坚持党中央对金融工作的集中统一领导。深刻把握金融工作的政治性、人民性，不断深化金融管理体制改革，持续深化全面从严治党，确保金融工作朝着正确的方向前进，确保党中央关于金融工作的重大决策落地见效。

坚持把金融服务实体经济作为根本宗旨。不断满足经济社会发展和人民群众日益增长的金融需求，维护好金融消费者合法权益。积极支持扩大有效需求和有效益的投资，保障重大工程和民生项目融资需求，助力城乡融合和区域协调发展。加大对制造业、战略性新兴产业和科创产业的支持力度。健全绿色金融体系，支持打造绿色低碳发展高地。促进数字经济和实体经济融合发展。加强民生领域和薄弱环节金融供给，大力发展普惠金融，提升民营企业、小微企业和新市民金融服务水平，加强乡村振兴和农业强国建设金融服务。加快发展养老金融，持续推进第三支柱养老保险改革，全力支持健康产业、银发经济发展。加强外贸综合金融服务，支持巩固外资外贸基本盘。扩大和丰富金融工具，满足广大人民群众多层次、多样化金融需求。

坚持把防控风险作为金融工作的永恒主题。稳妥防范化解重点机构、重点领域金融风险，牢牢守住不发生系统性风险底线。坚持市场化、法治化原则，把握好时度效，有序推进中小金融机构改革化险。坚持"两个毫不动摇"，一视同仁满足不同所有制房企合理融资需求，大力支持"平急两用"公共基础设施和城中村改造等"三大工程"建设。积极配合化解存量地方债务风险，严控新增债务。坚持依法合规开展监管，强化机构监管、行为监管、功能监管、穿透式监管、持续监管，推动构建全覆

盖、无盲区的金融监管体制机制，切实提高金融监管有效性。

坚持推动金融高质量发展。引导金融机构优化业务结构和增长模式，实现由外延式粗放扩张向内涵精细化管理转变，实现高质量可持续发展。深化金融供给侧结构性改革，不断强化金融机构公司治理，稳步提升经营管理能力，持续建立健全中国特色现代金融企业制度。稳步推进金融领域高水平制度型开放，提升跨境投融资便利化，吸引更多外资金融机构和长期资本来华展业兴业，鼓励中外金融机构加强合作，互利互惠，共同发展。

（资料来源：罗知之，人民网，金融监管总局：防范化解金融风险 做好金融"五篇大文章"，2024-01-25。）

第二节　金融监管

一、金融监管的含义和特征

金融监管是金融监督和金融管理的统称，分为狭义的金融监管和广义的金融监管。狭义的金融监管是指金融主管当局为了使金融业依法稳健运行，依据国家法律法规对金融机构及其在金融市场上的业务活动实施监督、约束、管制的行为。广义的金融监管在此基础上还包括金融机构的内部控制与稽核、行业自律性组织的监督及社会中介组织的监督等。金融监管涉及金融的各个领域，包括对存款货币银行的监管、对非存款货币银行金融机构的监管、对短期货币市场的监管、对资本市场和证券业及各类投资基金的监管、对保险业的监管等。金融监管本质上是一种具有特定内涵和特征的政府规制行为。凡是实行市场经济体制的国家，无不客观地存在着政府对金融体系的管制。

二、金融监管的对象与内容

1. 金融监管的主要对象

金融监管的传统对象是国内银行业和非银行金融机构，但随着金融工具的不断创新，金融监管的对象逐步扩大到那些业务性质与银行类似的准金融机构，如集体投资机构、贷款协会、银行附属公司或银行持股公司所开展的准银行业务等，甚至包括对金边债券市场业务有关的出票人、经纪人的监管等。如今，一国的整个金融体系都可视为金融监管的对象。

2. 金融监管的内容

金融监管的内容很广泛，包括对金融机构设立的监管；对金融机构资产负债业务的监管；对金融市场的监管，如市场准入、市场融资、市场利率、市场规则等；对会计结算的监管；对外汇外债的监管；对黄金生产、进口、加工、销售活动的监管；对证券业的监管；对保险业的监管；对信托业的监管；对投资黄金、典当、融资租赁等活动的监管。

其中，对商业银行的监管是监管的重点，主要内容包括市场准入与机构合并、银行业务范围、风险控制、流动性管理、资本充足率、存款保护及危机处理等方面。

三、金融监管的目的与原则

（一）金融监管的目的

金融监管是一国政府为实现宏观经济目标，依据法律、条例对全国各商业银行及其他金融机构的金融活动进行决策、计划、协调、监督的约束过程。在市场经济体系中，金融是竞争最激烈、风险性最高的领域。在某一时期，一旦出现了较大的金融危机，就会给一国的经济发展造成巨大的影响。鉴于此，各国政府都重视通过中央银行对整个金融活动实施有效的监督和管理。在现阶段，对金融机构实施监管的目的主要有以下几个方面：

（1）维持金融业健康运行的秩序，最大限度地降低银行业的风险，保障存款人和投资者的利益，促进银行业和经济的健康发展。

（2）确保公平而有效地发放贷款，由此避免资金的乱拨乱划，制止欺诈活动或者不恰当的风险转嫁。

（3）在一定程度上避免贷款发放过度集中于某一行业。

（4）银行倒闭不仅需要付出巨大代价，而且会波及国民经济的其他领域。金融监管可以确保金融服务达到一定水平，从而提高社会福利。

（5）中央银行通过货币储备和资产分配来向国民经济的其他领域传递货币政策。金融监管可以保证实现银行在执行货币政策时的传导机制。

（6）金融监管可以提供交易账户，向金融市场传递违约风险信息。

（二）金融监管的原则

为了实现监管的目的，在进行金融监管时要遵守以下原则：

（1）依法监管原则。世界各国金融监管体制虽不尽相同，但在依法监管这一点却是相同的。它的主要内容：一是所有金融机构都必须接受金融监管当局的监管，不能有例外；二是金融监管必须依法进行，以确保金融监管的权威性、严肃性、强制性和一贯性，以实现监管的有效性。

（2）适度竞争原则。竞争是市场经济条件下的一条基本规律。金融监管当局需要努力培育、创造一个公平、高效、适度、有序的竞争环境，形成和保持适度竞争的格局，避免造成金融高度垄断局面，从而丧失效率与活力；同时要防止出现过度竞争、破坏性竞争的情况，以免危及金融业的安全和稳定。

（3）不干涉原则。这一原则要求，只要金融业的活动符合金融法律、法规的范围、种类和可承担的风险程度，并依法经营，中央银行就不应过多干涉。

（4）综合性管理原则。各国金融监管当局都比较注重综合配套使用行政的、经济的和法律的管理手段，以及各种不同管理方式和管理技术手段进行监管。

（5）安全稳健与经济效率相结合的原则。金融监管的主要目的是保证金融机构安全稳健运营，但金融业的发展毕竟是为了满足社会经济发展的需要，因此必须讲求经济效率。金融监管不应只是消极地单纯防范风险，而应积极地把防范风险与提高金融效率协调起来。

四、金融监管体制及其类型

金融监管体制是指金融监管的制度安排，包括金融监管当局对金融机构和金融市场施加影响的机制及监管体系的组织结构。由于各国历史文化传统、法律、政治体制、经济发展水平等方面存在差异，金融监管机构的设置颇不相同。根据监管主体的多少，各国的金融监管体制大致可以划分为单一监管体制和多头监管体制。

（一）单一监管体制

这是由一家金融监管机关对金融业实施高度集中监管的体制。实行单一监管体制的有英国、澳大利亚、比利时、卢森堡、新西兰、奥地利、意大利、瑞典、瑞士等发达国家。此外，大多数发展中国家，如巴西、埃及、泰国、印度、菲律宾等国，也实行这一监管体制。

单一监管体制下的监管机关通常是各国的中央银行，也有另设独立监管机关的。监管职责是归中央银行还是归单设的独立机构，并非确定不变。以英国为例，1979 年的英国银行法正式赋予英格兰银行金融监管的职权。直到 1997 年以前，英格兰银行在承担执行货币政策和维护金融市场稳定的职责的同时，还肩负着金融监管的责任。1997 年 10 月，英国成立了金融服务管理局（FSA）实施对银行业、证券业和投资基金业等金融机构的监管。2013 年，英国再次对金融监管体系进行改革，废除金融服务管理局，设立审慎监管局和金融行为监管局，形成"双峰"监管模式。

（二）多头监管体制

多头监管体制是根据从事金融业务的不同机构主体及其业务范围，由不同的监管机构分别实施监管的体制。而根据监管权限在中央和地方的不同，又可将其分为分权多头式监管体制和集权多头式监管体制两种。

实行分权多头式监管体制的国家一般为联邦制国家。其主要特征表现为：不仅不同的金融机构或金融业务由不同的监管机关来实施监管，而且联邦和州（或省市）都有权对相应的金融机构实施监管。美国和加拿大是实行这一监管体制的代表。

实行集权多头式监管体制的国家，对不同金融机构或金融业务的监管，由不同的监管机关来实施，但监管权限集中于中央政府。一般来说，该体制以财政部、中央银行或监管当局为监管主体。日本和法国等国采用这一监管体制。

五、我国金融监管机构的最新变革

2023 年，在"一行两会"的金融监管架构运行 5 年后，我国金融监管机构迎来新一轮大改革，进一步完善中国特色的"双峰"监管模式。关于金融机构改革的内容主要有以下六项：

第一，组建国家金融监督管理总局，作为国务院直属机构，统一负责除证券业之外的金融业监管。国家金融监督管理总局在中国银保监会基础上组建，将央行对金融控股公司等金融集团的日常监管职责、有关金融消费者保护职责及证监会的投资者保护职责划入国家金融监督管理总局，不再保留银保监会。

第二，证监会调整为国务院直属机构，划入国家发展和改革委员会的企业债券发行审核职责，由证监会统一负责公司（企业）债券发行审核工作。

第三，统筹推进央行分支机构改革，撤销央行大区分行及分行营业管理部、总行直属营业管理部和省会城市中心支行，在31个省（自治区、直辖市）设立省级分行，在深圳、大连、宁波、青岛、厦门设立计划单列市分行。不再保留中国人民银行县（市）支行，相关职能上收至中国人民银行地（市）中心支行。

第四，完善国有金融资本管理体制。按照国有金融资本出资人相关管理规定，将中央金融管理部门管理的市场经营类机构剥离，相关国有金融资产划入国有金融资本受托管理机构，由其根据国务院授权统一履行出资人职责。

第五，加强金融管理部门工作人员统一规范管理。央行、国家金融监督管理总局、证监会、国家外汇管理局及其分支机构、派出机构均使用行政编制，工作人员纳入国家公务员统一规范管理，执行国家公务员工资待遇标准。

第六，深化地方金融监管体制改革。建立以中央金融管理部门地方派出机构为主的地方金融监管体制，统筹优化中央金融管理部门地方派出机构设置和力量配备。地方政府设立的金融监管机构专司监管职责，不再加挂金融工作局、金融办公室等牌子。

此次金融机构改革是中国金融监管体制更加完善的重要一步。这也意味着，成立近5年的银保监会完成其历史使命，"一行两会"时代落幕。

在我国分业经营、分业监管的总架构下，上一轮金融监管体制改革将银行业、保险业监管体系进行了整合。此次改革将央行对金融控股公司等金融集团的日常监管职责移交国家金融监督管理总局，从而统一监管银行业、保险业，以及金控公司及其控股的金融机构，能更好地提升监管合力，强化机构监管、行为监管、功能监管、穿透式监管、持续监管。

国家金融监督管理总局统一负责除证券业之外的金融业监管，统筹负责金融消费者权益保护，缓解一些此前分业监管时出现的政策冲突，并减少相关监管盲区。

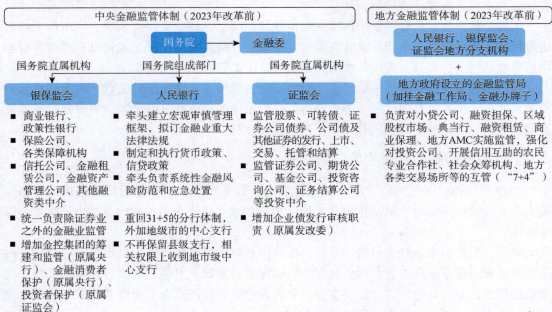

图 12-3　中国金融监管机构最新变革

（资料来源：林英奇，许鸿明等，中金货币金融研究，金融监管机构改革方案初探，2023-03-08。）

 **知识拓展**

加强金融监管的最新措施

一、中国人民银行发布《非银行支付机构监督管理条例实施细则》

中国人民银行出台《非银行支付机构监督管理条例实施细则》，自发布之日起施行。该细则主要内容包括几方面：一是明确行政许可要求。按照《非银行支付机构监督管理条例》设置的行政许可事项清单，细化支付机构设立、变更及终止等事项的申请材料、许可条件和审批程序，持续提升监管规则透明度，优化营商环境。二是细化支付业务规则。明确支付业务具体分类方式和新旧业务许可衔接关系，实现平稳过渡。规定用户权益保障机制和收费标准调整要求，充分保障用户知情权、选择权。三是细化监管职责和法律责任。明确重大事项和风险事件报告、执法检查等适用的程序要求。强化支付机构股权穿透式管理，防范非主要股东或受益所有人通过一致行动安排等方式规避监管。四是规定过渡期安排。明确已设立支付机构应在过渡期结束前，达到有关设立条件、净资产与备付金日均余额比例等要求。作为国务院公布的《非银行支付机构监督管理条例》配套的重要部门规章，进一步细化有关规定，确保《非银行支付机构监督管理条例》可落地、可操作、可实施，推动行业规范健康发展。

（资料来源：刘琪，《证券日报》，央行发布《非银行支付机构监督管理条例实施细则》，2024年07月27日。）

二、国家金融监督管理总局发布《信托公司监管评级与分级分类监管暂行办法》

为加强信托公司差异化监管，在监管评级中体现新的监管标准和导向，金融监管总局修订并发布《信托公司监管评级与分级分类监管暂行办法》（以下简称《办法》），自发布之日起施行。《办法》共六章三十五条，从总体上对信托公司分级分类监管工作进行了规范。一是明确监管评级要素与方法。二是明确监管评级组织实施流程。三是明确系统性影响评估要素与方法。四是明确分类监管原则与措施。《办法》的发布和实施，将进一步完善信托公司监管评级规则，提升信托公司分级分类监管的针对性和有效性，有利于加快推进信托行业转型发展，持续提升服务实体经济质效。

（资料来源：国家金融监督管理总局官网，国家金融监督管理总局发布《信托公司监管评级与分级分类监管暂行办法》，2023年11月16日。）

三、国家金融监督管理总局发布《商业银行资本管理办法》

为贯彻落实中央金融工作会议精神，全面加强金融监管，国家金融监督管理总局制定了《商业银行资本管理办法》，进一步完善商业银行资本监管规则，推动银行强化风险管理水平，提升服务实体经济质效。该办法自2024年1月1日起正式实施。该办法立足于我国商业银行实际情况，参考国际监管改革最新成果，全面完善了资本监管制度，主要内容包括：一是构建差异化资本监管体系，使资本监管与银行规模和业务复杂程度相匹配，降低中小银行合规成本；二是全面修订风险加权资产计量规则，包括信用风险权重法和内部评级法、市场风险标准法和内部模型法，以及操作风险标准法，提升资本计量的风险敏感性；三是要求银行制定有效的政策、流程、制度和措施，及时、充分地掌握客户风险变化，确保风险权重的适用性和审慎性；四是强化监督检查，优化压力测试，深化第二支柱应用，进一步提升监管有效性；五是提高信息披露标准，强化相关定性和定量信息披露，增强市场约束。

（资料来源：国家金融监督管理总局官网，国家金融监督管理总局发布《商业银行资本管理办法》，2023 年 11 月 16 日。）

四、证监会拟修订《证券公司风险控制指标计算标准规定》

为贯彻落实中央金融工作会议精神，全面加强机构监管，进一步完善证券公司风险控制指标体系，证监会拟对《证券公司风险控制指标计算标准规定》进行修订，主要内容包括：一是促进功能发挥，突出服务实体经济主责主业。对证券公司开展做市、资产管理、参与公募 REITs 等业务的风险控制指标计算标准予以优化，进一步引导证券公司在投资端、融资端、交易端发力，充分发挥长期价值投资、服务实体经济融资、服务居民财富管理、活跃资本市场等作用。二是强化分类监管，拓展优质证券公司资本空间。适当调整连续三年分类评价居前的证券公司的风险资本准备调整系数和表内外资产总额折算系数，推动试点内部模型法等风险计量高级方法，支持合规稳健的优质证券公司适度拓展资本空间，提升资本使用效率，做优做强。三是突出风险管理，切实提升风控指标的有效性。根据业务风险特征和期限匹配性，合理完善计算标准，细化不同期限资产的所需稳定资金，进一步提高风险控制指标的科学性。对场外衍生品等适当提高计量标准，加强监管力度，提高监管有效性，维护市场稳健运行。

（资料来源：中国证券监督管理委员会网，证监会就修订《证券公司风险控制指标计算标准规定》公开征求意见，2023 年 11 月 3 日。）

第三节　金融创新

一、金融创新的含义

金融创新，概括地说，是金融业务创新、金融市场创新及政府对金融业监管方式创新的总和。狭义的金融创新是指金融工具的创新；广义的金融创新是指为适应经济发展需要，而创造新的金融市场、金融商品、金融制度、金融机构、金融工具、金融手段及金融调节方式。

金融创新可以从三个层面来考量。微观层面的金融创新仅指金融工具的创新，大致可分为四种类型：信用创新型，如用短期信用来实现中期信用，以及分散投资者独家承担贷款风险的票据发行便利等；风险转移创新型，它包括能在各经济机构之间相互转移金融工具内在风险的各种新工具，如货币互换、利率互换等；增加流动创新型，它包括能使原有的金融工具提高变现能力和可转换性的新金融工具，如长期贷款的证券化等；股权创造创新型，它包括使债权变为股权的各种新金融工具，如附有股权认购书的债券等。

中观层面的金融创新是金融机构特别是银行中介功能的变化，它可以分为技术创新、产品创新及制度创新。技术创新是指制造新产品时，采用新的生产要素或重新组合要素、生产方法、管理系统的过程。产品创新是指产品的供给方生产比传统产品性能更好、质量更优的新产品的过程。制度创新则是指一个系统的形成和功能发生了变化，而使系统效率有所提高的过程。

宏观层面的金融创新是指在金融业发展过程中，对金融技术、市场、服务、企业组织和管理方式及金融服务业结构等方面进行的创新活动。这些活动的时间跨度长，涉及范围广，包括自银行业产生以来的业务、支付和清算体系、资产负债管理、金融机构、金融市场、金融体系、国际货币制度等方面的变革。

金融创新的宏观层面在当前金融环境中主要表现在以下几个方面：

（一）金融科技的发展

金融科技的兴起是当前宏观金融创新的显著特征。金融科技创新成为推动金融服务业现代化转型的核心动力。金融科技创新对金融服务业有着积极影响。这些创新技术包括智能算力、数字原生应用、生成式人工智能技术、多云多芯信息技术，以及金融领域的安全防护等。

金融科技创新的一个显著特征是它正通过区块链、人工智能、大数据分析等尖端科技手段，对传统金融服务进行革新。2024 年，全球金融科技投资持续增长，特别是在中国，金融科技企业正在积极响应政策号召，推动金融数字化转型和数字金融发展。

金融科技创新在支付、借贷、财富管理、保险等领域的应用，正在引领金融服务业的现代化转型。移动支付技术的进步让消费者能够随时随地进行交易，不再受限于传统银行网点。同时，大数据分析的应用促进了个性化金融服务的发展，使金融机构能够更深入地理解客户需求，提供定制化的解决方案。

金融科技创新还显著提升了金融服务的效率和质量。随着技术的进一步成熟和普及，金融大模型和生成式人工智能技术的应用，正在成为推动金融业务模式变革、提升金融服务质效的关键力量。此外，金融科技企业也在积极参与国际标准的制定，提升中国在全球金融科技领域的竞争力和影响力。

尽管金融科技创新面临数据安全、隐私保护、合规风险等挑战，但随着技术的不断进步和监管的逐步完善，通过建立多方合作机制、加强技术研发与投入、完善监管体系、提升公众意识与参与、建立风险应对机制及推动国际合作与交流等措施，可以共同推动金融科技创新的健康发展。金融科技企业正通过加强技术研发和市场开拓，积极应对内外部挑战，以实现可持续发展。

（二）金融市场的变革

金融科技的发展正在推动金融市场经历一场深刻的变革。通过不断的创新，金融机构正在重塑传统的金融产品和服务，以满足消费者和企业日益增长的多样化需求。2024 年，根据国际清算银行的数据，全球国际债券市场规模已超过 100 万亿美元，而全球场外衍生品的名义价值也达到了 500 万亿美元。这些变化不仅体现在市场规模的增长上，还反映在市场结构、交易方式和金融产品的创新上。

新技术的广泛应用，尤其是算法交易和高频交易，正在改变金融市场的运作方式。这些技术的普及不仅提高了市场效率，还降低了交易成本，从而使金融市场的运作更加快速和高效。金融科技的发展推动了新的金融产品和服务的诞生，加密货币和去中心化金融等创新正在重塑金融市场的格局。2024 年第二季度，加密货币总市值虽有所回落，但依然保持在 2.43 万亿美元的较高水平上。

在中国，金融科技的发展得到了政策的大力支持。2024 年，中国金融科技整体市场规模超过 6 000 亿元。国家金融监督管理总局发布的政策强调了金融科技在支持科技型企业中的重要作用，并提出了一系列措施来加强科技型企业的金融服务。同时，中国金融科技与数字金融发展报告（2024）指出，中国金融科技在全球领先，投融资规模持续扩大，金融科技监管趋向更审慎全面。

金融创新不仅推动了金融市场结构的重大变化，还促进了全球金融市场的互联互通，提高了市场运作的效率，并催生了新的金融产品和服务，这些变化共同塑造了金融市场的新面貌。

（三）金融监管的适应

随着金融创新的不断涌现，金融监管体系也在不断适应新的金融产品和服务。至 2024 年，全球金融科技投资持续增长，金融监管机构面临着平衡创新与风险管理的挑战。欧盟推出了金融科技行动计划，旨在为金融科技提供一个更加清晰的监管框架。美国、英国、新加坡等国家的金融监管机构也纷纷推出沙盒机制，允许金融科技公司在受控环境中测试其创新产品。

监管适应的另一个方面是对金融科技的监管科技的应用。监管科技利用大数据、人工智能等技术，帮助金融监管机构更有效地监测和分析金融市场活动，提高金融监管效率。在中国，金融科技监管政策持续完善，金融科技发展规划、数字化转型指导意见等规划深入落地实施，行业监管规则、标准规范持续健全，金融科技创新监管工具、资本市场金融科技创新试点等沙盒机制不断深化。

2024 年，北京、上海、深圳三地的金融科技产业集聚效应和头雁效应依然明显，聚集了超过 80% 的受访企业，杭州、成都、南京等地也展现出较大的发展潜力。此外，金融科技企业正积极响应政策号召，推动金融数字化转型和数字金融发展。

在金融科技的推动下，金融服务的效率和质量得到了显著提升。例如，金融大模型和生成式人工智能技术在金融领域的应用，正在成为推动金融业务模式变革、提升金融服务质效的新生力量。同时，金融科技企业也在积极参与国际标准的制定，提升中国在全球金融科技领域的竞争力和影响力。

尽管金融科技行业面临数据安全、隐私保护、合规风险等挑战，但随着技术的不断进步和监管的逐步完善，金融科技有望继续推动金融服务业的创新和发展。金融科技企业正通过加强技术研发和市场开拓，积极应对内外部挑战，以实现可持续发展。

（四）货币政策的创新

在全球金融创新的浪潮中，货币政策正经历着前所未有的创新。全球范围内，中央银行数字货币（CBDC）的探索正在改变货币政策和金融系统的运作方式，如中国的数字人民币和欧洲中央银行探讨的数字欧元。为了适应长期低利率和量化宽松政策的挑战，一些中央银行调整了货币政策框架，如设定对称的通胀目标。此外，各国央行创新了多种货币政策工具，包括长期再融资操作、前瞻性指引、量化宽松和针对性的信贷宽松政策，以更有效地支持经济。

金融科技（FinTech）的发展对货币政策的传导机制产生了显著影响，可能通过放松信贷约束、提高融资的可获得性来增强货币政策的有效性。气候变化和环境问题也成为中央银行考虑的因素，各国开始将这些因素纳入货币政策框架，以促进绿色和可持续经济活动的开展。

在全球经济化的背景下，各国央行之间的合作和政策协调变得更加重要，这对于应对跨境资本流动和全球性金融稳定问题至关重要。一些国家开始探索货币政策与财政政策的协同效应，如通过公共投资和税收激励来支持创新和技术发展。

中国在货币政策方面进行了一系列创新。通过下调存款准备金率、降低政策利率、引导贷款市场报价利率下行等手段，中国营造了良好的货币金融环境。中国还设立了科技创新和技术改造再贷款，加大对科技创新和设备更新改造的金融支持。在房地产领域，中国降低了按揭贷款首付比例和按揭贷款利率，下调了公积金贷款利率，并设立了保障性住房再贷款，以市场化的方式加快了存量商品房的去库存的进程。

中国推动了金融业季度增加值核算方式的改革，从基于存贷款增速的推算法改成了收入法核算，整治规范手工补息和资金空转，盘活存量低效的金融资源，提高资金使用效果，提升货币政策传导效率。中国还坚持市场在汇率形成中的决定性作用，保持汇率弹性，强化预期引导，保持人民币汇率在合理均衡水平上的基本稳定。

中国创新了货币政策工具，创设了证券、基金、保险公司互换便利，支持符合条件的证券、基金、保险公司通过资产质押，从中央银行获取流动性，提升了机构的资金获取能力和股票增持能力。同时，创设了股票回购、增持专项再贷款，引导银行向上市公司和主要股东提供贷款，支持回购和增持股票。央行还创设了两项新的货币政策工具支持股票市场稳定发展，包括 5 000 亿元的互换便利工具和 3 000 亿元的专项再贷款工具，用于鼓励上市公司回购股票。

为了深化金融体制改革，中国加快完善了中央银行制度，完善了货币政策传导机制，构建了科学稳健的货币政策体系，创新了精准有力的信贷服务体系，并建立了覆盖全面的宏观审慎管理体系。这些创新举措旨在提升金融服务实体经济的能力，促进经济高质量发展，同时增强货币政策的灵活性和精准性。

（五）金融产品和服务的创新

金融机构正通过不断的创新来满足消费者和企业日益增长的多样化需求，推动金融市场的发展和消费者体验的改善。2024 年，移动支付用户数量在过去五年中增长了两倍，预计 2024 年年底全球移动支付交易额将达到一千亿美元。这一增长不仅反映了移动支付的普及，也显示了金融服务创新在促进全球经济活动方面的重要作用。

在线银行和个人财务管理工具的普及，为用户提供了更便捷和个性化的金融服务。例如，支付宝在 2024 年第一季度持续优化境外来华人士支付服务，与中国银行、中国工商银行、网联（非银行支付机构网络支付清算平台）等合作推出了外卡内绑和外包内用两套服务入境人士的移动支付方案，助力入境人士在中国有更好的商旅体验。这种创新不仅提升了消费者的支付体验，也促进了跨境支付的便利性和效率。

同时，数字货币的发展可能会重塑国际货币体系。中国的数字人民币（e-CNY）正在扩大其试点项目，这代表了 2024 年金融创新的一个典型案例。数字人民币的发展不仅提高了支付系统的效率，还有助于增强金融系统的安全性和透明度，为消费者和企业提供了更多的支付选择。

这些创新不仅提高了金融服务的可达性和便捷性，还推动了金融产品的多样化，满足了不同用户群体的需求，对金融市场和消费者影响深远。此外，金融科技的进步也促进了金融服务的个性化和定制化发展，使消费者可以根据自己的特定需求选择最合适的金融产品和服务。随着金融创新的不断推进，预计未来金融市场会变得更加包容、高效和用户友好。

（六）金融基础设施的创新

金融基础设施的创新，如分布式账本技术（区块链）、云计算和大数据分析，正在显著提高金融服务的效率和安全性。2024 年，这些技术的创新应用在全球范围内不断涌现。

在区块链技术领域，国际清算银行（BIS）推出了名为 Agora 的全球跨境支付系统计划。该计划利用区块链技术，改善跨境支付体验，通过使用央行支持的数字货币进行交易，提高支付的透明度，降低成本，并加速资金流动。参与该项目的有摩根大通、德意志银行、瑞银集团、Visa 和 Mastercard 等金融巨头。

此外，中国的区块链技术和产业在 2024 年也稳步发展，技术创新持续深入，应用深入融合各行各业。区块链在供应链管理中的应用尤其突出，区块链技术可以提高供应链的透明度和追踪能力，降低成本和风险。

在大数据分析方面，截至 2024 年 6 月底，中国的算力总规模达到 246 亿 flops，其中智能算力规模超过 76 亿 flops，算力应用创新案例超过 13 000 个，覆盖工业、金融、交通等生产生活领域。这些算力基础设施的建设和优化，为大数据分析提供了强大的支持，进一步推动了金融服务的创新。

据推测，全球金融机构在区块链技术上的投资将在 2025 年达到约 159 亿美元，这表明了金融机构对区块链技术的重视程度及其在未来金融服务中的潜在应用价值。随着这些技术的不断发展和应用，我们可以预见，金融服务将变得更加高效、安全和个性化。

（七）国际金融体系的变革

金融创新也在影响国际金融体系，包括跨境支付、外汇兑换等。2024 年，SWIFT 推出的全球支付创新计划吸引了超过 150 家银行参与，该计划通过提高跨境支付的速度和透明度，改善了全球支付体验。同时，数字货币的发展也可能会重塑国际货币体系。中国的数字人民币（e-CNY）正在扩大其试点项目，而欧洲中央银行也在积极探讨数字欧元的潜力。随着金融科技的不断发展，包括人工智能、区块链技术在内的创新正在被集成到金融服务中，这有助于提高金融服务的效率，但也可能引发金融监管和合规性方面的新挑战。

金融创新的宏观层面是一个不断发展和变化的领域，随着新技术的出现和全球金融市场的演变，金融创新将继续塑造金融业的未来。

📖 案 例

三方助力、银政协同，助推小微外贸企业高质量发展

某公司是一家年轻的小微企业，主要向欧洲国家进行出口业务，是苏州工业园区内的优质小微企业。

然后就在 2023 年年初，受逆全球化叠加疫情的双重影响，全球产业链重构，海外订单出现大量转移。原材料成本剧增、海外消费能力减弱等问题让本就资金实力相对薄弱、经营周转存在困难的小微企业雪上加霜。许多企业的销售量大幅下降，近期情况略有好转才重新接到新的订单，急需补充流动资金用于经营周转。

中国进出口银行江苏省分行了解到企业的需求后第一时间响应，通过创新转贷款产品"园贸贷"精准支持小微企业，解决了小微企业的融资困难。

"园贸贷"是中国进出口银行创新运用风险共担转贷款，引入政府风险补偿基金，通过"进出口银行+转贷款+风险补偿资金池"的业务模式，为自贸试验区内的外贸型小微企业提供政策性普惠金融贷款的产品。园区政府提供"风险补偿资金"，中国进出口银行江苏省分行提供专项贷款资金及重点小微外贸企业名单，苏州本地优质城商行或农商行作为转贷行，通过风险分担模式支持小微企业。

在三方的共同努力下，该公司通过"园易融"平台进行了线上申请且采用了信用担保方式，收到了苏州银行与常熟银行投放的"园贸贷"。相较于传统小微企业贷款产品，该笔"园贸贷"贷款利率低于本地小微企业贷款平均利率水平，这不仅让急需资金周转的小微企业拿到了优惠的贷款以扩大生产，还帮助园区内的小微外贸企业获得了更便捷的融资渠道。

（资料来源：中国银协，百家号，普惠金融|中国进出口银行：创优普惠业务模式 引政策性金融活水精准滴灌小微企业，2023-08-02。）

二、当前我国数字经济创新的发展现状

数字金融是支撑数字经济发展的金融形态。数字金融是金融与数字技术相结合的高级发展阶段，是金融创新和金融科技的发展方向。数字金融被定义为持牌金融机构运用数字技术，通过数据开放、协作和融合打造智慧金融生态系统，精准地为客户提供个性化、定制化和智能化金融服务的金融模式。

2018 年 1 月至 2022 年 10 月，全球超过 50 个国家和地区共申请了 19 万项金融科技领域相关专利。其中专利申请数量最多的 3 个国家分别是中国、美国和日本，专利申请数量分别是 10.7 万项、3.71 万项和 0.776 8 万项。总体来看，中国金融科技和数字金融技术的相关专利技术不管是数量还是增速都远高于其他主要国家，其中以大数据和云计算技术最为突出，移动支付、大科技信贷、互联网银行等领域的技术水平也都位于世界前列。在全球金融科技领域专利申请数量排名前 10 的企业中，有 7 家中国企业上榜。

随着支付宝、微信、美团、京东等 App 支持数字人民币支付，数字人民币场景应用范围快速扩大，冬奥会成为数字人民币重要的推广场景。央行数据显示，截至 2022 年 8 月 31 日，我国数字人民币试点地区累计交易数字人民币数量为 3.6 亿笔、金额为 1 000.4 亿元，支持数字人民币的商户门店数量超过 560 万个。

2021 年以来，我国数字金融呈现融合化、场景化、智能化、绿色化、规范化发展的特点，以加快推进金融机构数字化转型为主线，数字支付模式不断成熟，数字人民币试点实现规模与领域双突破，产业数字金融成为重要方向，打造数字金融服务平台，加强场景聚合、生态对接，消费金融总体沿着更加提质增效、健康有序的方向发展，为数字经济发展

提供多元化支撑。

　　未来，我国数字金融发展将呈现以下六方面趋势：数字技术和数据要素双轮驱动，数字金融加快创新步伐；数字金融与实体经济深度融合，支撑产业数字化转型；产业金融与消费金融协同推进，推动"科技—产业—金融"良性循环；金融业态和模式更加绿色化，完善多层次绿色金融产品和市场体系；数字人民币应用加速推广，扩展数字人民币应用场景，提升交易规模；金融机构加快组织体系数字化步伐，逐步建立金融监管科技创新体系。监管层和金融机构应该科学把握数字金融发展规律和趋势，强化数字技术和数据要素双轮驱动金融创新，加快金融数字化转型步伐，不断拓展金融服务触达半径和辐射范围，提高金融监管透明度和法治化水平，构建适应和支撑数字经济发展的数字金融新格局。

课后练习

一、单选题

1. （　　　）又称违约风险，指借款人或债务人不能或不愿履行债务，或信用质量发生变化而影响金融产品价值，而给债权人造成损失的可能性。

A. 流动性风险　　　　B. 信用风险　　　　C. 利率风险　　　　D. 期权性风险

2. 1997 年英国的金融监管体制改革中，代表英国集中监管体制的机构为（　　　）。

A. 证券投资委员会　　B. 英格兰银行　　　C. 金融服务管理局　　D. 英国财政部

3. 关于国家风险，下列说法中错误的是（　　　）。

A. 在同一个国家范围内的经济金融活动不存在国家风险

B. 国家风险分为政治风险、社会风险、经济风险

C. 国家风险是由债务人所在国家的行为引起的

D. 个人一般不会遭受国家风险

二、简答题

1. 请简要概述金融监管的对象和目标。

2. 金融风险有哪些特征？

参 考 文 献

[1] 习近平. 高举中国特色社会主义伟大旗帜　为全面建设社会主义现代化国家而团结奋斗 [N]. 人民日报, 2022-10-17.

[2] 奥尔·阿卢伊尼. 国家规模、增长和货币联盟 [M]. 汤凌霄, 陈彬, 欧阳峣, 等译. 上海: 格致出版社, 2020.

[3] 何佳. 论中国金融体系的主要矛盾与稳定发展 [M]. 北京: 中国金融出版社, 2020.

[4] 王洪章. 国家金融安全: 风险预警与边界构建 [M]. 北京: 北京大学出版社, 2023.

[5] 米什金. 货币金融学 [M]. 蒋先玲, 译. 北京: 机械工业出版社, 2016.

[6] 徐徕. 金融发展影响中国经济潜在增长率的机制、效应及政策研究 [M]. 上海: 上海社会科学院出版社, 2022.

[7] 郭栋. 基于货币回流的利率债市场开放 [M]. 北京: 中国人民大学出版社, 2020.

[8] 巴曙松, 姚舜达. 央行数字货币体系构建对金融系统的影响 [J]. 金融论坛, 2021, 26 (4): 3-10.

[9] 陈喜. 商业银行金融产品创新及其风险防控的措施初探 [J]. 今日财富 (中国知识产权), 2021 (10): 46-48.

[10] 陈红, 郭亮. 金融科技风险产生缘由、负面效应及其防范体系构建 [J]. 改革, 2020 (3): 63-73.

[11] 陈庭强, 徐勇, 王磊, 等. 数字金融背景下金融风险跨市场传染机制研究 [J]. 会计之友, 2022 (12): 47-52.

[12] 陈瑞, 陈辉. 利率市场化背景下商业银行金融风险研究 [J]. 金融理论与教学, 2022 (5): 27-28+54.

[13] 程雪军. 现代中央银行数字货币的国际竞争与发展制度构建 [J]. 国际贸易, 2023 (2): 79-86.

[14] 杜连雄. 区块链技术在科技中小企业供应链金融风险规避中的应用研究 [J]. 中小企业管理与科技 (中旬刊), 2020 (9): 176-177.

[15] 段晶晶. 新经济环境下我国金融风险管理存在的问题与对策研究 [J]. 投资与合作, 2023 (7): 23-25.

[16] 邓九生, 张悦, 王琳瑶. 经济政策不确定性与企业金融化: 异质性机构投资者的中介作用 [J]. 国土资源科技管理, 2022, 39 (1): 81-95.

[17] 邓学平, 袁佳佳. 中小企业金融信用风险传导研究综述 [J]. 无锡商业职业技术学院学报, 2021, 21 (3): 47-53.

[18] 丁志帆. 数字经济驱动经济高质量发展的机制研究: 一个理论分析框架 [J]. 现代

经济探讨, 2020 (1): 85-92.

[19] 弗朗索瓦·维勒鲁瓦·德加洛, 厉鹏, 何乐. 新经济格局下金融体系的稳定性 [J]. 中国金融, 2023 (3): 19-20.

[20] 关宏. 浅谈互联网金融模式下的创新融资与风险管理 [J]. 商业经济, 2019 (9): 89-91.

[21] 葛丽. 特质波动率、过度外推信念与股票预期收益的关系研究 [J]. 时代经贸, 2022, 19 (1): 45-51.

[22] 国家外汇管理局外汇研究中心课题组. 我国金融市场开放的七大经验 [J]. 中国外汇, 2021 (13): 88-90.

[23] 何德旭, 张雪兰. 中国式现代化需要怎样的金融体系 [J]. 财贸经济, 2023, 44 (1): 18-29.

[24] 何剑, 魏涛, 刘炳荣. 数字金融、银行信贷渠道与货币政策传导 [J]. 金融发展研究, 2021 (2): 3-13.

[25] 胡洪斌, 马子红, 杨敏. 金融支持沿边自贸区建设的路径选择 [J]. 学术探索, 2020 (11): 84-91.

[26] 黄益平, 邱晗. 大科技信贷: 一个新的信用风险管理框架 [J]. 管理世界, 2021, 37 (2): 12-21+50+2+16.

[27] 贾丽平, 张晶, 贺之瑶. 电子货币影响货币政策有效性的内在机理: 基于第三方支付视角 [J]. 国际金融研究, 2019 (9): 20-31.

[28] 蒋一乐, 施青, 何雨霖. 我国金融市场制度型开放路径选择研究 [J]. 西南金融, 2023 (9): 3-14.

[29] 姜婷凤, 陈昕蕊, 李秀坤. 法定数字货币对货币政策的潜在影响研究: 理论与实证 [J]. 金融论坛, 2020, 25 (12): 15-26.

[30] 焦艳林. 金融创新对货币供求、货币政策影响的理论分析 [J]. 中外企业家, 2019 (12): 33+28.

[31] 靳永志. 中央银行数字货币面临的挑战及风险防范研究 [J]. 商业文化, 2022 (10): 22-24.

[32] 李丹. 大国金融: 稳健发展开放融合: "一行两会一局" 有关负责人出席 2022 中国国际金融年度论坛 [J]. 中国金融家, 2022 (9): 18-21.

[33] 李瑞妍. 浅谈金融创新与金融风险管理 [J]. 环渤海经济瞭望, 2021 (1): 12-13.

[34] 李鹰. 浅谈金融创新与金融风险管理措施 [J]. 中国商论, 2019 (22): 45-46.

[35] 李柱. 浅谈金融工程与金融风险管理 [J]. 质量与市场, 2020 (23): 51-52.

[36] 刘强, 陶士贵. 外部经济政策不确定性与人民币汇率稳定 [J]. 金融论坛, 2022, 27 (3): 63-72.

[37] 罗航, 颜大为, 王蕊. 金融科技对系统性金融风险扩散的影响机制研究 [J]. 西南金融, 2020 (6): 87-96.

[38] 马超群, 孔晓琳, 林子君, 等. 区块链技术背景下的金融创新和风险管理 [J]. 中国科学基金, 2020, 34 (1): 38-45.

[39] 马蕊, 宁晶. 制衡与冲击: 中国货币供求关系及其影响因素 [J]. 区域金融研究, 2021 (5): 29-37.

［40］毛寅成. 我国影子银行对国家货币政策有效性的影响［J］. 经营与管理，2017（3）：99-101.

［41］任爱华，刘玲. 中国"动态"金融压力指数构建与时变性宏观经济效应研究［J］. 现代财经（天津财经大学学报），2022，42（3）：17-32.

［42］史依铭. 数字金融发展与货币政策有效性［J］. 山东工商学院学报，2023，37（4）：14-24.

［43］孙彦林，陈守东. 基于关键性风险因素的中国金融状况指标体系构建研究［J］. 南方经济，2019（5）：1-16.

［44］唐平，杨德林，许晓静. 数字金融与货币政策传导机制：利率传导与货币乘数冲击［J］. 统计与决策，2023，39（10）：137-142.

［45］汤小青. 我国金融风险形成的财政政策环境和制度因素［J］. 金融研究，2002（11）：1-10.

［46］王勋，黄益平，苟琴，等. 数字技术如何改变金融机构：中国经验与国际启示［J］. 国际经济评论，2022（1）：70-85+6.

［47］王晓. 提升跨境金融服务水平助力高水平对外开放［J］. 中国外汇，2022（22）：29-31.

［48］王有鑫，朱晓晨，于凯旋. 我国金融市场开放现状、特点及成效评估［J］. 中国外汇，2023（11）：26-29.

［49］王召，郑建峡，刘俊奇，等. 数字普惠金融能降低影子银行规模吗？［J］. 金融理论与实践，2021（11）：50-63.

［50］吴梦菲，陈辉，顾乃康. 股票流动性对股权质押的影响研究：理论解释与经验证据［J］. 金融论坛，2022，27（3）：43-52.

［51］吴晶妹，宋哲泉. 合规度是金融信用的必要维度［J］. 中国金融，2020（14）：90-91.

［52］吴银邓. 乡村振兴背景下农村金融信用体系建设研究［J］. 现代企业文化，2022（29）：154-156.

［53］徐亚平，庄林. 中国特色稳健货币政策的实践探索及理论贡献［J］. 上海经济研究，2021（7）：105-114+128.

［54］许月丽，李帅，刘志媛. 数字金融影响了货币需求函数的稳定性吗？［J］. 南开经济研究，2020（5）：130-149.

［55］徐忠. 金融体系在低碳转型中的重要作用［J］. 中国改革，2022（6）：97-100.

［56］徐忠. 新时代背景下中国金融体系与国家治理体系现代化［J］. 经济研究，2018，53（7）：4-20.

［57］杨帆. 金融监管中的数据共享机制研究［J］. 金融监管研究，2019（10）：53-68.

［58］杨枝煌，陈尧. 中国式现代化金融的改革方向与战略构想［J］. 国际贸易，2023（8）：74-82.

［59］杨望，魏志恒. 金融科技：发展背景、国际现状及未来展望［J］. 国际金融，2022（4）：54-58.

［60］尹李峰，姚驰. 地方政府隐性债务影响金融风险的空间溢出效应研究［J］. 浙江社会科学，2022（2）：14-26+155-156.

［61］苑秉纪. 数字货币模式对货币供求的影响：以央行 DCEP 和 Libra 为例［J］. 山东师范大学学报（自然科学版），2021，36（1）：75-81.

［62］张春生，梁涛，张小艳. 金融市场开放下的金融安全分析［J］. 大连海事大学学报（社会科学版），2023，22（1）：47-58.

［63］张帆. 对金融风险管理的未来展望［J］. 商展经济，2021（6）：73-75.

［64］张琼斯，张骄. 金融市场开放越来越敞亮外资拥抱"中国机会"［J］. 中国外资，2020（1）：46-47.

［65］中国人民银行货币政策司课题组. 中央银行在维护金融稳定中的作用［J］. 中国金融，2023（2）：32-35.

［66］祝小全，曹泉伟，陈卓. "能力"或"运气"：中国私募证券投资基金的多维择时与价值［J］. 经济学（季刊），2022，22（3）：843-866.

［67］杨笋. 利率市场化对我国实体企业投融资决策的影响研究［M］. 武汉：武汉大学出版社，2020.

［68］彭信威. 中国货币史［M］. 北京：中国人民大学出版社，2020.

［69］MELICHER R W. Finance：Introduction to institutions，investments，and management［M］. 9th ed. Boston：South-Western Publishing Co，1997.

［70］CECCHETTI S. Money，Banking and Financial Markets［M］. NewYork：McGraw Hill Higher Education，2006.

［71］CHEVALLIER J，GOUTTE S，GUERREIRO D，et al. International Financial Markets［M］. London：Taylor and Francis，2019.

［72］FUHRER L，NITSCHKAT，WUNDERLID. Central bank reserves and bank lending spreads［J］. Applied Economics Letters，2021，28（15）.

［73］YU YG. The Impact of Financial System on Carbon Intensity：From the Perspective of Digitalization［J］. Sustainability，2023，15（2）.

［74］NALLO D L，MARANDOLA D，BATTISTA R，et al. Financial system and big data：state of the art［J］. International Journal of Digital Culture and Electronic Tourism，2023，4（2）.

［75］Financial Indicators. Russia's credit system as of the beginning of October 2020［J］. Interfax：Russia&CIS Statistics Weekly，2021.